U0351166

钣金展开原理及应用图集

王景良 编著

北 京
冶 金 工 业 出 版 社
2014

内 容 简 介

本书是作者经过多年收集整理、绘图编撰而成的一部图集，内容包括：投影基本概念、平面立体展开、棱锥展开、圆柱（管）展开、相贯体展开、三角形法展开、圆球展开、螺旋面展开以及异口过渡短接管等。本书以图形为主，语言叙述通俗易懂，既可以作为机械制造钣金展开从业人员的入门教材，也可以作为钣金放样现场操作的工具书。

图书在版编目（CIP）数据

钣金展开原理及应用图集／王景良编著 . —北京：冶金
工业出版社，2014.4
ISBN 978-7-5024-6382-3

Ⅰ.①钣… Ⅱ.①王… Ⅲ.①钣金工—理论 ②钣金工
—图解 Ⅳ.①TG936

中国版本图书馆 CIP 数据核字（2014）第 043452 号

出 版 人 谭学余
地 址 北京北河沿大街嵩祝院北巷 39 号，邮编 100009
电 话 （010）64027926 电子信箱 yjcbs@cnmip.com.cn
责任编辑 程志宏 美术编辑 彭子赫 版式设计 孙跃红
责任校对 石 静 责任印制 牛晓波
ISBN 978-7-5024-6382-3
冶金工业出版社出版发行；各地新华书店经销；三河市双峰印刷装订有限公司印刷
2014 年 4 月第 1 版，2014 年 4 月第 1 次印刷
787mm×1092mm 1/16；20 印张；479 千字；310 页
59.00 元

冶金工业出版社投稿电话：（010）64027932 投稿信箱：tougao@cnmip.com.cn
冶金工业出版社发行部 电话：（010）64044283 传真：（010）64027893
冶金书店 地址：北京东四西大街 46 号（100010） 电话：（010）65289081（兼传真）
（本书如有印装质量问题，本社发行部负责退换）

前　言

作者经过多年的收集整理，编绘了这本以图为主的图集，并将常见的一些钣金展开类型收入其中。可以说本书是比较全面系统的，书中还对其中典型的构件进行了较详细的分析，编绘此图集的主要目的之一就是想为钣金从业人员提供一个可供学习和应用的资料以及具体分析的方法，以提高钣金展开设计及施工人员的技能，若能达此目的，作者本人就感到十分欣慰了。

为便于阅读，在每一部分，对各种类型的制件，分别从投影、视图、共有点、共有线、展开等的选择和绘制方面，都进行了总体的论述，部分典型的构件分步骤进行了分析和讲解，读者在阅读时可以一一对照学习和理解。为了照顾现场一些具体操作人员的自学，入门内容尽可能通俗，同时在基础知识方面讲解较具体，层次分明，读者学习时不应急于去展开某一具体的制件，只要较充分掌握了基础知识，就能在应用展开技巧时省时省力，并且准确性更高。

钣金展开是一个多学科相结合的技能，需要掌握画法几何、机械制图、投影几何学以及数学等方面的一些知识，除此之外最好具有设计、工艺和材料方面的一些背景知识，不要用看待工具书的方法读本图集，而是要认真理解各种类型构件展开过程中综合知识的应用，融合各种技巧，灵活把握。工作实践中很多制件可能同时需几种方法才能准确展开，绘图技巧固然重要，但如果有数学方面的一些知识，不仅能快速解决现场问题而且还可以轻易讲解选用方法的原理。

到目前为止，传统的放样展开的方法仍是应用最多最广的一种方法，特别在中、小型企业中更是一些从业人员的看家本领。在现场施工工艺中，要依据设计人员的要求和现场条件以及部件生产数量，设计出放样展开的合理工艺，以满足设计和用户需要。

钣金构件在制造过程中受到很多因素的影响，比如设计、工艺方法、材料物理性能，材料厚度、施工现场条件、加工余量、坡口形状大小等等，其中任何一项都可能影响展开的结果，使展开不准确，因此制件也很难准确。所以在现场制作的下料之前应对展开（大样）图的主要尺寸，如高度、圆周长、某些棱线长度以及关键部位的关键尺寸，周密考虑并进行验证，在制作大型构件时尤其如此慎重，否则可能造成很大损失。数量多时要先作样品，通过样品检查对样板进一步修正后，完全合格后，方可投产，并对产品随时抽查，不可大意。

　　本书在编写过程中得到王洪教授和王仲凯的大力协助，在此表示衷心感谢。

　　由于编者水平所限书中不妥之处，恳请读者批评指正。

王景良
2013 年 10 月

目　　录

第1章

投影的基本概念

展开的原理就是投影原理的应用，所以要学习展开，首先要学习的是投影原理。

所有的工程施工图都是选用正投影法，这是因为用正投影法所绘制的视图，能准确反映出物体的大小和形状。

正投影法的规律是，所有投影线是互相平行的并且垂直于投影面，投影面—物体—光源（人）之间的相对位置关系不变，并且三者之间的距离大小不影响投影的结果。

把一个长方体放置在一个方盒内（见图1-1），且使长方体的各个平面平行或垂直于盒子的相应各个平面，把盒子的各个平面作为投影面，向各投影面作长方体的投影，这样各个投影面上的投影分别是六个长方形，长方形的大小即是长方体前、后、左、右、上、下六个投影面上的投影（视图），把方盒子按棱边展开以后观察这些长方形之间的关系，可以用三句话来概括，即：

（1）长对正（正面视图、水平视图、后视图和底视图）；

（2）宽相等（正面视图、水平视图、底视图、左侧视图和右侧视图）；

（3）高平齐（正面视图、左侧视图、右侧视图和后视图）。

总之，这些关系总能在相应的视图中找到。

除此之外，还可以发现一个投影面上的长方形平面，在另外一个投影面上则变成了一条线，比如长方体的前面，在正投影面上反映的是实实在在的形状和大小不变，同样长方形的后面在后视图上，反映的是实形，而在其他投影面上前、后平面则变成了一条线，同样其左、右、上、下各平面，也是这种情况，我们把反映真实大小及形状的这种性质叫"真形性"，变成一条线（实际上相当于平面被压缩成一条线），这种性质叫"重影性"，如果沿长方体的一个棱边切成一个斜面，其投影虽是一个长方形，但大小却与切平面的大小尺寸相差很多，这种变化的性质叫"变形性"。

从实用角度讲，对视图不是每一个零件都需要画出六个投影图（视图），根据需要可能只需要一个或者两个、三个视图，当然也可能需要超过六个以上的视图，视图数量的多少，是以满足准确反映零件的形状和尺寸为原则，同时不论视图多少，只能有一种解释，不能有两个或更多的解读，否则你这一组视图肯定是错误的，因为一组视图不能造出两个不同的零件来。

一般情况下，用三个视图即可基本满足需要，三视图的画法是用三个相互垂直的三个投影面，将零件放置其中，作零件的三个投影图，正前面投影面上的投影称正面投影（也称主视图），水平投影面上的投影称水平视图（也称俯视图），在侧投影面上的投影称侧视图（一般都采取左侧视图所以称左侧视图），主视图在上方，水平视图在下方，左侧视图在主视图的右侧，它们的位置关系应符合长对正、宽相等、高平齐的原则。

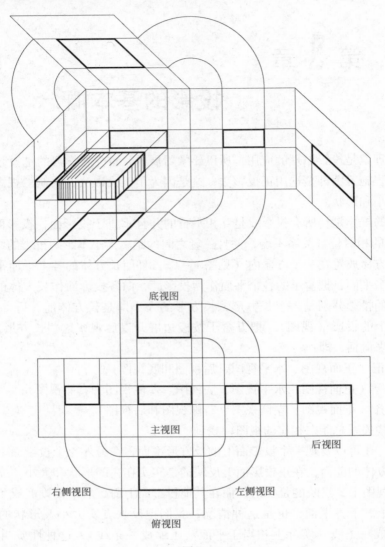

图 1-1

讲投影的原理时一般都是从点、线、面的投影顺序进行的，但点、线、面的投影概念比较抽象，特别是对初学者或者在立体概念未很好建立起来之前，很难理解，所以用一个立方体来解剖这个题目，参照图 1-2。前面对立方体的投影初步作了分析，一般讲比较好理解，如果在长方体的正面、顶面和棱边上设几个点 A、B、…、F 等，这些点在三个视图上的相互之间的位置关系，根据三视图的形成及其投影规律，很容易确定，因为它们依附在长方体的某一个平面上和棱边上，而这些平面又由各相应的棱边所圈定，特别要提醒的是这些平面在投影时，它们均平行于各自的投影面，所以投影图即视图，反映的是实实在在的形状和大小即实形，所以只要知道这些点在由棱边圈定的投影实形的视图中距相应棱边的坐标尺寸，根据这些坐标尺寸即可确定点的位置，利用投影规律，其他视图上相应点的位置也不难确定，如果把长方体的边框隐去，只留下这些点，并作这些点的三视图，就有一定的难度。

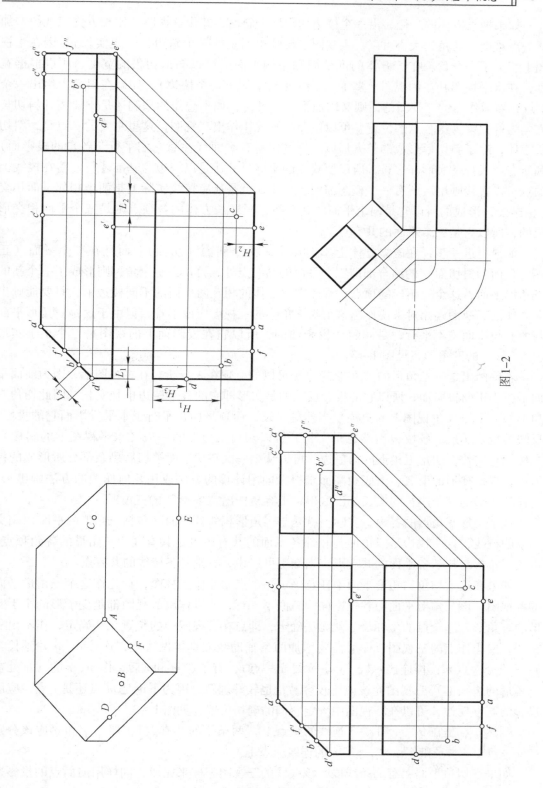

图1-2

　　如果把长方体的一侧，沿一个棱边切出一个斜面，并作三视图，比长方体三视图增加了一点难度，切角的大小可以在主视图上反映出斜切的一个斜边长（是实长），因在主视图上切去了一个角，在长方体的上平面和左侧平面上可以知道切去的宽度，所以根据宽度，在水平视图和左侧视图上多了一条线（或增加了一个棱边）。如果在斜面上给出一个 B 点，然后作点的三视图的话则又增加了一点难度，如果想作的顺利还是不要离开斜切长方体为好，因为这个点的位置，可以按照投影规律作出三视图，这里主要的一点是，斜切长方体，除了斜切后形成的长方形以外，其他所有平面（注意它们平行于各自的投影面）和所有棱线都是实形和实长，所以要找点的坐标尺寸还是以棱边为基准才行，落在棱线上的点可以直接画出。还有一个概念需要提出来，就是所有棱线实际上是两个相邻平面相交（相连接）形成的所以它是两个平面的共有线，同样长方体的各顶点则是三个平面相交形成的，所以它是三个平面的共有点。

　　如果再进一步，在该立方体上不但切出了一个斜面（切面），而且在三个平面（正面、顶面和斜切面）的结合部即三个平面的共有点处，再切去一个角，则形成了一个新的三角形平面，这个三角形的顶点，都落在立方体的相互两平面的不同棱边上，只要能画出立方体的三视图，相对来说作出这个新三角形的三视图应该不难，但由于这个三角形平面与所有投影面均不平行，是倾斜于投影面的，所以它在投影面上的视图是三个小于实形（变了形）的三角形，见图 1-3。

　　若要画出这个三角形的"实形"也是可以的，现在来分析。在主视图上，因为前面平面平行于正面投影面，所以它的投影反映的是实形即它的各个棱边也是实长，因此切角三角形的一个边（主视图上的斜棱）当然是实长，而顶平面也平行于水平投影面它的投影，反映的也是实形，各棱边当然也是实长，所以切角三角形的一边（水平视图上的斜棱），当然也是实长，切角三角形的第三边，可以从第一次斜切平面被切后剩余部分所形成的梯形中，根据梯形的上底、下底和高而求得，即用计算的方法或用几何作图的方法画出来，这样三角形的三个边长的实长都已取得，很容易作出"实形"的三角形。

　　这个实形三角形的各边，实际上就是与三角形相邻各平面（包括三角形的平面）相交形成的棱线，这个棱边是三角形与相邻各平面的共有边也是共有线，三角形的各角顶点，也是三角形与相邻各平面的共有点，当然也可以说，分别是各棱线的共有点。

　　如果在这个切角三角形平面中任意确定一个点 q 并作三视图，首先作这个三角形平面的各视图，该三角形平面与各投影面倾斜而不平行，所以作出的视图都是变了形的小于实形的三角形，这个点的坐标尺寸就无法确定，即点在各视图中的位置无法确定，作不出三视图，要想作点的三视图，一般需要增加两条辅助线。具体做法是，连接 a、q 并延长与 b—c 线交一点 m，再连接 c、q 与 a—b 线交一点 r，有了点 m 和 r 后，作 m、r 的（都处在三角形的边线上）三视图应该说比较容易，也较好理解，因为不论是 m 点还是 r 点，应用投影的基本规律，可以在三视图中确定它们的确切位置，见图 1-3。

　　既然 q 点是在 a-m 和 c-r 连线的交点上（两条线的共有点），那么 q' 和 q" 应该分别在 a'-m'、c'-r' 和 a"-m"、c"-r" 的连线交点上。

　　如果在切角平面上有一条线段，该线段的三视图怎样来完成，同样用前面点的投影来确定，首先线是两点之间最短的连线，线的两端是两个端点 Q 和 P，分别过 Q 点和 P 点各

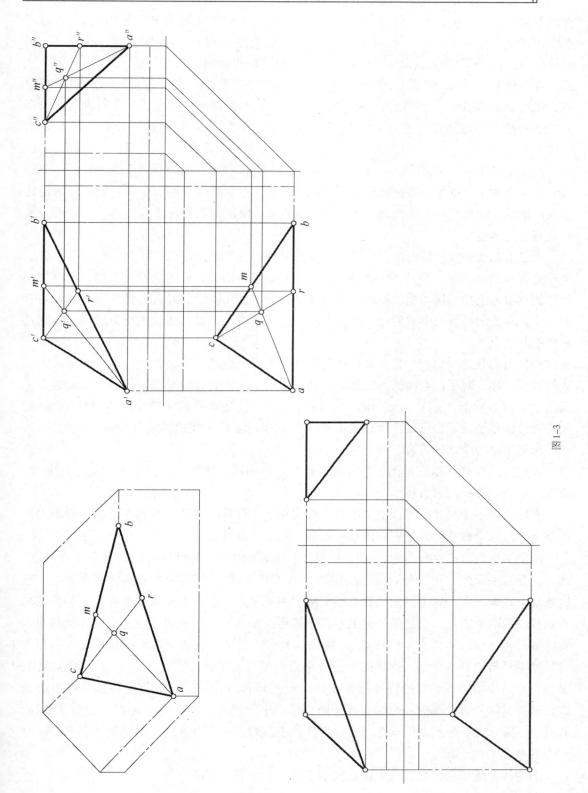

图 1-3

作两条辅助线并延长，在三角形平面时边线上分别交 N 和 T 及 M 和 R，分别作这些点的三视图和连线，得 $a'-n'$、$c'-t'$ 和 $a'-m'$、$c'-r'$ 的交点 q' 和 p'，同样在其他视图中得 q''、p'' 和 q、p，q''、p'' 即是该线段的两个端点，连接两点便得到该线段的视图，见图 1-4。

可以想象，如果是两条线的话仍然可以用上述办法处理，只不过不是两点而是四个点，更进一步如果是一个平面多边形的话，则更加繁琐更加麻烦，它有几个角顶点就要作双倍点的投影，这实际上在图面上很难安排，所以遇此类问题须具体分析，找出好的办法。

图集中还列了一些有关点、线、面的投影图例和演示，应该认真理解和练习。点、线、面的概念十分重要，是作展开的基础，一定要注意理解和掌握。点是我们研究讨论的最基本的元素，点只是一个概念，而无大小和数量的限制，但它很重要，可以在后面一系列问题上去体会。

线是由无数个点连接而成，就像一条珍珠项链，每个珍珠可以理解为一个点，点多了并连接在一起（一串）就成了一条线，这个线可以是一直线，也可以是一曲线，可以是有规律的，也可以是无规律的，除此之外可能是折线或是几种线的混合，当然也可以是两者的组合，不变的是所有形式的线，都是无数个点组成的。如果两条线相交，所得交点则是两线的共有点。

面是由无数条线组成，当然也可以理解为由无数个点组成的，犹如一盒砂子其最上层表面砂子一样，有了这表面的一层砂子，才有了一个圆形的表面平面，所以可以说这个平面是由无数个砂子（点）组成，有一平面的"布"就是典型的（经纬）线（织）成的。同样面可以是平面、也可是曲面，是有规律的、也可以是无规律的或者是折平面的组合，也可能是平面与曲面的组合。

体是由面（也可以说是无数条线或无数个点）组成，体当然可以是平面或者是曲面，或者是平面、曲面的组合体。

实际上在一个具体的零件上，不论简单或复杂，是看不出什么点、线，看出看不出并不重要，但这个概念对零件表面的展开来说，则是非常重要。

两个平面的边连接在一起，这条连接线（或是零件平面的折线）既是甲平面的"边"线，又是乙平面的"边"线，所以我们称其为"共有线"，即两个平面共同拥有的线，在这条线上任取一点，这个点则是共有线上的"共有点"。这条共有线如果有一定的长度那么该线段的两个端点，也是最外端的点，不能再延伸出去，它限制了线的长度，比其他点要特别一些，所以称其为"特殊点"，特殊点的形式很多，比如多边形的角顶点、圆形的直径或半径与圆周的交点、折线的折点、平面与平面或平面与圆柱面、平面与其他曲面、平面与几何体相切等形成的特殊位置或是决定性转折位置等，一般都是特殊点产生的地方，这要具体分析。线的其他点或处于两特殊点中间的点一般称为中间点。这些共有线、共有点、特殊点、中间点的概念，在作零件的表面展开时最为常用，同时是离不开和十分重要的概念。

书中将上述的一些相关点、线、面示于图 1-5~图 1-13。

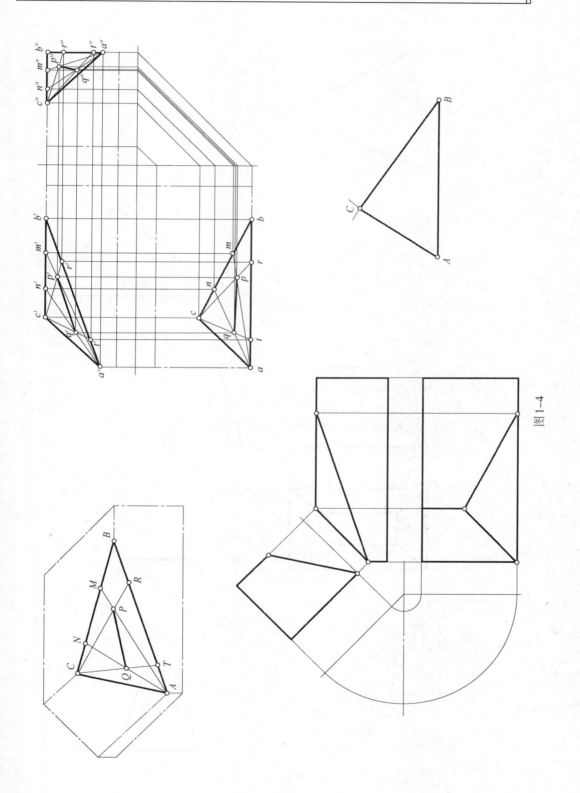

图1-4

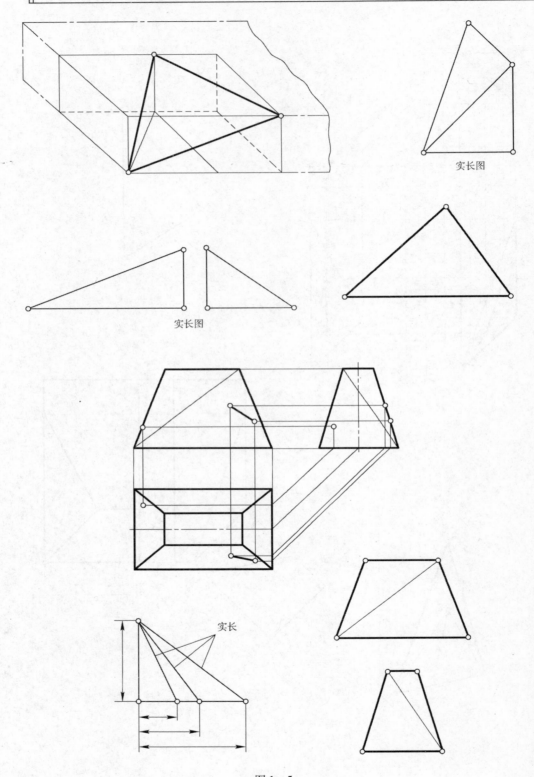

实长图

实长图

实长

图 1-5

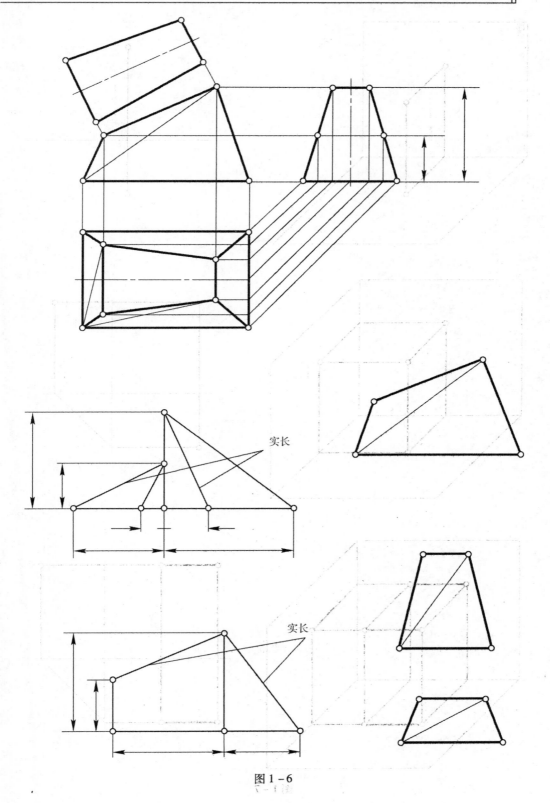

实长

实长

图 1-6

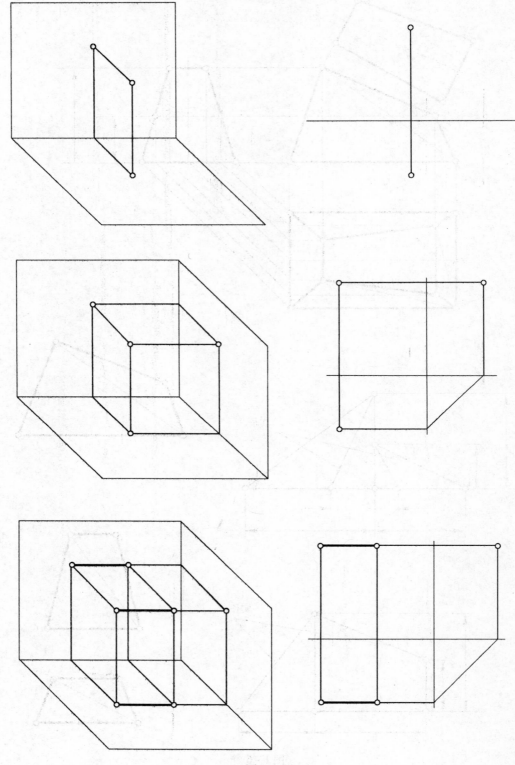

图 1-7

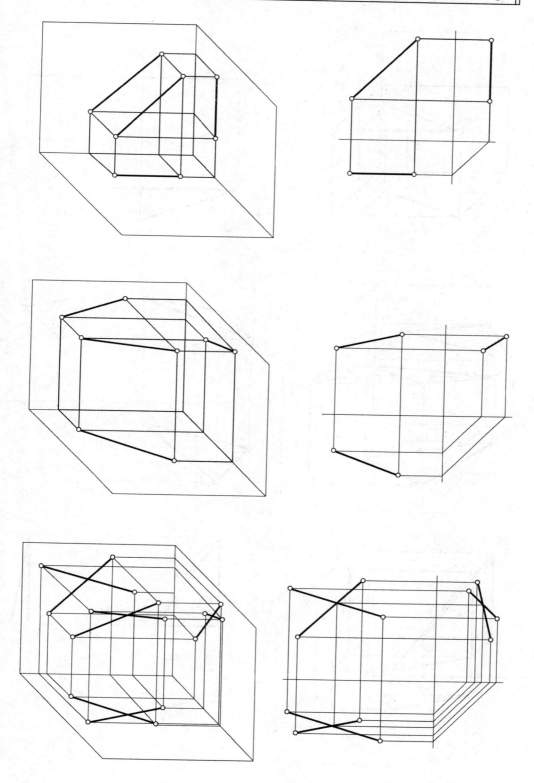

图 1−8

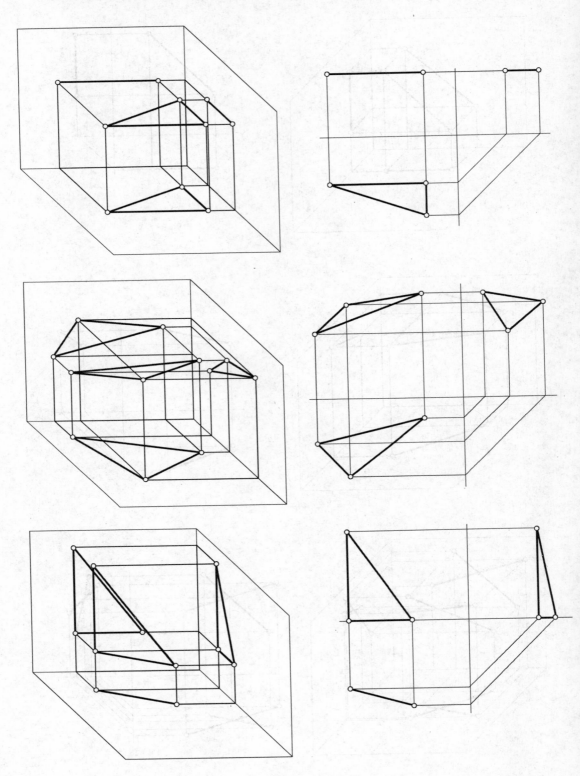

图 1-9

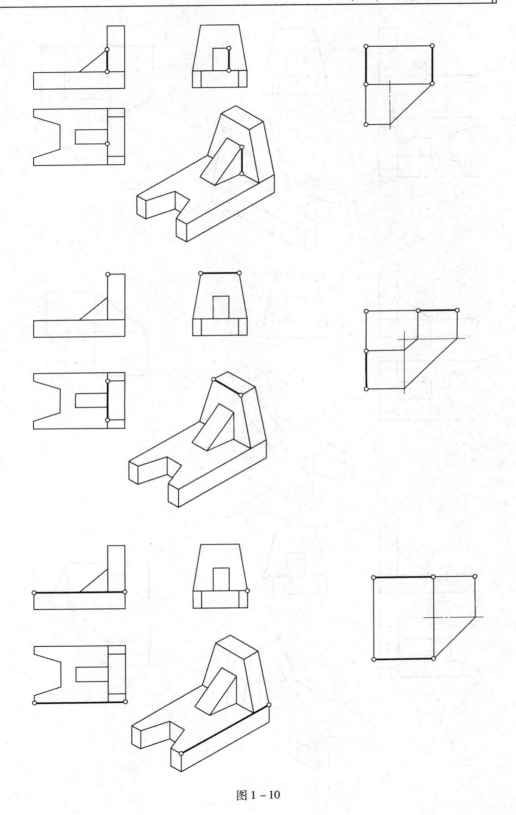

图 1 – 10

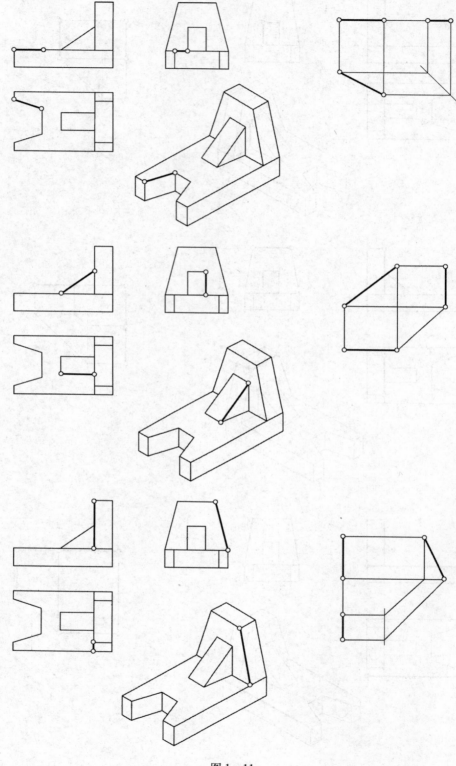

图 1 - 11

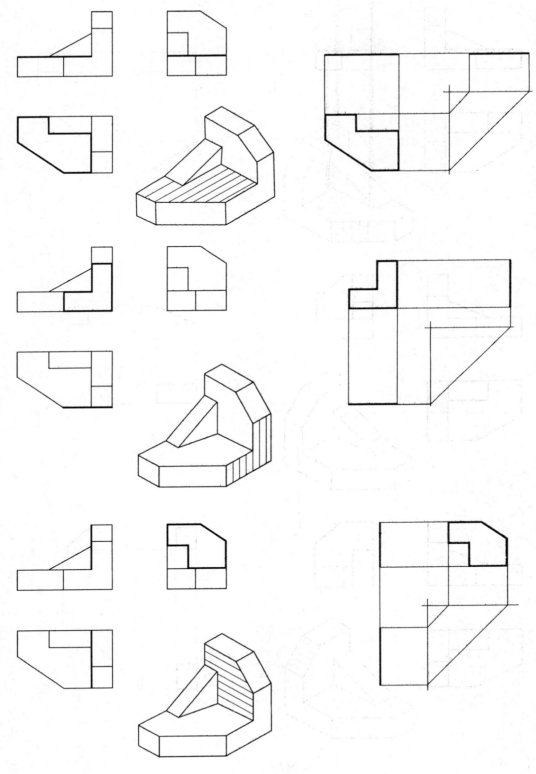

图 1-12

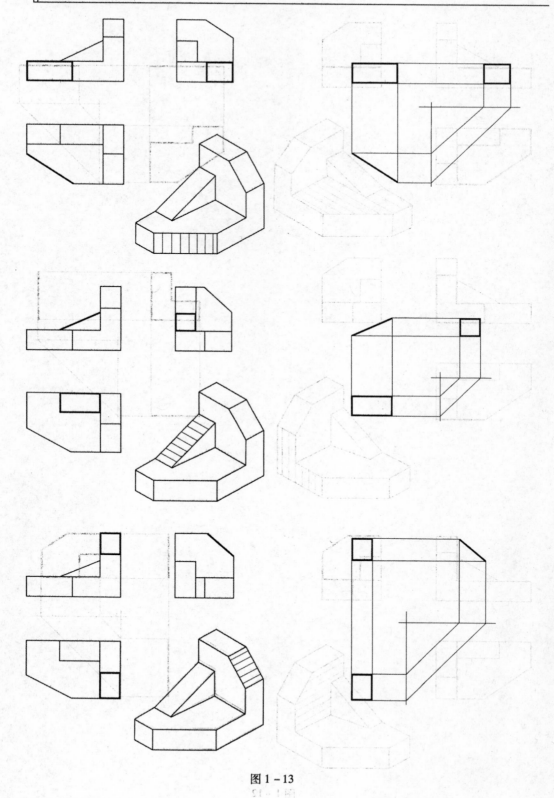

图 1-13

第 **2** 章

平面立体的展开

　　由图2-1（a）可以看出，封闭的立体是由多边形的平面围成的，例如棱柱，棱柱的侧棱就是两相邻平面连接的共有线，这些棱线的长度均相等并且相互平行，棱柱的侧面是四边形，棱柱顶平面和底平面是全等的多边形，它们的角顶点，包括棱线端点都是相邻平面棱线的共有点，根据这个性质，我们只要把这些组成棱柱的各个平面依次按共有线、共有点顺序连接（拼联）在一起，就可以得到一个完整的该棱柱的表面展开图，如图2-2所示。这里有一个概念一定要搞清楚即是因为各棱边均是相邻两平面的共有线，多边形的顶角点与棱线相连接处，也就是棱线端点与角点的连接点，是它们的共有点，所以才可以顺次进行连接，否则就无法进行连接或错位而无法完成作业。一般我们经常碰到的棱柱，不是一个一定意义上的完整棱柱，而是被一个截平面所截，截平面截的结果出现了三种情况，如图2-1（a）所示，一是如果截平面平行于底平面，其截面则是一个与底平面全等的多边形，留下部分的棱边长度一致，角顶的共有点在同一水平上；二是如果截平面与底平面垂直则得到的截平面是一个长方形，截后可能又会增加棱线（如果刚好切在两个棱线上则会减少棱线），截后出现的棱线其长度与其他棱线相等，新增棱线的端点是共有点；三是如果截平面倾斜于底平面，所得到的截面则是一个与底面形状不同但边数相等的多边形，这个被截后出现的新多边形的实形，可以在其倾斜的方向，增加一个辅助投影面并作其投影，便可得到其实形，此时留下的棱线长短不一，但它们的实长在视图上都可以找到，多边形的角（共有点）也不在同一水平上。不管是怎样的截切形式，展开的方法基本上和前面讲的是一致的。

　　具体展开的步骤见图2-2和图2-3，分步骤作了分解演示，为进一步加深理解可按图2-1（b）、图2-4～图2-9所举例图练习绘制。

　　棱柱的结构是多种多样的，就底平面的多边形一般来说，有三角形、四边形、五边形、六边形……等，多边形的边长可以是相等的，也可以是不等的。

　　还有一种是斜棱柱，整个棱柱是倾斜的，因为倾斜放置使其棱线，在正面视图上虽是实长，但作其侧投影时却是变了形的长度，不能直接作展开图，一般采用的办法是在相当于棱柱倾斜的方向增加一个辅助投影面，然后将斜棱柱在上面作无滑动的滚动，便可在辅助投影面上印（投影）出棱线和角顶的共有点，顺序连接各点，并按共有线拼联上底部和顶部的三角形面积，就可以得到一个完整的棱柱的表面展开图，如图2-10所示。

　　图2-11是斜四棱柱，截平面倾斜垂直于正投影面，斜四棱柱棱线与截平面相交得交点1、2、3、4，这些交点也是在正面投影面上的投影。从视图中可以看出，因为斜四棱柱平行正投影面，所以其棱线 L_1、L_2、L_3 和 L_4 反映的是实长，底平面平行于水平投影面，所以底平面反映的是实形，a、b 是四边形的两个边长。

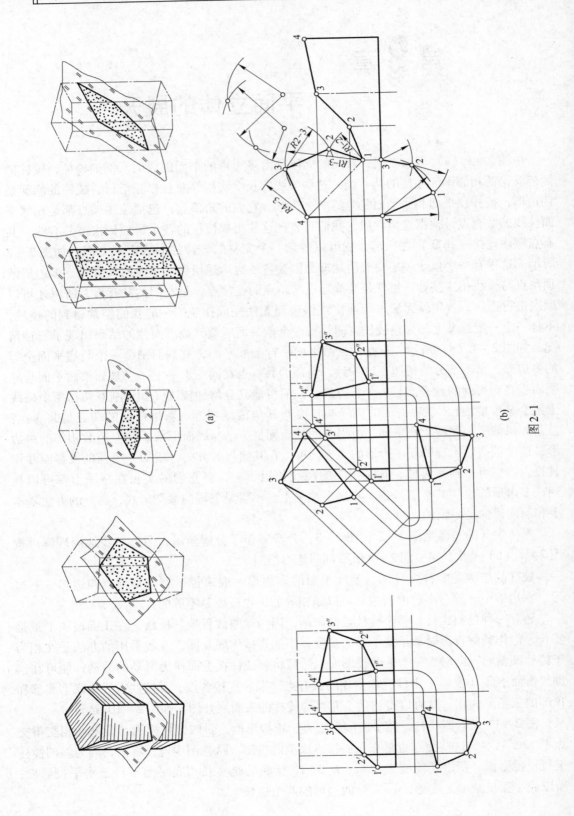

(a)

(b)

图 2-1

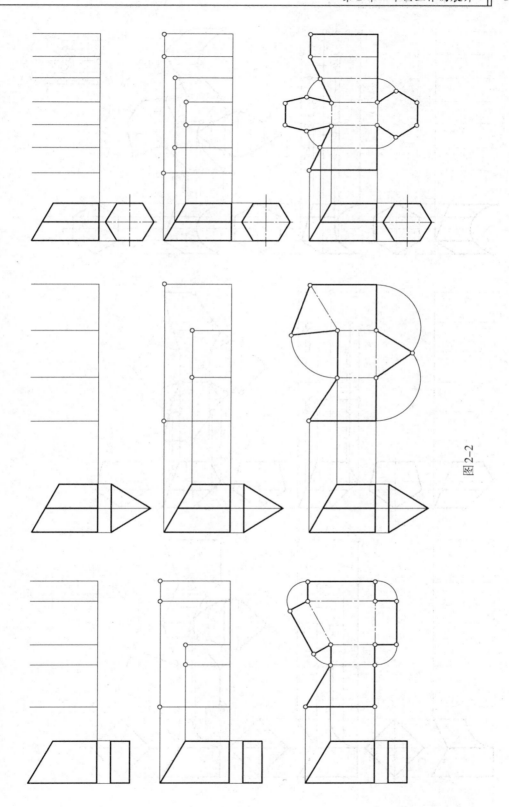

图 2-2

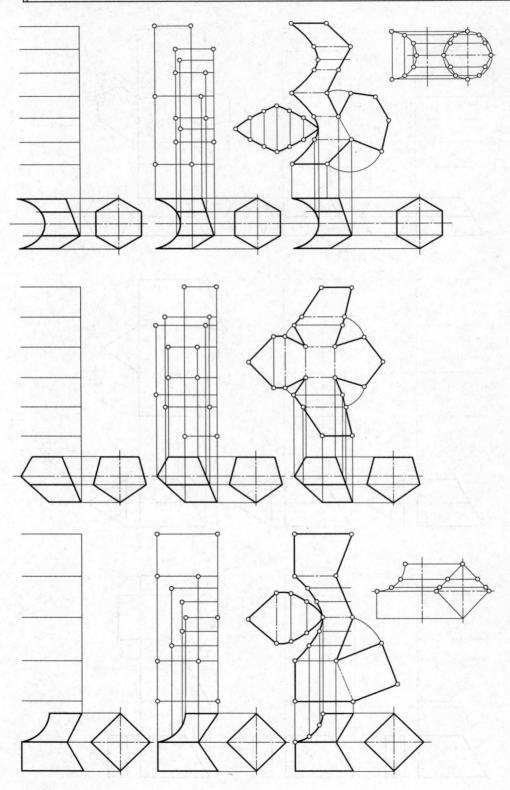

图 2-3

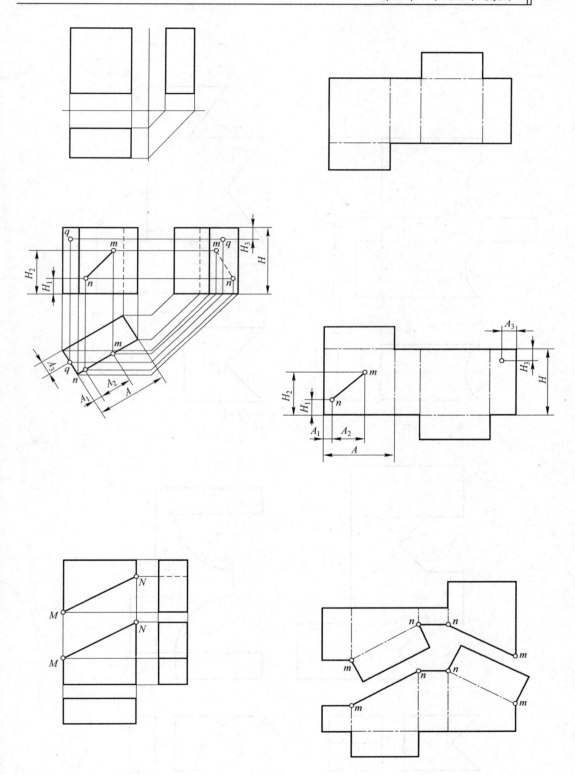

图 2－4

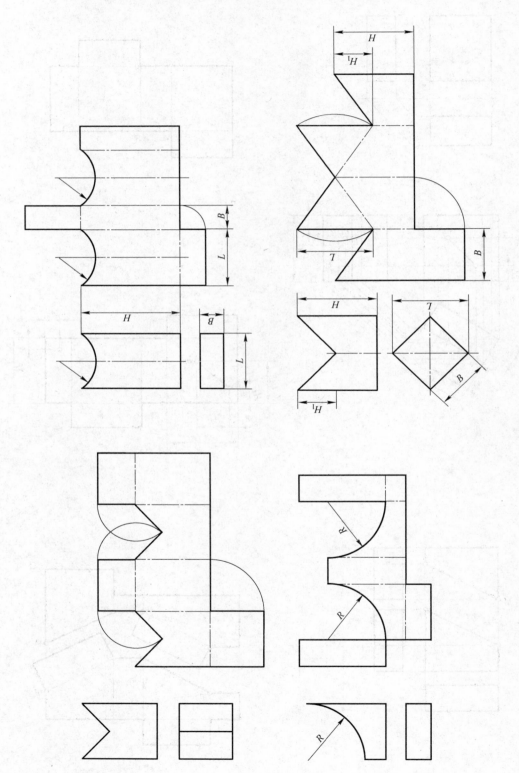

图2-5

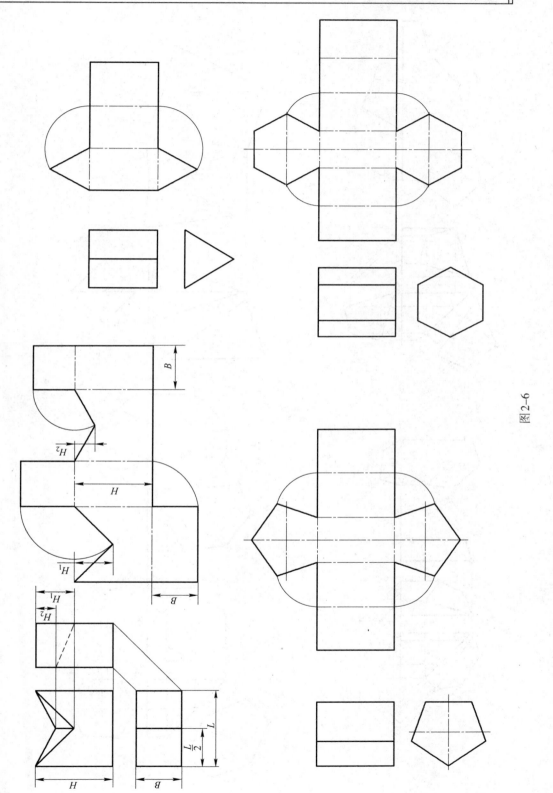

图 2-6

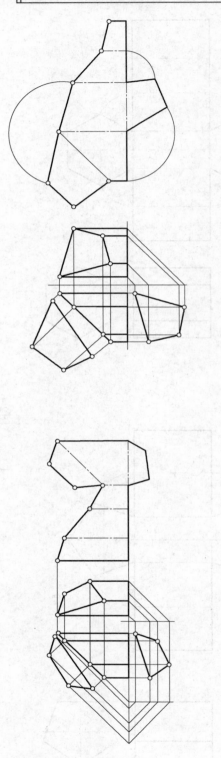

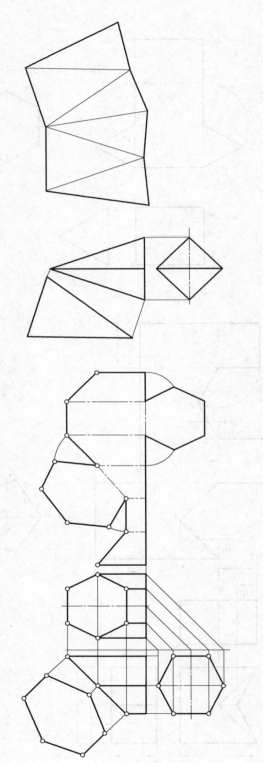

图2-7

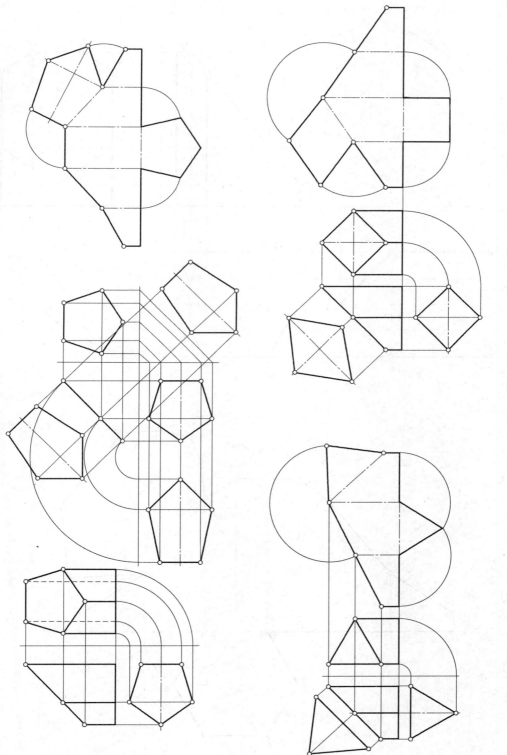

图 2-8

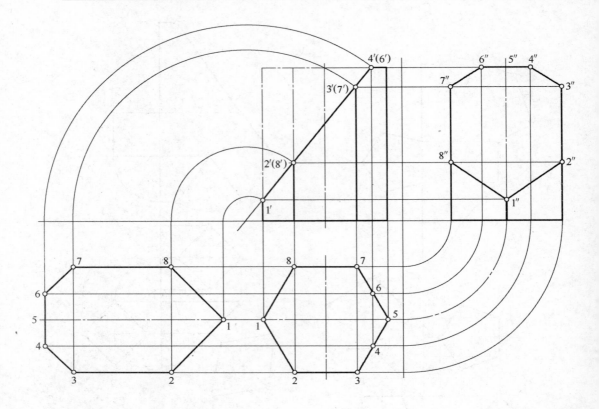

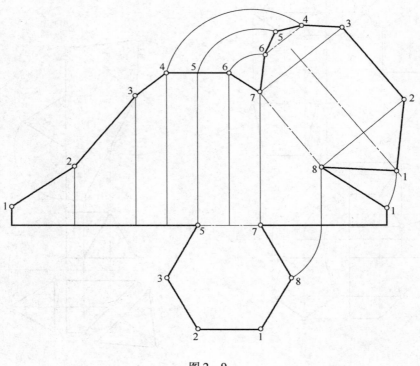

图 2 - 9

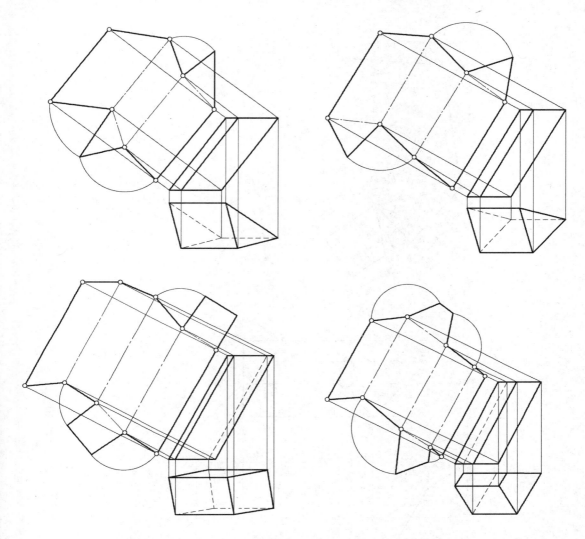

图 2 - 10

　　为了作展开图，先要求截断面的实形，由主视图上的 1、2、3、4 点向下作垂线（即向水平视图作投影），与水平视图各棱线相应相交于 1、2、3、4 点，顺序连接各点得截断面在水平视图上的投影。用增加投影面的方法作截断面实形，相当于在棱柱的倾斜截平面方向左上方增加一个投影面，并作截面的投影，过主视图截交点 1、2、3、4 各端点作截平面的垂直线，并相应取水平视图各截交点到底平面的距离，在主视图中得 1 - 1、2 - 2、3 - 3、4 - 4 各线段，顺序连接线段各端点即得截断面的实形。到此应该说作展开图的条件已满足，具体做法是：

　　（1）先作四个棱边的平行线，平行线的间距是 a、b、b、a，取一棱线等于 L_1 长。

　　（2）以棱线端点 o 为圆心，L_5 和 L_6 分别为半径作弧，与相邻棱线相交 m、n 两点，并从交点向下截取长度 L_2、L_3，分别以 m、n 为圆心，以 b、a 为半径作弧与相邻两棱线交 c、d 两点，并向下取 L_4 长度。

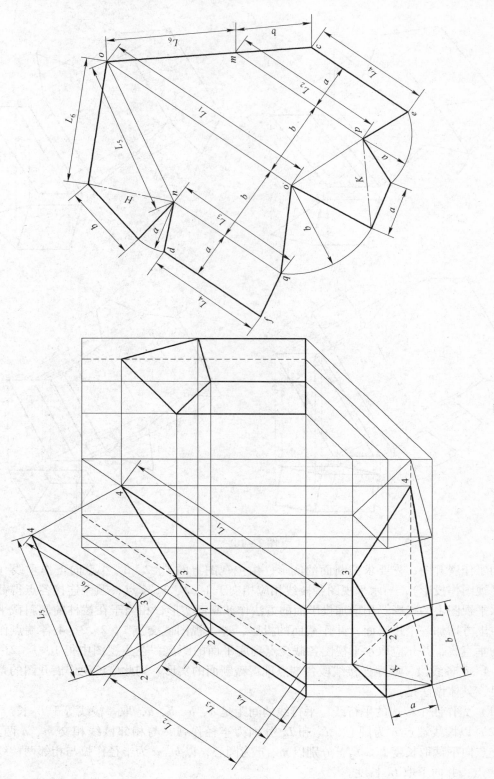

图2-11

　　（3）分别以 p、q 为圆心，以 a 为半径作弧与棱线相交，得交点 e、f，连接 $m-c$、$n-d$、$p-e$、$q-f$ 各点，便得倾斜截断的斜棱柱的侧表面的展开图，最后把底平面和断面实形按共有线、共有点位置搬到展开图上，注意在底平面和截断面上加两条辅助线 H、K，把四边形变成两个三角形才行。

　　图 2-12 是被截平面倾斜截切的斜六棱柱和五棱柱，其作图的方法步骤和上例完全相同，不再讲解。

　　图 2-13 是矩形三通管，左图比较简单直观，分（a）、（b）两种不同的做法，一般根据现场条件选择，右图也较简单，可自己展开。

　　图 2-14 是比较常见的一种弯取直的展开方法，矩形 90° 弯管展开时，常用的是讲解时使用的一种方法，是图 2-14（a）很直观的做法，易懂但比较繁琐且浪费材料，所以现场操作时普遍采用图 2-14（b）的方法，就是把弯管理成直管，隔节旋转 180°，然后相互对接即可，它们能顺利对接的原因是它们的端面形状和尺寸都是一致的，否则绝不可能对接起来，变成直管后仍保留接交线，要注意它们的共有线仍然存在，按直管进行展开后各节的展开图，也就一一出现，这样做省料又省时。

　　棱柱被一个以上的截平面所截，看似较复杂，但是如果稍加分析就会发现并不是很难作出展开图，因为不论截了几次，它毕竟是一次一次的进行截切，所以可以从每次截的部位作起，然后再进行后面的，但必须注意的是它们截平面之间的相互位置关系，就是说第一次截的位置和后面截的位置相对错开多少度，还有棱线或者共有点高低位置，知道这些并在展开图上准确地有所反映，这样展开图肯定不会有问题。最典型的图例是图 2-15 和图 2-16。图 2-15 是矩形三节管，两个的区别在于一个是三节在一个平面内，展开比较简单，另一个则不在同一平面内展开时两端的管可分别展开，中间管应结合主视图与侧视图作展开，并要十分注意各特殊点和各共有线（棱线）之间的相互位置，如图中所示的 a、b、…、g、h 之间的相对应关系，不可错位。图 2-16 是五节落水管，看似复杂，实际和前例相类似，所以在分析作图时，也要注意特殊点及共有线之间的位置关系，然后一节一节去展开。

　　立方体按前面讲述的步骤作展开图的做法一般来讲比较简单，因为组成立方体的各平面其形状大小都比较直观，对于由若干个立方体组合而成的制件图 2-16 看似较复杂，但稍加分析后，可以发现它们都是由简单的立方体组成，所以一个一个按单个立方体去作展开（本来就应该是逐个解决），然后按两者的共有线、共有点及特殊点顺序拼联各单个立方体的展开图，即可得到组合体各组成部分的展开图。

　　作展开图要注意的是：

　　（1）准确画出各视图，尤其主要的是选择好主视图，主视图要能比较直观地反映出制件的形状特征，一看就大约知道是什么，当然准确是最主要的，还要注意其他视图的配合。

　　（2）特别要注意它们的共有线、共有点及特殊点的位置，展开时首先要以共有线和共有点为基准，然后依次逐步展开的即顺序拼联各平面，如果这个基准错了，那展开图就会出错，平面之间的关系就乱了，如果特殊点在展开图上的位置不准确，同样会造成错位，最后的展开图肯定是错误的。

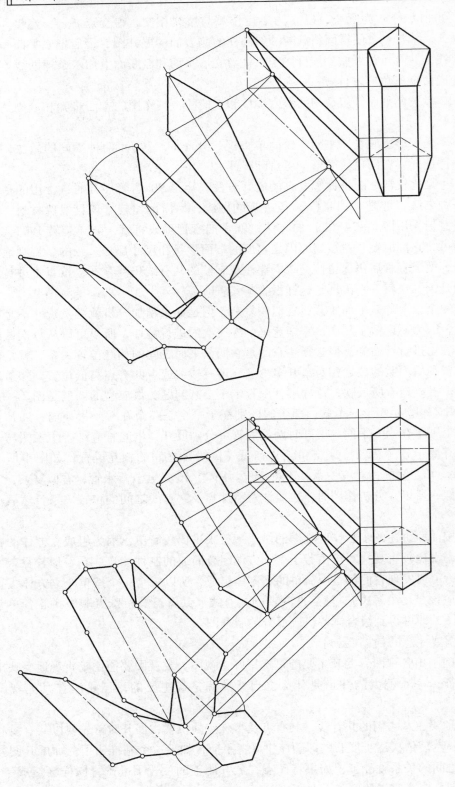

图 2–12

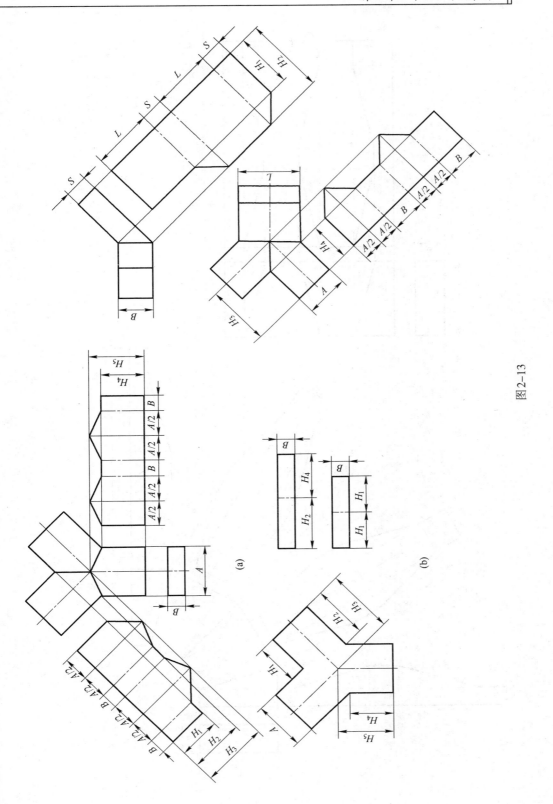

图 2-13

(a)

(b)

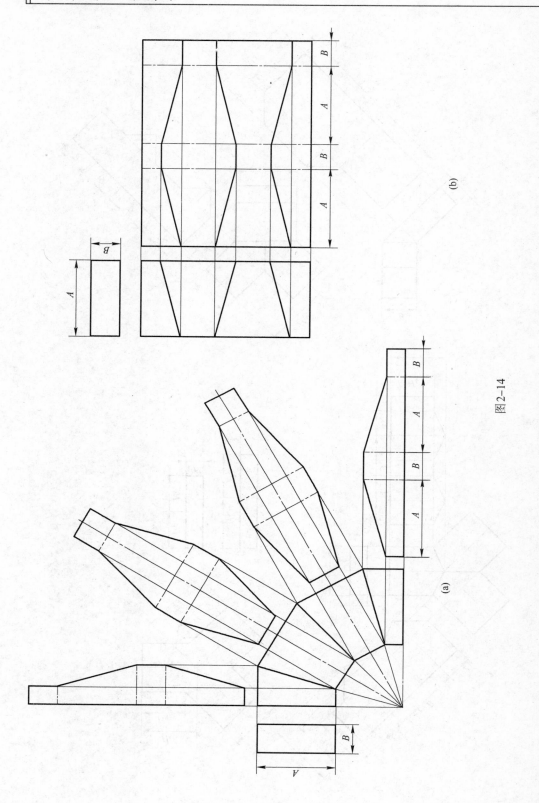

图2-14

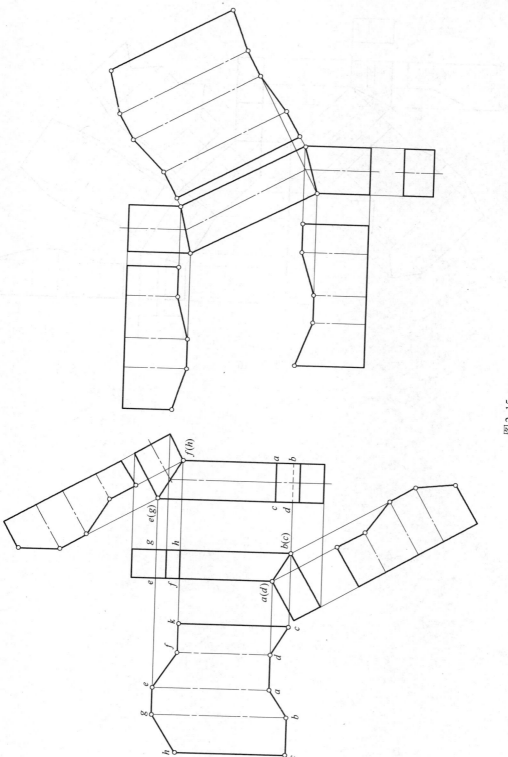

图 2-15

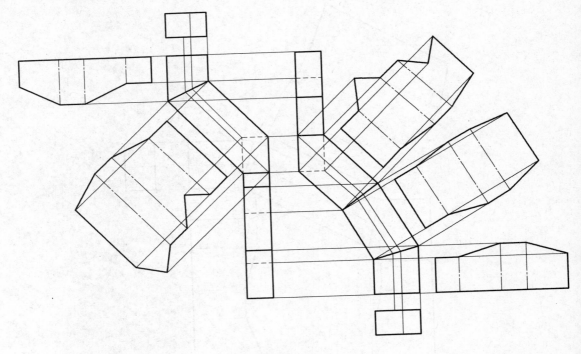

图 2 – 16

第3章

棱锥展开

3.1 棱锥展开

在一个多面体中，有一个面是多边形（一般是多面体的底平面）其余各个面都是三角形，这个多面体就是棱锥。棱锥以它的底面多边形的边数命名，比如底面是三角形的棱锥为三棱锥，底面为四边形的为四棱锥，依此类推还有五棱锥、六棱锥等等。棱锥侧面都是三角形平面，两平面之间的连线是两平面侧边的共有线（包括与底面边的连线也是共有线），棱线与底面角顶的连接点是共有点，棱锥展开时只要依次把这些组成棱锥的各个三角形平面和底平面依次按共有线、共有点顺序连接在一起，就可得到一个完整的该棱锥表面的展开图。具体在作图时一般都采用较简单直接的方法（一般指正棱锥而言，斜锥后续章节再讨论），利用棱锥的性质以锥顶点为中心，以棱线实长为半径作圆弧，然后在圆弧上截取弦长，弦的长度是棱锥底面多边形的边长，弦的两端点与锥顶点分别连接即得棱锥的三角形侧平面，按共有线顺序连接各侧平面，再把多边形的底平面拼联上去，便得该棱锥表面的展开图，如图3-1（b）、图3-1（c）、图3-1（d）所示。

棱锥的多边形底平面的边长可能是相等的也可能是不等的，同时锥体可能是正锥也可能是斜锥。

当正棱锥被一个截平面所截，根据其截的方向和位置会出现不同的截面，截平面平行于棱锥底平面所得截面是和底平面相似的多边形平面，截后的共有线（即棱线）长度一致，共有点在同一水平上，截平面过锥顶并垂直于底平面所得的截面是三角形，此时的共有线和共有点，根据截的位置可以在视图中找到。截平面倾斜于底平面所得的截面是与底面边数相同而形状不同的多边形平面，这时的棱线（共有线）长短不一，其共有点高低也不一致，见图3-1（a）。

为了更好理解棱锥的展开方法，对图3-1（b）和图3-1（c）进行分析，图中显示的是"点"和"线"在三棱锥投影的情况，不在棱上的点作投影时需增加一个过点的辅助线，或过点增加横截面的方法确定点的确切位置，线的投影与此类似，根据点、线的确切位置便可在展开图确定其位置。图3-1（d）及图3-2～图3-6等图例进一步作了演示，从所有视图上都可以直接读出各棱锥的几个实长数：一是棱锥高和截锥台的高度；二是棱锥是几棱锥和底面的多边形边的实长；三是如果侧面是梯形的话，则梯形的高可在其他视图中找到；四是在视图中有很多几何图形是对称和全等的，可以用简单的计算方法或者用几何作图的方法求出某些线段的实长，不需要每个都去求解，在此需要注意视图中棱锥的侧棱，往往反映的不是实长，所以不能直接作为展开半径使用，这时就需要用旋转的方法，也即相当于增加一个或几个辅助投影面，使其侧棱处于与投影面相平行的位置作投影，得到棱线或被截平面截去棱线的实长，如果截平面是倾斜的，这时几个棱线长度都不

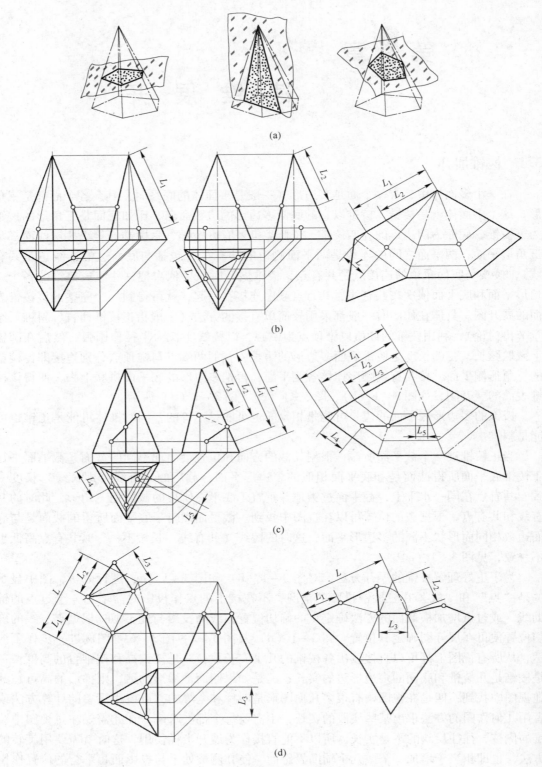

(a)

(b)

(c)

(d)

图 3 - 1

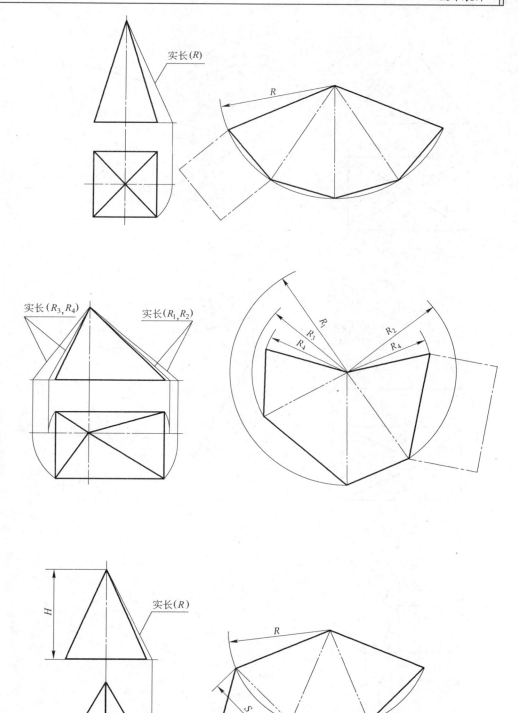

图 3－2

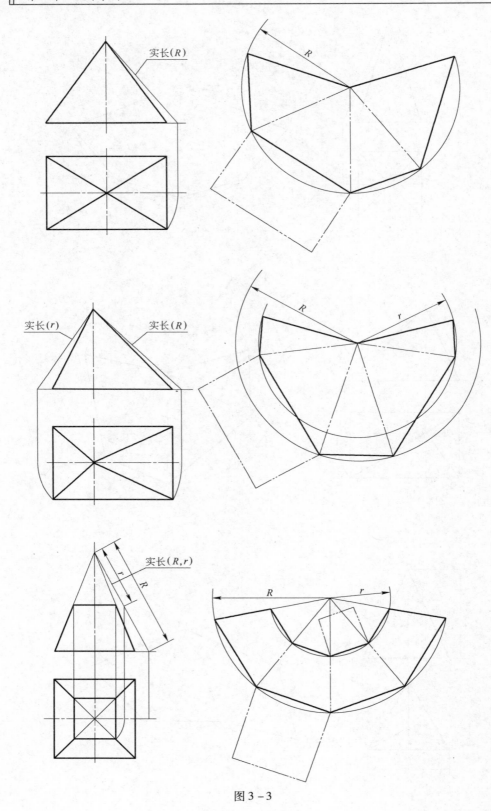

实长(R)

实长(r)　　实长(R)

实长(R,r)

图 3 – 3

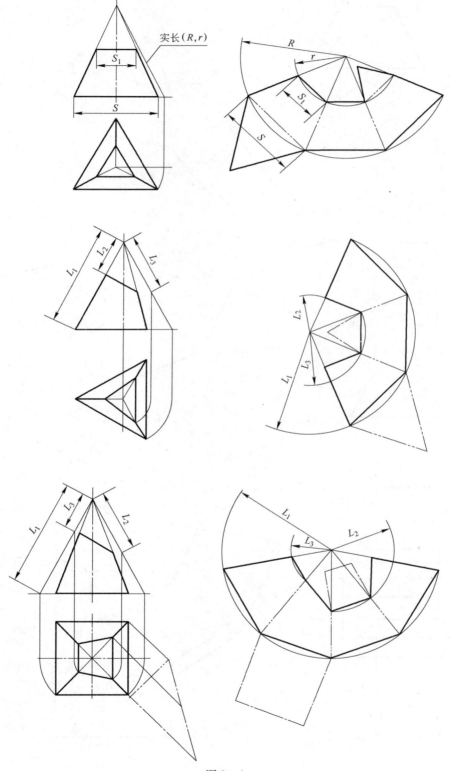

图 3-4

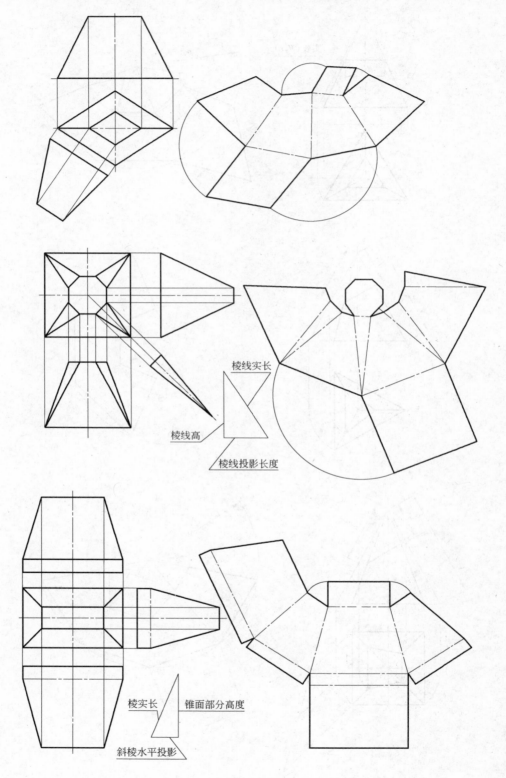

图 3 - 5

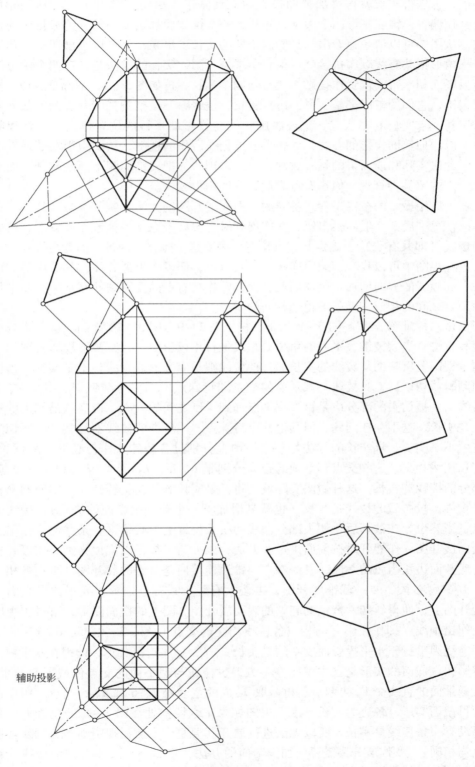

辅助投影

图 3 - 6

一样的话，为求得实长就得增加辅助投影面，具体作法相同。以图3－2中间视图为例，四棱锥锥顶偏置，锥底矩形四个边都是实长，四个锥侧面都是不同的三角形且棱的长度都不一致，从图中可以清楚地看出，只要四个棱的实长求出来，就可以画出四个三角形，再把四个三角形按共有线顺序拼接就可得到所求展开图，实长的求法是，把四个棱边旋转到与正面投影面相平行的位置作投影，便得到四个实长。再如图3－6，不论是斜切三棱锥和斜切四棱锥，它们的锥底都是实形，边是实长，棱线除三棱锥侧视图一边为实长外，其余都不是实长，求实长的办法是，把棱线旋转到与投影面平行的位置作投影，就和前例一样，也可以增加辅助投影的办法，如图中的点划线所作的视图，从图中很清楚地看出需要的实长，此法实际和前面讲的是一致的，也可以理解为把棱锥的侧平面翻转到平面上作实形图，给人的感觉很直观，但稍有点麻烦，一般用得较少。

工业上应用最多的棱锥是各式各样的，但作展开图的方法步骤基本是一致的。在截平面倾斜的情况下展开一般容易出错，在作展开时先按一个完整的棱锥作展开图，然后在其展开的棱线（即共有线）上确定共有点位置，做到这一点并不困难，因为棱线和共有点的位置长短在视图中可以找到，顺序连接这些共有点，便可作出展开图，其截面的实形则需要在截平面倾斜的方向增加一个辅助投影面，并作共有点的投影图并在水平视图中找到多边形角顶点之间的相应宽度就可得到截面的实形。

现以正六棱锥图3－7、图3－8和正五棱锥图3－9、图3－10为例，进一步分析作图的过程和方法，当六棱锥底平面的角顶对角线平行于投影面时，其棱锥投影视图的两外侧棱线在主视图上反映的是棱线的实长而其他棱线则是变了形的直线且不是实长，当棱锥被截平面倾斜截切以后，其棱线与截平面的交点即特殊点1、2、…、5、6，其中1、4均在实长棱线上，被切去的部分应是锥顶到1点和到4点之间的距离，也应该是切去的棱线长度，也是实长，这不存在问题，但其他几个特殊点，因所处的棱线不是实长，所切的棱线部分也就不是实长，求实长的方法是在主视图上分别过各特殊点作与底平面平行的直线，并与实长棱线相交，这些交点到锥顶的距离分别是 L、L_1、L_2(L_6)、L_3(L_5)、L_4，就是被切去部分的棱线的实长，这种做法实际就是将不是实长的棱线旋转到与投影面相平行的位置上作投影，投影后的棱线是实长（也就是增加了一个辅助投影面的概念），棱线上面的特殊点，当然也处在被切后，切去部分棱线的实长位置上，有了这些条件便可作出正六棱锥的表面展开图，作展开时按前面讲过的办法，以 L 为半径，以锥顶为圆心作弧并在弧上截取与底平面边长为弦的六段，各线端点与锥顶连接便是全锥的展开图，再在各相应棱线上截去 $L_1 \sim L_6$ 各段，便是截锥展开图，再按共有线、共有点位置将底平面和截面实形拼联在展开图上，便得斜切六棱锥的完整的表面展开图。图上的截面图形，可过主视图上各点向下作铅垂线（即作投影）与相应各棱线相交得交点1、2、3、4、5、6，2－6和3－5之间的连线因平行于水平投影面反映的是实长 a、b，顺序连接各点，即得在水平视图上的截面投影图。截面的实形是在主视图左上方，过棱线与截平面的交点作截平面的垂直线，与平行截平面的直线交1、4两点。再截取 a、b 的宽度得2、6和3、5两点，顺序连接各点，即得截面实形，各边为实长。水平视图如果正六棱锥处在图3－8的位置上，其投影的结果没有一条棱线是实长，所以无法进行展开（要是作出侧面视图则和前例除截面不同外其余均相同），要作展开还需要增加投影面的办法，将2（5）或4（1）的棱线旋转到平行于投影面位置，作投影便可得到棱线的实长，此时便可用上述办法求得 L_1、L_2(L_6)、L_3、

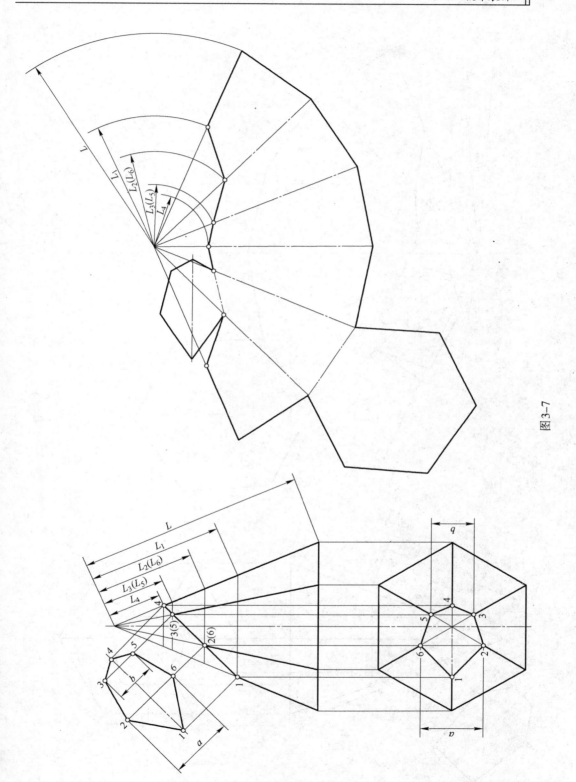

图 3-7

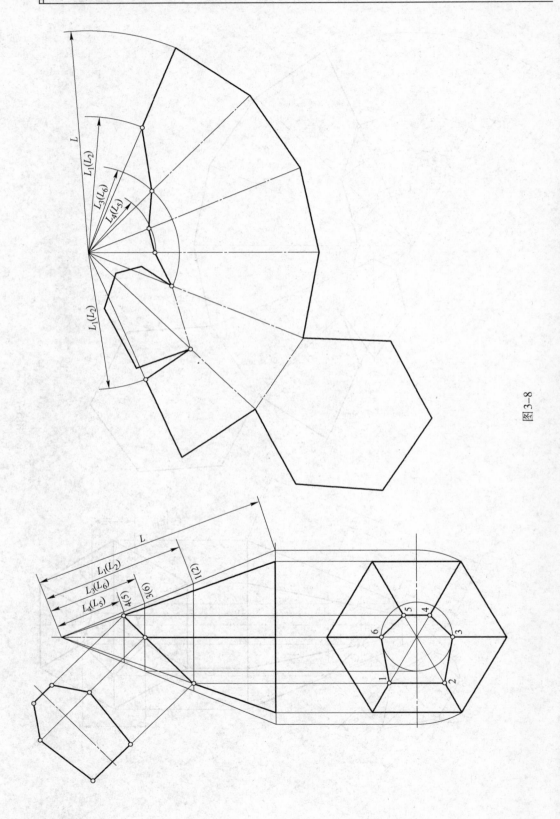

图 3-8

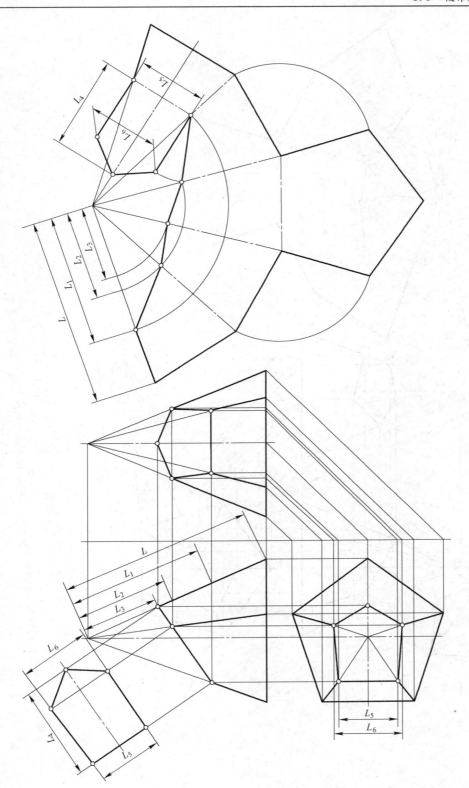

图 3-9

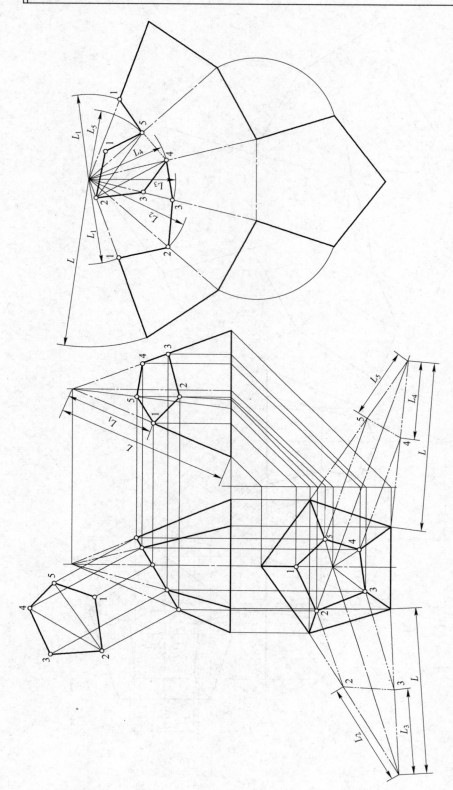

图3-10

L_4，有了这些条件即可满足作展开图的需要。图 3-9 和图 3-10 是正五棱锥。它们的作图方法和正六棱锥基本一样，其中有一条棱线是实长，不可能同时出现两条实长，除非用旋转的办法才行，在此不再讲解，不过图 3-10 所处位置上没有一条棱线的投影结果是实长（侧视图上有一条是实长），可以用前面讲的方法去作，也可以用水平图两侧下方的点划线所示的方法把其中两个侧平面翻转到平面上，是一个等腰三角形，画此三角形的条件都是已知的，所以不会有什么问题，然后把棱线与截平面相交的各点垂直底面向上引与棱线相交，分别得交点 2、3、4、5，这些点到锥顶的距离便是截平面所截去的棱线长度的实长，1 点所在棱线因平行于侧投影面，在侧视图上反映的是实长，用投影的方法可以得到 1 点，同时也得到了 L_1、L_2（L_6）、L_3、L_4，有了这些条件便可以作出展开图。

3.2　斜棱锥展开

　　当棱锥倾斜放置时如图 3-11 ~ 图 3-18 所示，往往棱线在视图上反映的不是实长，展开时先要求得实长，一般求实长的方法，是将不是实长的棱线旋转到与投影面相平行的

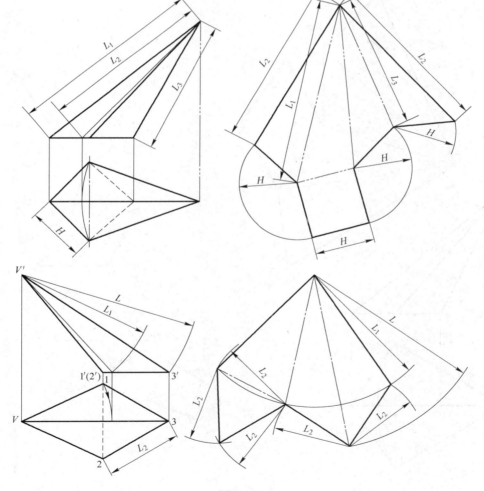

图 3-11

位置增加一投影面，即辅助投影面并作棱线投影，得到的投影长便是实长，从图3-11和图3-12可以看出，他们有一个共同点，就是上、下两条棱线都平行于投影面，所以反映的是实长，两侧棱线倾斜于投影面反映的是变了形的长度，其实长可以用旋转的办法，把侧面棱线旋转到平行于投影面的位置作投影即可得实长。在水平视图可以看出，底面多边形是实形，边长是实长，到此已知三角形的三边长度，当然可以作出三角形，把几个三角形按共有线、共有点顺序拼联在一起，加上底面积，即得斜锥的表面展开图。图3-13～图3-15斜棱锥被截平面截切，则可用同样的办法求得被截去部分的棱线实长，截后截平面的实形可增加一个辅助投影面（注意要平行于截平面），并作截平面的投影，截断面的有些尺寸如对角线的宽度、某些直线的宽度 a、b 等等，都可以在视图中找到。还可以用旋转的方法求得棱线的实长如图3-16～图3-18所示，看似很复杂，实际上还是相当于增加辅助投影面的方法（仅是一种画法），当然此法在求截面时比较直观。以图3-16为例分析此画法，从视图中可以看出，如果没有被截平面截切，从主视图上看只有 $o-c$ 线是实长，$o-a$，$o-b$ 则不是实长，如果以水平视图的锥顶 o 为中心，以 $o-a$ 和 $o-b$ 分别为

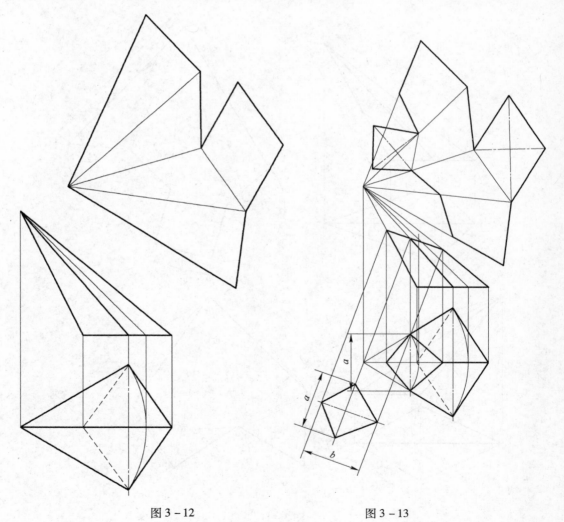

图3-12　　　　　　　图3-13

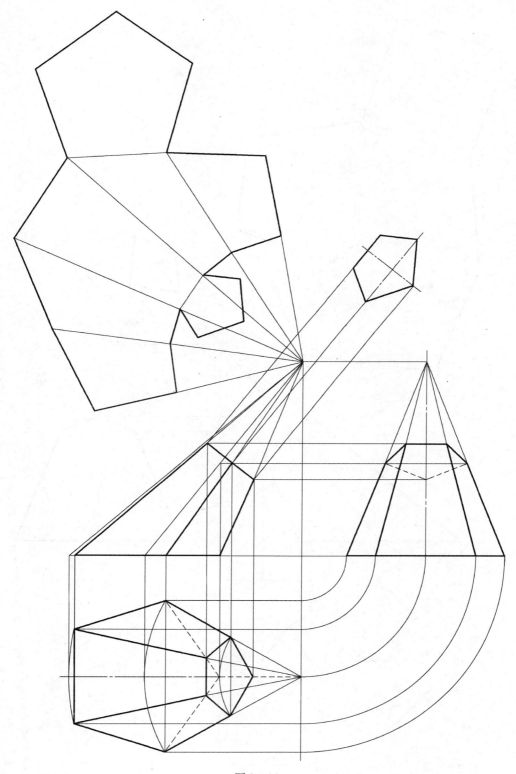

图 3 – 14

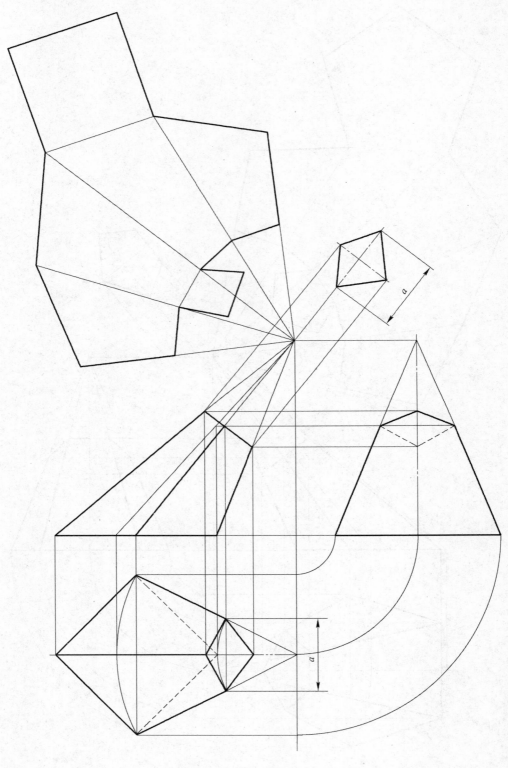

图 3 – 15

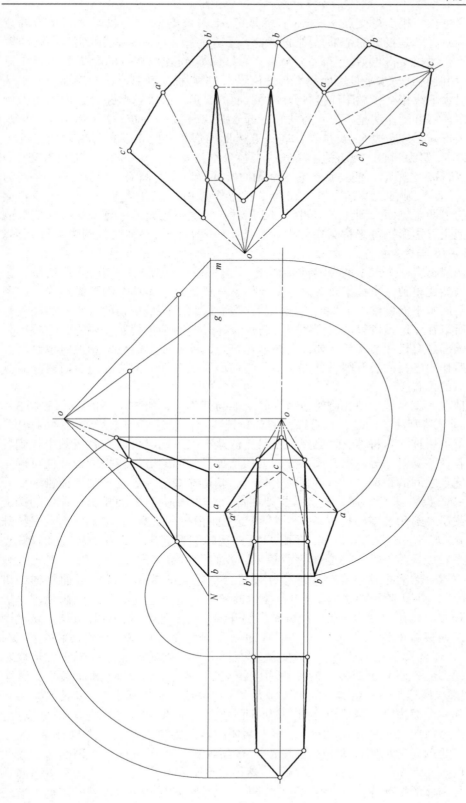

图 3-16

半径作弧与锥底延长线相交得交点 m、g（实际是把 oa 和 ob 旋转到与投影面相平行的位置），连接 om、og（就是投影的结果）则 om 和 og 便是 $o-a$ 和 $o-b$ 棱线的实长，同样以截平面与锥底延长线相交得点 N，然后以 N 为圆心，以 N 到各截交点的距离为半径作弧（实际是把截平面旋转到与水平投影面相平行的位置），把截面旋转到水平投影面上与水平视图的截点所引水平线相交，顺序连接各点便得截面的实形，有了这些条件，便可用上例方法作出展开图。展开图作法是，以 o 为圆心，再分别以 $o-a$、$o-b$（实长为半径）作圆弧，做出正三角形 obb'，底边 $b-b'$ 是斜锥底正五边形的边长，此正三角形便是斜锥的一个侧面，然后以 b、b' 为圆心，以五边形边长为半径分别与 $o-a$、$o-a'$ 的弧相交得交点 a 和 a'，此 $oa'b'$ 和 oab 三角形，便是斜锥的两个侧面，同样以 o 为圆心，以 $a-c$、$a-c'$ 为半径作弧与以 a、a' 为圆心，以五边形边长为半径所作弧相交，得交点 c、c'，连接各交点，得出斜锥的另两个侧面，到此五个侧面均已展开。锥底正五边形平行于投影面反映的是实形，最后把正五边形搬过来拼联在侧面展开图上，就得到该斜锥完整的表面展开图。图 3-17 和图 3-18 与此例完全一致。

棱锥弯管一般都有两个以上的棱锥连接而成，如图 3-19 和图 3-20（b）所示，这类弯管展开时当然比单独一个棱锥要麻烦一些，但它毕竟还是几个单个的棱锥组成，如图上面棱锥的底平面与下面棱锥的上平面连接，其连接面即截平面是相同的，它们的棱线是相应连接的，所以在作这类弯管的展开图时，将组合体分成两个正棱锥，要将各个棱锥一一分别去作，求出各自棱线的实长，要注意两者在接合面即截面上的特殊点同时也是两者的共有点。然后作出各自的展开图，其方法步骤与前面所说一样。两锥在组合时要注意其共有线和共有点的位置。

还有一种情况，就是棱锥骑在圆管或者方管上面与其相交，如图 3-20（a）和图 3-21 所示，此时应该特别注意的是，看看棱柱的各条棱线与圆管或者与方形管交接的地方，所交接的那个点可以称它为特殊点，当然也是两者的共有点，同时可以在各视图中找到各棱线的实长，若找不到时，可以在其倾斜方向，用增加投影面的方法作投影图，便可确定其实长，各特殊点之间的距离均可在各视图上找到，知道这些条件后便可画出棱锥的展开图。现对图 3-20（a）进行具体分析，首先要明确：（1）平面与平面相交，他们的接交线一定是直线或是一封闭的空间折线；（2）棱线与平面相接（贯穿），他们的交点是特殊点，所以图中 a、b、c、d 都是特殊点，据此只要把视图结合起来看，并把棱线和特殊点在视图上的关系看成是前例的一种变体搞清楚了，我们就不难确定 a、b、c、d 各点在各视图中的确切位置，然后把这些点顺序连接，便可得到接交线的相贯线（后面将详细讲解），有了接交线，再用前面讲的方法求出各棱边的实长，有了这些条件，就满足了作展开图的要求，和方管上孔的尺寸要求，便可做出展开图。现把这个过程进行分析，从视图中可以看出，正四棱锥的四个棱边与正方形管的侧面相贯穿，其棱边与侧面相交得 a'、b'、c'、d' 各点（还有看不见的两点），只要从正面视图上，把这些点平行于正方形管轴线，引到侧面视图上，便与正四棱锥的棱边相应相交 a''、b''、b''、c''、c'' 和 d'' 各点，其中 a''、b''、b''、d'' 都在棱边上，不会有疑问，关键是 c''、c'' 两点，而实际上 c''、c'' 两点是由正四边形管的上部一个棱边穿过四棱锥的两个侧面而形成的，具体做法是先把 b 水平线作为截平面，并作出截面图（见图下方的图），再把两体的轴线距离 H 画出（投影出来），正方形管的轴线（也就是与正四棱锥相交的棱边）与截面相割得 c、c 两点，即四边形棱边上的两点，过两点向上引垂线，得 c''、c'' 两点，然后顺序连接 a''、b''、c''、d''、c''、b'' 各点所得封闭折线便是两体的接交线。作四棱锥的展开时，以锥顶 o'' 为圆心以棱锥的棱也为半径

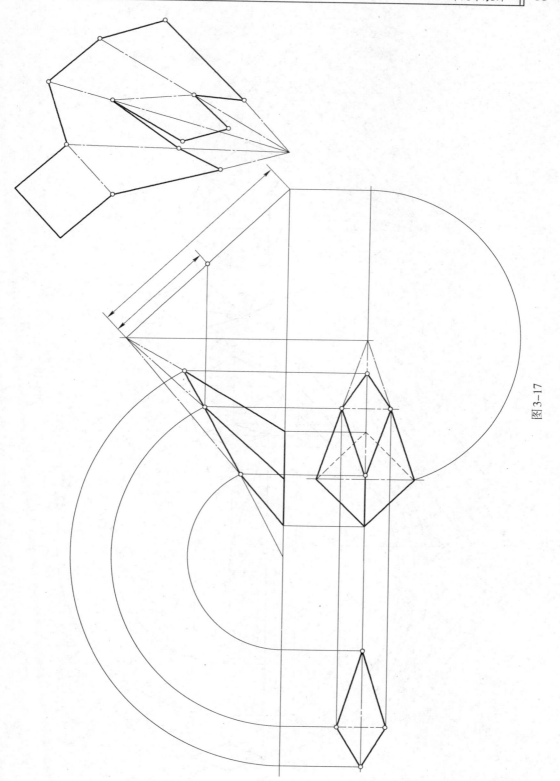

图3-17

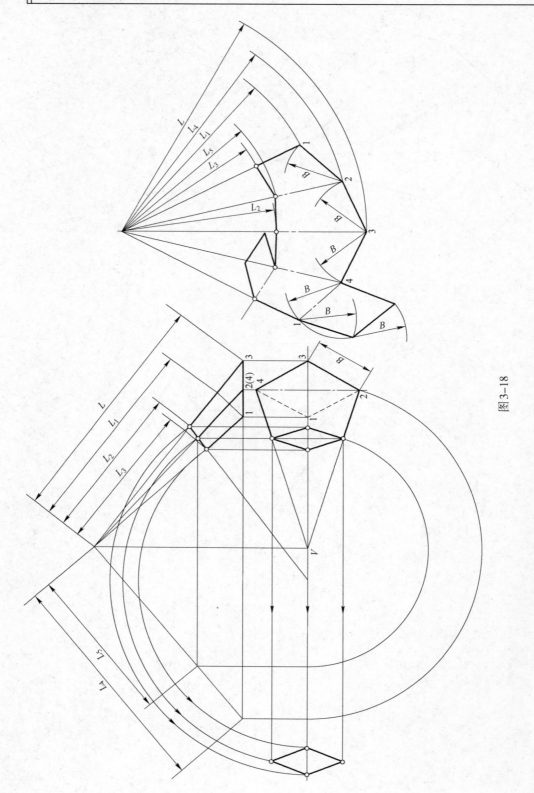

图 3-18

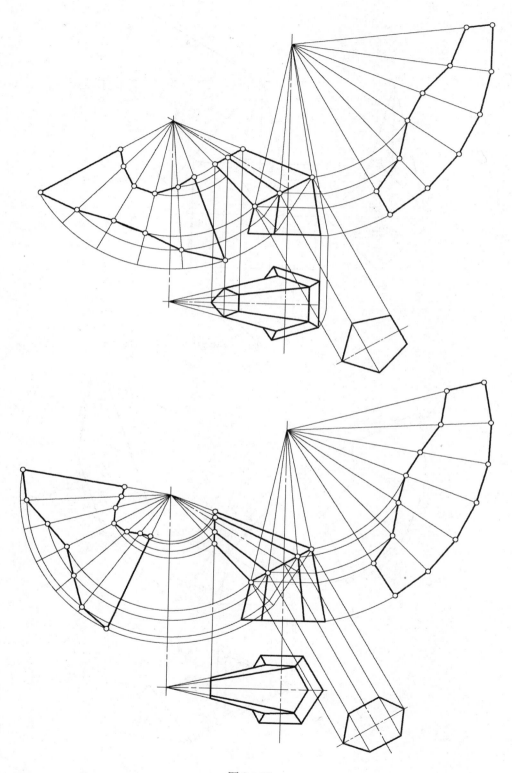

图 3 – 19

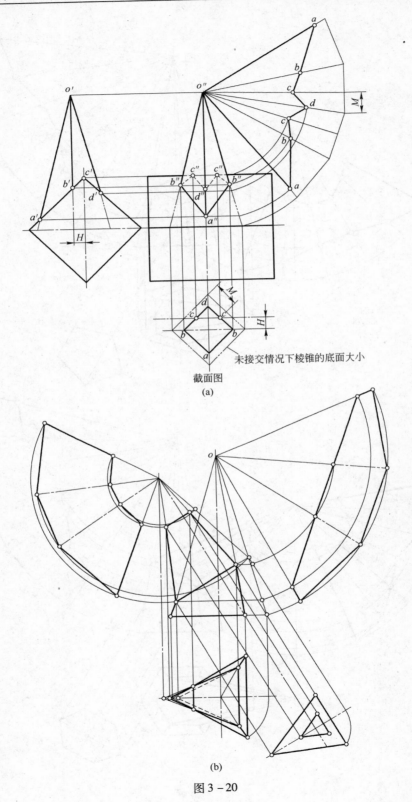

截面图

未接交情况下棱锥的底面大小

(a)

(b)

图 3－20

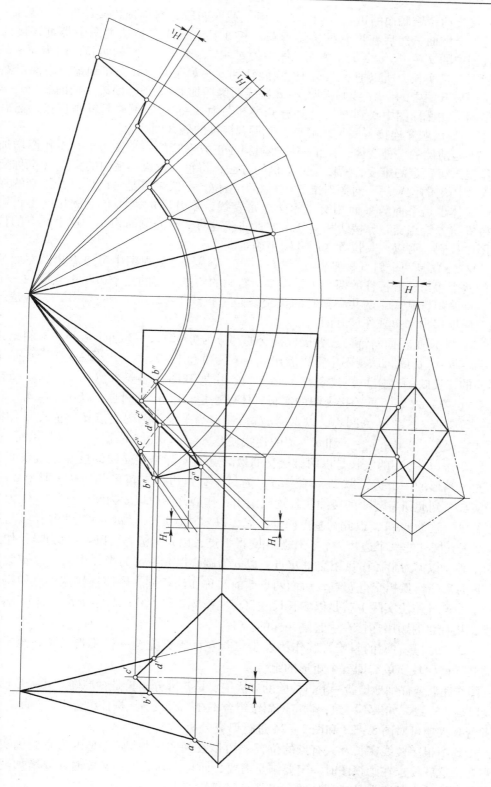

图3-21

作弧，以来接交前棱锥底面的边长为弦，在圆弧上截取四段并与锥顶连接的四个三角形，便是棱锥的四个侧面，然后在展开的棱线上截取棱线长，棱线实长从视图中都可直接读出，如主视图中的 $o'-a'$、$o'-d'$，侧面视图中的 $o''-b''$，至于 $o''-c''$ 的实长，因为 $o'-b'$ 棱线在侧视图上是实长，所以把 $o'-c'$ 的连线旋转到 $o''-b''$ 线上，其交点到锥顶距离当然也是实长，画展开图中的 $o-c$ 线则需要 $o-d$ 棱线两侧增加 1~2 条辅助线，辅助线与 $o-d$ 之间的距离则可在截面图中找到 M，把 M 移到展开图中 $d-b$ 边线上并与锥顶连接，然后其 $o-c$ 实长，最后顺序连接各实长线端点，便得到棱锥的展开图。

图 3-21 是前例的一种变体，把正四棱锥斜骑在正方形管的一个棱边上，对作图增加了困难，作视图有一定的难度，所以按照上例的方法，将每一棱边与平面的穿点（也称交点）在两个视图上的位置一一对照对准，不可相互错位，一般来讲是可以作出其接交的封闭折线的，实体也是平面与平面相交，相交线是直线，展开图的做法和上例相同不再讲解。有时棱锥与方管相交，除棱线相交外，方管的棱边与棱锥的侧面相交，这个交点的位置可在视图中找到，可以按其位置在展开图中确定。

图 3-22（a）是两个斜五棱锥锥底共接一个正五棱柱，从视图中可以看出，左面的斜锥锥底的两个边与正五棱柱的两个边相连接，右面的斜锥锥底的三个边与正五棱的三个边相连接，即两斜锥共底，两共底斜锥的接交线是一折线 1-2-a-b-5-1，为清楚起见，把两个斜锥移出来单独作展开图。

图 3-22（b）是左面斜锥与正五棱柱接交的部分为 1-2、5-1 两个边与另一斜锥接交的是 2-a-b-5 折线，从视图中可以看出 o_1-1 棱边和 1-2、5-1、$a-b$ 接交线是平行于投影面的，反映的是实长，其余都不是实长，作展开图还需要求出 o_1-2（o_1-5）、o_1-a（o_1-b）、2-a（$b-5$）等接交线的实长具体做法是，以 o_1 为圆心，以 o_1-2（o_1-5）为半径作弧得交点 c，以 o_1 为圆心，以 o_1-a（o_1-b）为半径作弧得交点 d，过 c、d 作向上的垂直线得交点 c'、d'，$o_1'-c'$ 和 $o_1'-d'$ 的连线便是 o_1-2（o_1-5）和 o_1-a（o_1-b）棱线的实长，2-a（$b-5$）的实长是以两锥接交的最高点（实际是接交线的投影）至锥底为高作一直角三角形的一个边，以 2-a（$b-5$）为另一直角边作三角形其斜边 f 即为 2-a（$b-5$）的实长，到此所有需要的棱线实长均已求出，作展开图时以 o 为圆心，以 $o-1$ 为半径作弧，并画一连线 $o-1$，以此为基点向外扩展，以 o_1' 为圆心，以 $o_1'-c'$ 为半径作弧与以 1 为圆心以正五棱柱的一个边长为半径作弧相交得 2 点，以 o 为圆心，以 $o-d$ 为半径作弧与以 2 为圆心，以 f' 为半径作弧相交得 a' 点，以 o 为圆心以 $o_1'-a'$ 为半径作弧与以 a' 为圆心以 $a'-b'$ 为半径作弧相交得 b' 点，后面两点 5 前对称作法相同，顺序连接这些点便得斜锥的展开图，这种作法实际上就是以实长尺寸将三角形 $o_1'2'a'$、$o_1'a'b'$、$o_1'b'5$、$o_1'15$、$o_1'12$ 按共有线、共有点的顺序连接在一起是一样的。

图 3-22（c）是右面的斜锥，其作法及步骤与左面斜锥完全一样不再讲解，至于正五棱柱的展开就比较简单，即五个矩形的组合。

展开图作完后要仔细地检验一下，检验的方法主要是各部分实长是否准确，其次是相互接交的线段是否一致，如果不一致，肯定两斜锥组合不在一起或与五棱柱组合不在一起。

读者若有兴趣可对图 3-23 和图 3-24 进行研究分析。

上面提到了很多棱线实长及共有点的位置"可以在视图中找到"，是因为它们确实在视图中存在，这就要求在画视图时一定要满足需要，而且十分准确，必要时还要增加辅助投影面，求取线的实长或点的确切位置，以满足展开的需要。

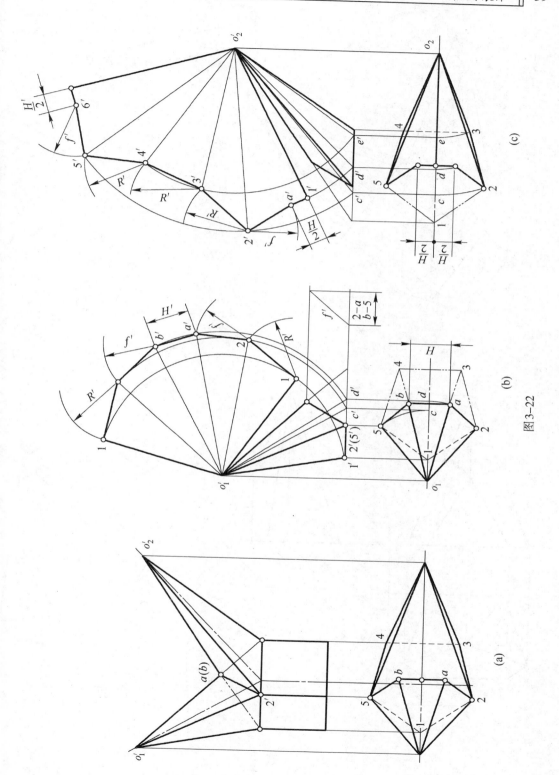

图3-22

图 3 - 23

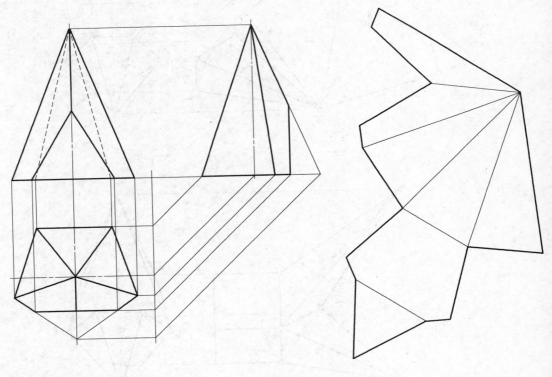

图 3 - 24

第4章

圆柱（管）展开

圆形管在工业上被广泛应用，比如容器、贮罐、管道等。圆柱的轴线过顶圆面和底圆面的圆心且垂直于两圆面，按照圆柱的性质截平面的方向不同，所得的截面形状也不同，如图4-1（a）所示：垂直于轴的截平面其截面是圆形且与顶面和底面圆是全等的同心圆；平行于轴的截平面其截面是矩形，其截面大小随截平面与轴线距离变化，越接近轴线越大，最大的面积是过圆心的截面；倾斜于轴的截平面其截面是椭圆。圆柱体可以理解为一直线平行于轴线并绕轴线旋转一周而形成的旋转体，所以也可以说圆柱表面是由无数条直线组成的，如图4-1（b）所示，这些线被称为"素线"，同时所有素线都平行于轴线；圆柱体也可以理解为由无数与顶面圆及底面圆全等的很薄的圆片以同心圆方式累集而成，如图4-1（c）所示。如果展开圆柱的话，根据其性质只要作一长为圆柱周长、宽为圆柱的长度的矩形，再把上下圆面积加上去，便是圆柱的表面展开图。

在实际工作中我们遇到的问题大多是斜截的圆柱（管），其截面是椭圆，如图4-1（b）和图4-2所示，一般情况下我们可以认为截平面在截圆柱时，实际截断的是圆柱表面的素线，所以展开时我们人为地选择其中有决定意义的数条素线，进行分析，确定这些素线截后的长短和在圆柱上的确切位置，就可以作出展开图。图4-3～图4-6给出了一组图例，其中有被一个截平面斜截和一个弧线所截，这个类型的圆柱表面展开，首先把圆周均匀分为等份，为作图方便一般分为4、6、8、12或更多等份，这些等分点实际就是我们人为选定圆表面素线在水平视图上的投影，如果把这些素线在主视图或侧视图上反映出来，就可以很清楚地发现截平面截后所剩各素线的长度，即截平面与各素线的交点到底平面的距离，同时可利用这些点作投影可画出其截面的投影，并据此光滑顺序连接各投影点，便可得到截面在其他视图上的截面投影图。还有圆柱被几个截面在不同方向所截，这种看起来较复杂，实际上从一个一个截面开始操作，只是此时必须注意的是两截面，相互错位是多少度，特殊点处在哪条素线上，然后以此为准顺序进行，一般不会出错。

现以图4-3之上图为例进行分析，此图没有什么特别之处，只是在截平面倾斜截切时，在圆柱的平面上留了一段弧形面积，这在三个视图上都有反映，同时可以看出其中6、7、8三条素线没有被截切，而又增加了两个特殊点 m、n，也就表示在我们选定的素线之外又增加了两条素线，其实长与未切断素线等长是实长，展开时取一水平线长度是圆柱为圆周长，分与视图等分相同的12等份外，在等分点5、6和8、9之间取 m 和 n 点，其间距是 $m-6$ 和 $n-8$ 之间的弧长，从视图上已经看出 $m-n$ 是一段直线，所以在展开图上 m、6、7、8、n 也应是一连线，其素线均为实长是圆柱的高度，其他素线按截平面截后所留有的实长截取，然后顺序光滑连接各端点再加上圆柱底圆和截面实形，便得到斜切圆柱的表面展开图。具体作图步骤参照图4-7，要注意的是展开图上的水平线是圆柱的圆周长

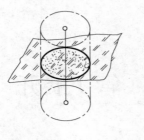
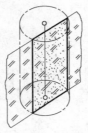
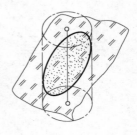

(a)

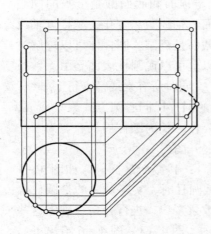
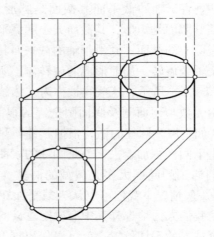
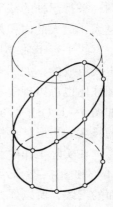

(b)

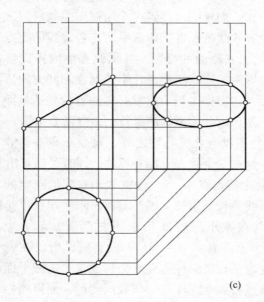
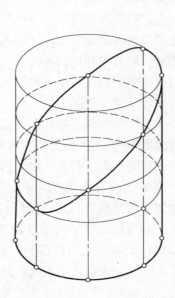

(c)

图 4 - 1

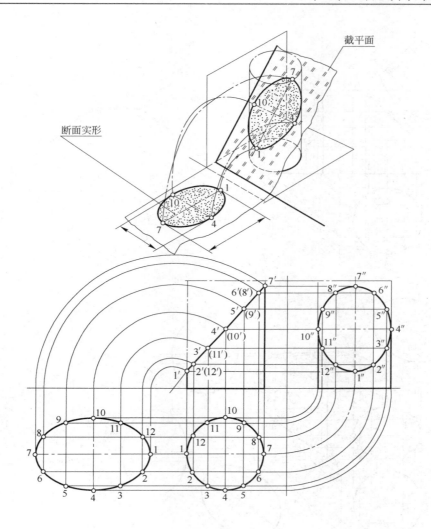

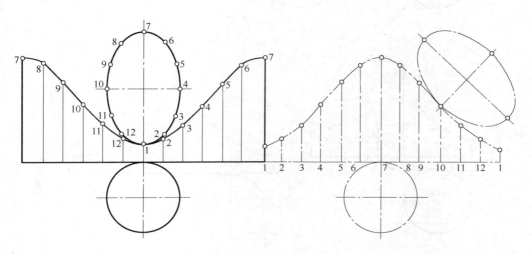

图 4-2

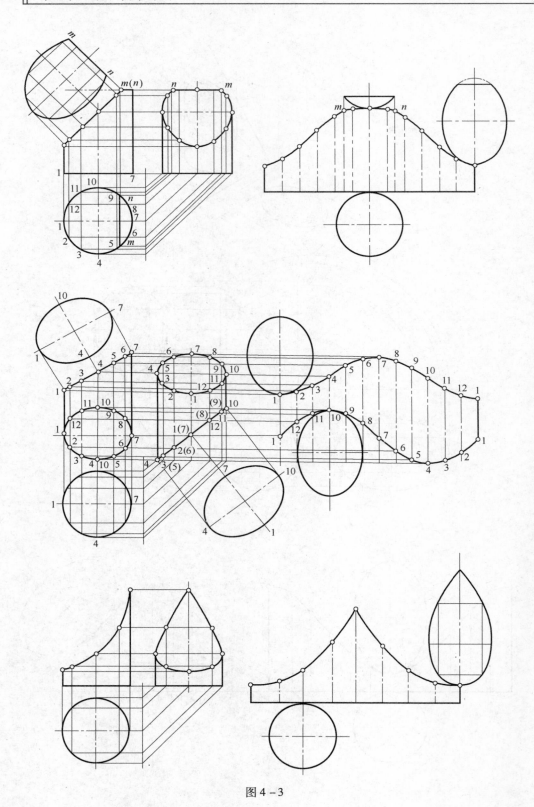

图 4-3

表示的是底面圆的圆周长，其上面过等分点所作的垂直线，表示的是我们所选定的各条素线，从左面截平面截点所引水平线与素线相交，则表示在素线上分别截取各素线的实长，这只是方法问题。

中间视图是截平面倾斜双截圆柱，从视图中看出两截面不在同方向，相互差 90°，这类情况会经常碰到，展开图的做法和前面所讲是一样的，首先把圆柱的圆周按选定的素线数分为等份，本例为 12 等份，并把这 12 条素线反映（投影）在各视图上，最好编上号，这里要特别注意的是素线在各视图中的位置，因为视图的投影面之间是 90°设置，所以视图之间在平面上也就旋转了 90°，按前面所讲方法在展开图上画出各条素线并编上号，先作上端被切截面（椭圆）的展开，以圆柱上端面为基准截取各素线实长，光滑顺序连接各实长的端点，即得上截面的展开曲线，然后作下面截面的展开，此时最重要的是认准两截面的某一等分点在同一素线上，比如本例的上截面 1 点和下截面的 1 点同在 1－1 素线上，而上截面的 2 点则与下截面 12 点在同一素线，所以下截面 12 点截取的长度应该在与上截面的 2 点所在的素线上面，同样的理由上截面 3 点与下截面 11 点在同一素线上，以此类推在展开图下端得到相应各点光滑连接各点，便可得到下端截面的展开曲线，两端曲线的组合再加上下截面面积就是倾斜双截圆柱表面的展开图。

图 4－3 下图是圆柱被圆弧相切，此例可以不画侧面视图也能作出展开图，为了进一步掌握投影的一些概念，作了侧面视图，侧面视图中显示的是一个封闭的空间曲线，曲线的画法是先将圆柱圆周分为等份，本例为 8 等份，过各分点向上作垂线与主视图圆弧相交并过交点作水平平行线，与由水平视图中等分点所对应点之间的宽度相交，顺序光滑连接这些交点便可得到所求的空间曲线，这样进行叙述让人感觉很啰唆，实际这里面就是一个概念问题，一句话就能说清楚，就是把圆柱圆周上的各等分点向主视图和侧面视图上作投影，在侧视图上投影线的交点即是空间曲线上的点，光滑顺序连接各点便得封曲面在侧视图上的投影，也是所求的空间曲线。

图 4－4 与前例基本相同，只是截平面的位置发生了变化，各视图也跟着发生变化，而其作图的方法步骤都是一致的。这里有几点需要重复一下，第一，作视图时一定要准确，包括新增加的辅助投影，因为视图是基础，它稍有错误后面的一切也就会发生错误；第二，一般来讲都需要绘制截面的实形图，首先要有个感悟，平面倾斜于圆柱轴线其截面肯定是椭圆，虽然椭圆的尺寸定不下来，但椭圆是不会变的，从视图中可看出椭圆形的短轴就是圆柱的直径，椭圆形的长轴一般是截平面在垂直于投影面的投影长度，特殊情况下是不完整的椭圆形，如侧视图中的虚线部分，因为截平面与圆柱底平面相交其交线是直线，直线以下是空的，不存在接交问题，有了长短轴用几何作图的方法便可画出椭圆形，一般展开时可在长短轴之间的圆弧中间增加中间点并作投影，其在圆柱面端面圆上投影交点到对应点的距离，便是中间点在椭圆形对应点的距离，如图中的 a；第三，在展开图时要注意两截面之间的位置，即在同一条素线上、下两截点是否准确，或者说两点之间的位置关系对不对，这在被多个截面所截的情况下十分重要，至于截平面在展开图上的位置一般在学习展开时，好像并不十分重要，但它也涉及投影的概念问题，就是接触处的等分点应该一致，在现场施工时要求省料更注意其位置，比如图 4－4 上图中上截面椭圆形位置是对的，下截面的截面位置不太合适，应放在右侧点划线处较好。

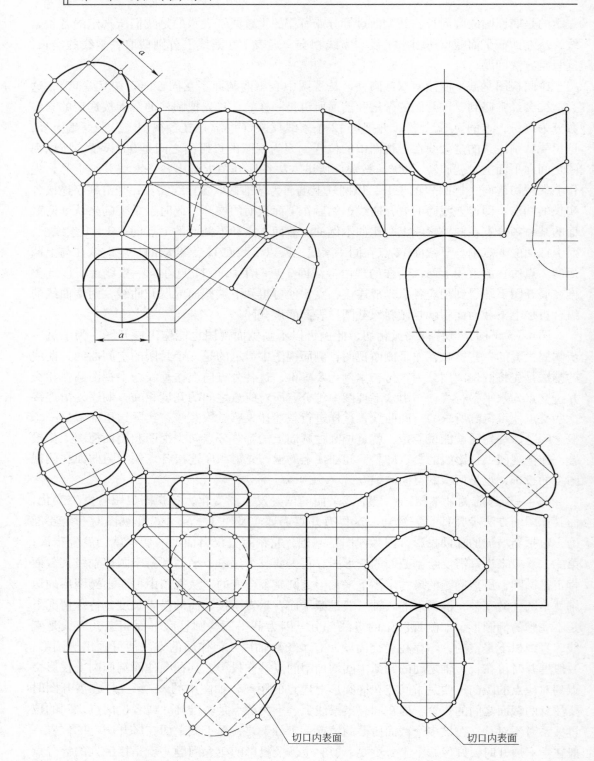

切口内表面

切口内表面

图 4-4

图 4-4 下图也和上例相同，从视图中可知下切口是一个 90° 的直角，相当于圆柱与四棱柱相交，或是与直径相同的圆柱相交，因为它们的接交处是直线，所以下面的切平面即截面应该是相同的，因此截平面的实形画的是椭圆形（点划线表示下面的截平面），被截的部分是半个圆周，在展开图上孔的尺寸刚好占有四个等分距离，具体作图方法步骤同上例。

图 4-5 上图与前面例子不同的地方是在圆柱的 1—4 的等分点之间垂直底平面切去一块，形成了一个平行腰的梯形（如果不斜切的话应是长方形），也就表示着 2、3 两条素线不存在，而新增加了 m、n 两条素线，同时 m-n 这一段圆柱弧面的消失和 m-m-n-n-m 新梯形的出现，注意 m-n 是一直线，这些在视图中十分显见，用前例的方法步骤作展开时会发现展开图中也有这种因素的体现，当然操作时还是要十分注意各条素线和特殊点以及等分点它们之间的相互位置不可错位。

图 4-5 下图及图 4-6 与前面所讲基本一致，不再讲解，可以自己练习和体验。最后要确定选定的各条素线，编上号码，并按等份画在各视图上，千万不要把各条素线在各个视图上的位置搞乱或错位，否则肯定作不出展开图。特别是如果圆柱被两个以上的截平面相截，同时截不在同一方向而且是错位排列时更要注意，要分别找到它们所在的主要素线特殊点和它们之间的关系及错位的多少。

在实际使用中除被截平面截圆柱外，经常会出现圆柱被弧线面、折线平面、直线平面和曲面的混合面相截，遇到这种情况需冷静对待认真分析，按前面讲的方法步骤，一步一步按截面位置一个面一个面分别去作，就会发现与前面作法基本一样，值得提醒的是要注意各素线的相对位置和各素线被切点的高低位置，它们的位置准确才是作展开图的关键所在。

还有常见的圆管弯头如图 4-7～图 4-10 所示，它们都是由多个截切后直径相等的截圆管所组成，并且它们的轴线都是在同一平面内，两个截圆管之间的接合面即截平面是相一致的（否则就连接不到一起了），虽然节数不同，但就每节来说还是和前面所讲的单个被截管没有什么区别，所以按单个截管按步骤进行展开，如图 4-7 和图 4-8 所示，不论是多少节，展开时都是按单个进行，这对稍有基础的人来说并不困难，只有在把单个展开组合成所反映的构件视图时，要注意它们之间的相互位置，不可错位，方法就是认准共有线和共有点的位置。图 4-9～图 4-11 是多节弯头，其作展开的方法步骤和前面完全一致，例图上演示得比较清楚，而在实际工作现场一般不会这样去操作，而是用弯变直的方法进行，就是把弯管隔节旋转 180°，使弯管变成直管，然后在保留截交线的情况下，作圆管的展开，同时得到每一节管的展开图，这种作法的前提是管径一致，同时各节的轴线都在同一平面内。

图 4-11 弯管其断面形状不是圆，不能完全采用弯变直的办法，只能单节进行。

读者如果有兴趣可把图 4-12 和图 4-13 所提供的一组圆柱被其他形状的管所贯穿的情况做三项工作：（1）做相贯线；（2）圆柱表面的展开图；（3）内孔的表面展开图。

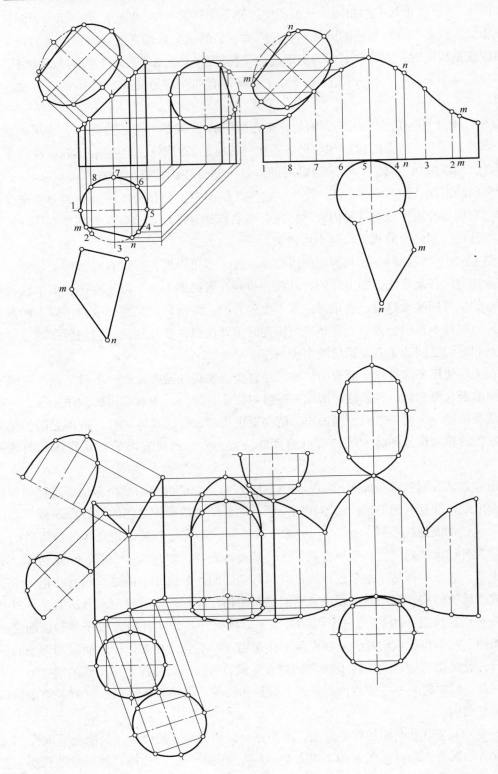

图 4 - 5

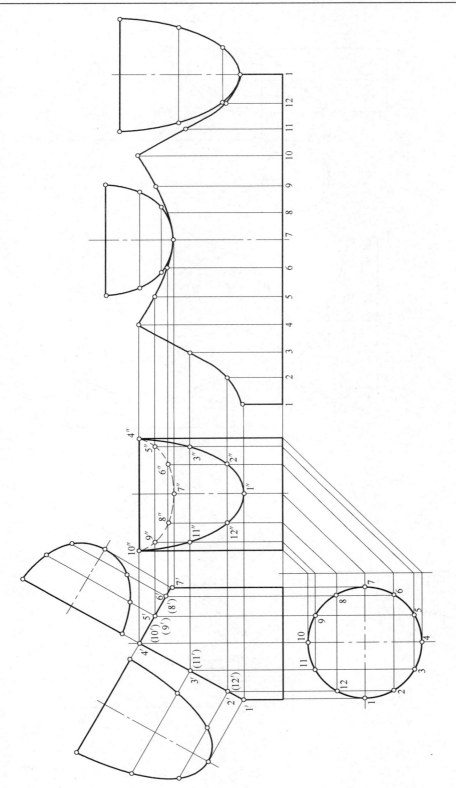

图 4-6

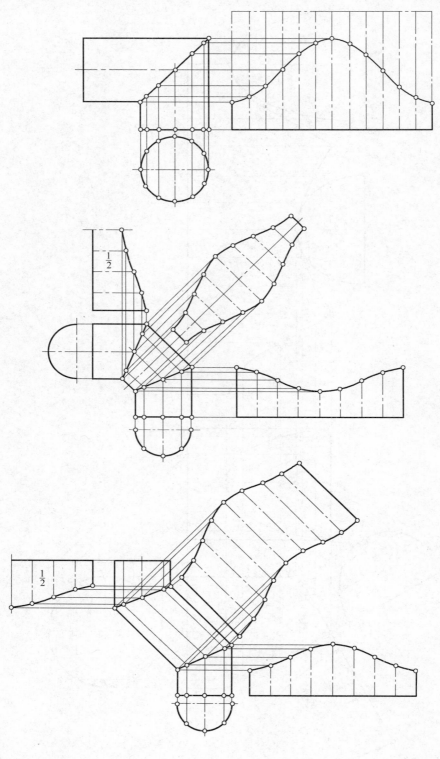

图 4-7

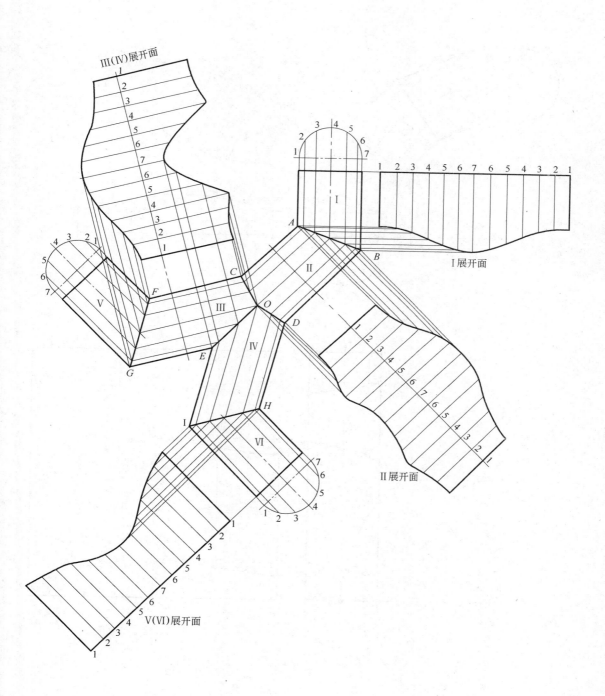

图 4 - 8

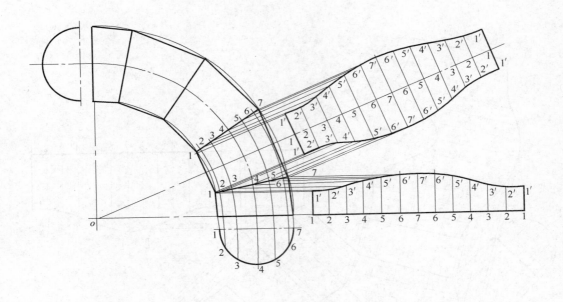

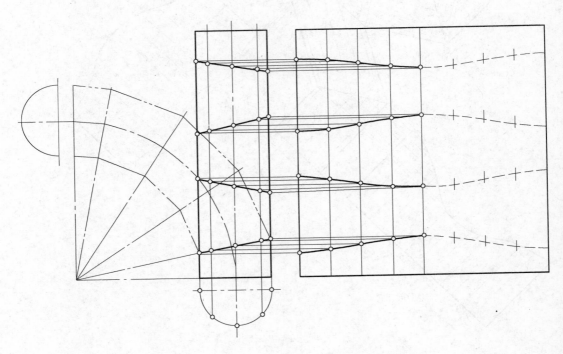

图 4 – 9

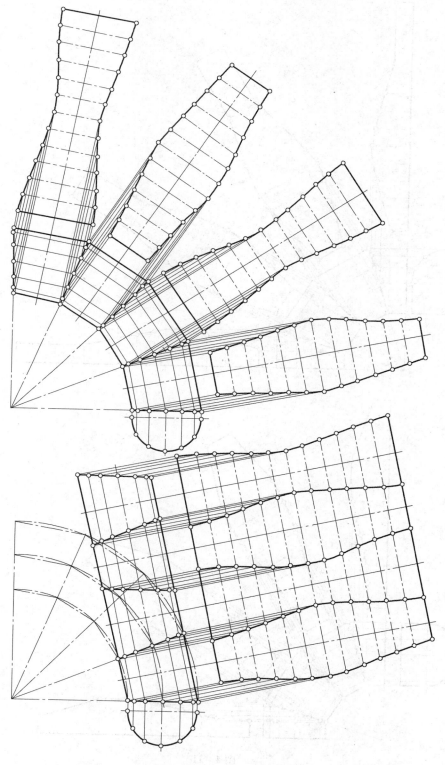

图 4 – 10

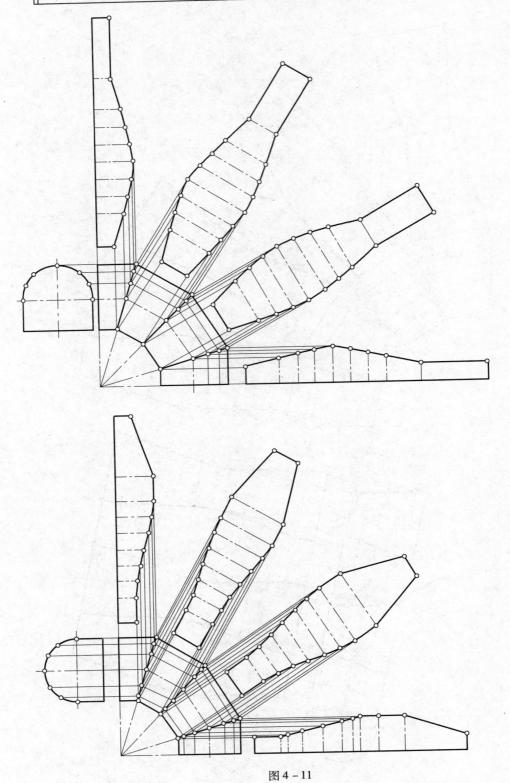

图 4－11

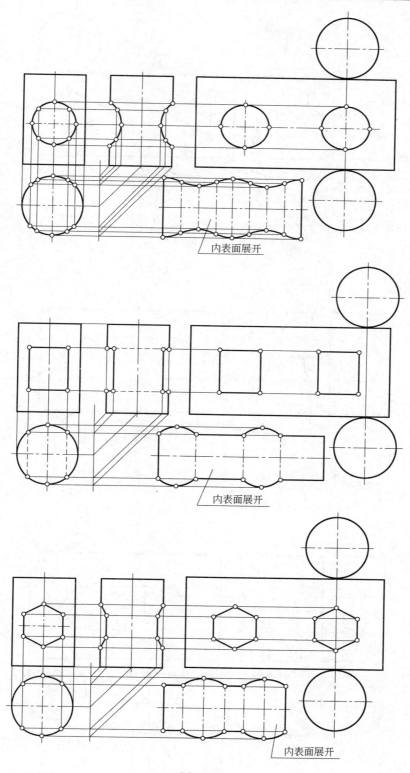

内表面展开

内表面展开

内表面展开

图 4 – 12

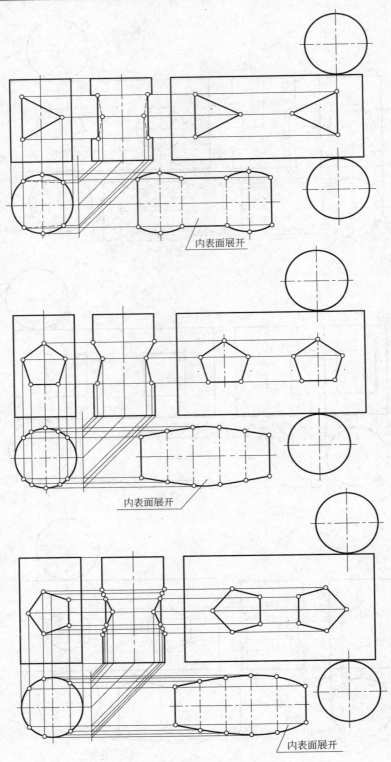

内表面展开

内表面展开

内表面展开

图 4 – 13

第 **5** 章

圆 锥 展 开

5.1 圆锥展开

如果把一倾斜的直线一端与铅垂线相交一端离开垂直线（就是圆锥的轴线），使倾斜线与垂线之间形成一定角度并绕轴线旋转便形成了一个圆锥体，圆锥的轴线垂直于底圆并通过圆心，按圆锥性质（即圆锥图形），如果截平面垂直底平面过锥顶其截面是等腰三角形，三角形的腰是圆锥的两条素线实长，底圆的弦是底圆的直径；如果截平面垂直于轴线，截面是小于底圆的同心圆；如果截平面倾斜于轴线，并与所有素线相交其截面是椭圆；如果截平面平行于圆锥表面上的一条素线，其截面是抛物线；如果截平面平行于圆锥体的轴，其截面是双曲线，如图 5-1 所示。

我们常见到的圆锥有正圆锥、斜锥、直角锥和角锥等。

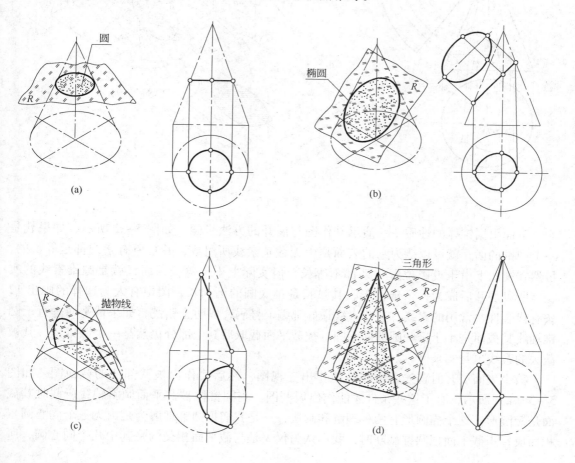

(a)　　　　　　　　　　　　　　(b)

(c)　　　　　　　　　　　　　　(d)

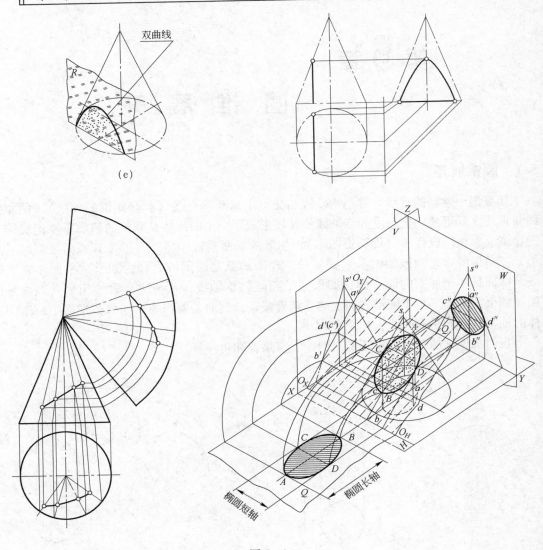

双曲线

(e)

椭圆短轴

椭圆长轴

图 5 - 1

下面根据锥体的性质——演示其作图与展开的方法步骤，如图 5 - 2 所示，如果就是一个圆锥的话，就可以认为它的表面是由无数条素线所组成，并且所有素线都是等长的，虽然在视图上由于投影位置关系都不等长，但实际上不但等长，而且就是圆锥素线的实长，所以展开后成为一个扇面形，其弧长是锥底圆的圆周长，图中有人为选择的画出 12 条有代表性、常用的素线，这些素线最好都编上号码，以防止错乱，如果截平面垂直于圆锥轴线其截面是小于锥底圆的同心圆，被截平面截取后其上部分仍然是一个圆锥体，其被截去的素线也是实长。

截锥表面展开时首先必须准确地作出三视图，然后要作出被截部位的截面图，如图 5 - 3（a）所示，有了这些条件才能作出展开图。当圆锥体被截平面倾斜轴线所截时其截面是椭圆形，这个椭圆形有两种理解和画法：一是我们把圆锥理解为是由无数个同心圆累积而成，当截平面把圆锥截断时，我们认为仅仅是与截平面相交的是其中几个同心圆，所以作图时将截交线（在正面视图上），取几个点（一般取等分点实际上是取几个被截的同心圆），然后把这些被截同心圆与截平面的交点用细实线画出来作三视图，投影线与截平面的交点即是椭圆形圆周上的点，光滑顺序连接这些点便可作出椭圆形截面，其截面的实形，可用增加投影面的方法作出，视图中连接主视图与侧视图的水平平行细实线即是所谓的同心圆横截面；二是我们把圆锥理解为是由无数条素线所组成，当截平面把圆锥截断时，我们认为仅仅是与截平面相交的是其中几条素线，然后把底面圆周分为等份，等分点就是我们选定的几条素线，把这些素线用作三视图方法在三个视图中画出来，这些投影线与截平面的交点即是椭圆形圆周上的点，光滑顺序连接这些点便可作椭圆形的截面，其截面的实形可用增加投影面的方法作出，连接主视图与水平视图圆周等分点的细实线就是所谓被截的圆锥素线。

作截圆锥的展开图时，先作完整的圆锥体侧表面的展开图，将扇形圆弧分成已选定的素线数作等份并作素线，然后在视图取被截后各素线的实长，按号相应移到展开图的素线上，顺序顺势光滑地连接素线各端点（即截交点），并把截面实形及底面圆搬到适当位置，便完成了展开图的绘制。

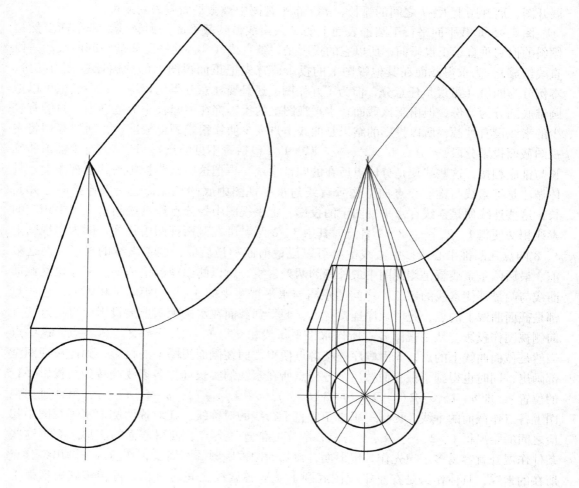

图 5-2

其他圆锥图形，如图 5-3（b）、图 5-4、图 5-5、图 5-6，在作截后三视图和展开图时，其方法步骤基本是一样的，没有特别之处，但它们都是按圆锥的性质（也称圆锥图形）来作展开图的。

图 5-4 是截平面平行于圆锥轴线，其截面是双曲线，现要求作出截面在视图上的投影，并作出其表面展开图。首先在水平视图上将被截平面截取部分的弧长分为 6 个等份得等分点 1、2、…、7 各点，并与锥顶（水平图上的中心点即两中心线的交点）相连接并延长到底圆周上，这些连线就是圆锥素线在水平视图上的投影，可以看出它是一条直线，把这些素线投影到正面视图上与截面相交得 1'(7')、2'(6')、3'(5')、4'各点，过各交点向侧视图方向作平行的水平线，与水平视图上的各点向侧面视图的投影或者说各条素线向侧视图作的投影相交得交点 1″、2″、…、6″、7″各点，顺序光滑连接各点，便得到截面在侧面视图上的投影，这个截面因是平行投影面，所以该投影反映的是实形，作展开时过视图中各点作水平线与最外侧素线相交（把点所在素线旋转到与投影面相平行的位置），从交点到锥顶的距离便是被截各素线的实长，最后在展开扇形面上画出各被截素线，并相应截取实长顺序光滑连接各素线端点，再把截平面和剩余底图搬到展开图上，便得截锥的完整的展开图，展开图上 1-7 之间的弧长，等于水平视图中被截平面截去的弧长。

图 5-5 是截平面平行于圆锥表面上的一条素线，其截平面是抛物线，截平面虽然是倾斜的但它垂直于正投影面，所以它的投影是一条直线（实际是一封闭的空间曲线和一段直线组成），为求得截面在其他视图上的投影，首先把正面视图上的截面任意分为几份，本例分为四份（虽说是任意分，但为了好作图，还是要注意分得比较均匀，当然也可以把圆锥底圆分为等份，但由于该截面在水平视图上的投影都在中间较小的范围内，只能有较少的素线没有被截，所以投影的结果是曲线上点太少曲线很难画得较准确，所以采用将主视图截面投影分段），分点 1'、2'、…、8'、9'（包括看不见的点），过分点连接锥顶并延长与锥底相接，这些线便是分段点所在的圆锥素线，再把这些素线投影到其他视图上，具体做法是把素线与锥底交点向下作垂直线与水平视图中底圆相交，过交点连接圆心并延长，这些连线便是素线在水平视图上的投影，把主视图中各分点作垂线与水平图中相应的素线相交便得 1、2、…、8、9 各点，其中 3、8 两点可在侧面视图中找到，因为主视图上 3、8 两点在圆锥中心线，中心线本身可以说最前面和最后面的两条素线的投影，而这最前、最后两条素线就是侧视图中最外侧的两条素线，所以侧面视图中的 3″-8″（也是截面曲线与两最外侧素线的切点）之间的距离与水平视图中的 3-8 的距离是相等的，这些点都是截面曲线上的点，光滑顺序连接各点，便得到截面在水平视图上的投影，再把这些点向侧视图作投影与从主视图各点所作水平平行线相交得 1″、2″、…、8″、9″各点，这些点当然是截面曲线上的点，光滑顺序连接各点便得截面在侧面视图上的投影，到此三视图全部画出，同时也得到了截平面截后，各分点所在素线的实长（把各素线旋转到与投影平行的位置），即 o-1、o-2(o-9)、o-3(o-8)、o-4(o-7)、o-5(o-6)，另外过主视图上各点作截面的垂线，再作一垂直于垂直平行线的对称线，在对称两侧取水平视图中相应之间的距离得 1、2、…、8、9 各点，顺序光滑连接各点，便得截面的实形，有了这些条件作展开就容易多了，先作一扇形面，弧长为圆锥底圆的圆周长，在扇形中画出各分点所在的素线，具体作法是在水平视图底圆上截取各素线之间的弧长，再转移到扇形弧上（注意对称取两点），并与扇顶连接便是素线，然后截取各素线的实长，顺序光滑连接截后

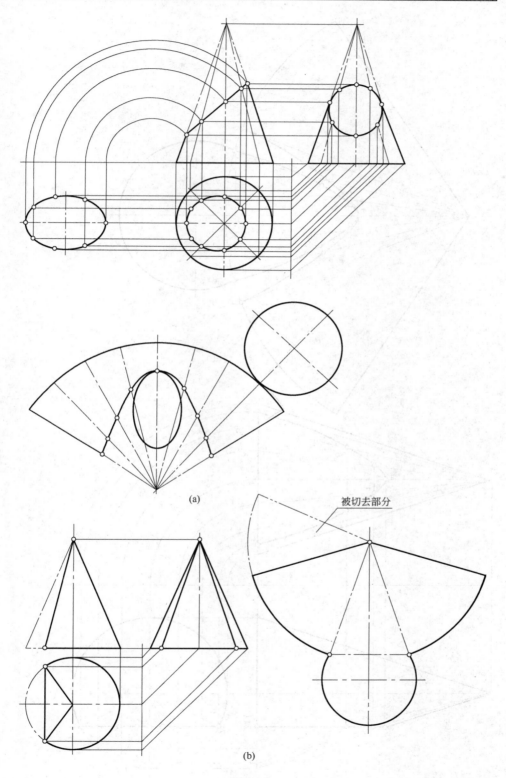

(a)

被切去部分

(b)

图 5-3

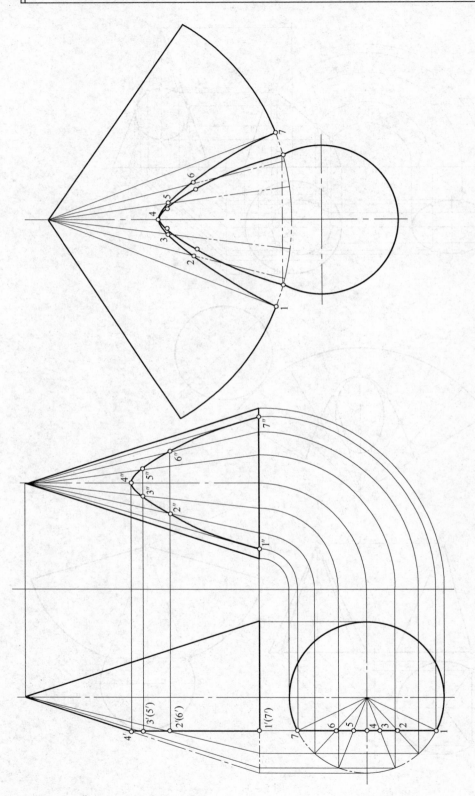

图 5-4

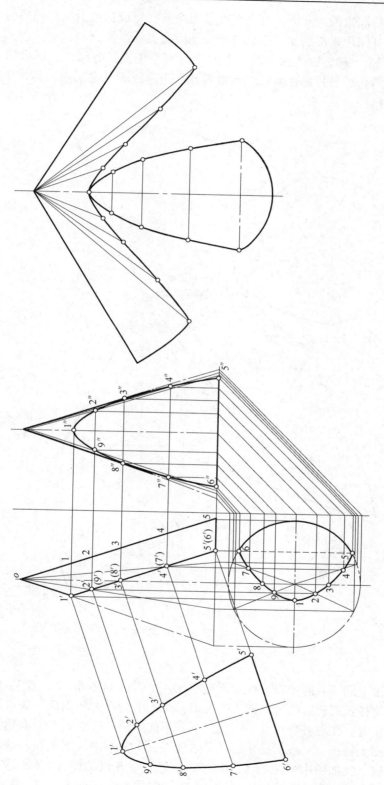

图 5-5

各素线端点，便得截后圆锥的展开图，再把截面实形按共有点位置搬上去，最后得完整截锥表面的展开图，展开图中扇形的缺口弧长等于截平面截去的弧长。

　　图 5-6 与上例完全一样，因为截面曲线基本上占有半个圆锥底圆，所以采取了将底圆的半圆周分为 6 个等份，另外侧面视图基本没有什么用途，所以也未画，其余作图方法步骤都一样，不再讲解。

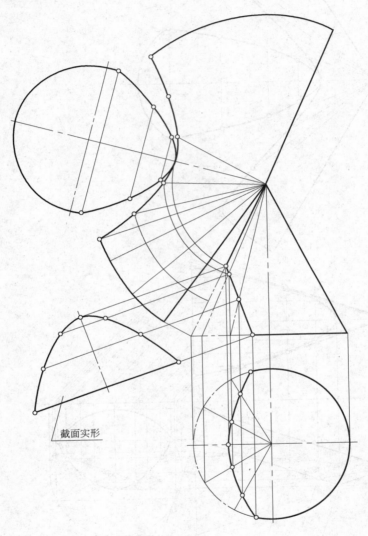

截面实形

图 5-6

　　如果一个正圆锥上同时有两个以上的截面且不在一个方向如图 5-7~图 5-9 要作展开图时，不可忙乱要按步就班，一个截面一个截面去作，不会有大的困难，最重要的是每个截面之间的相互位置，注意各特殊点的位置，千万不能错位，一定要十分准确，最简单的办法是牢记各截面上特殊点，在所选定的几号素线上，它们相隔几条素线，这样展开时按号入座就不会有错，比如图中标注的 A、B、C、D 就是特殊点的位置。现以图 5-7 为例来进行分析并作图，从视图上看出圆锥是被两错位 90° 的截平面所截，首先将水平视图中圆锥底圆圆周分为 8 个等份，也就是选定了八条素线，过等分点向底圆底作垂直线与底圆相交，过这些交点与锥顶连接便可画出在主视图中的各素线，这些素线与截平面的交点是 e'、f'、g' 和 h'、m'、n'，它们是中间点，另外 A'、B'、C'、D' 是特殊点，过这些点作垂直线与水平视图上的素线 $o-1$、$o-2$、…等相交得交点 A、e、f、g、B，当然也可得到 h、m、n、D，（因为两截面相对来说各自是对称的，为图面清晰并没有画出，且没有严格按投影要求进行绘制，但大家会看懂的），同样过各点引水平平行线与水平视图中各点向侧面投影线相交在侧视图中得 e''、f''、g''，再过侧面图中 C''、D''、h''、m''、n'' 各点引水平平行线与由水平视图上各点向上所作垂线（因为和前面一样所以图上没有画出）相交，得交点 C'、D'、h'、m'、n' 各点，现在在每个视图上都画出了这些点，只要分别顺序连接各点便可得到截面在各视图的投影。作展开时先按全锥展开按位置把八条素线也画出来，再在各素线上截取各自的实长，即截平面与圆锥素线的各点到锥顶的实长，B 点应按水平视图上 B 点到等分点 $6-7$ 之间距离确定，光滑顺序顺势连接各点即得圆锥侧面的展开图，按特殊点的位置把截面实形搬到展开图上，便得双斜截锥的表面展开图。现在再来交代截面实形的画法，根据圆锥性质 $A-B$ 截面是抛物线，$C-D$ 截面是椭圆，当然不能直接按此作图，一般先过截平面与圆锥素线交点作截面的垂直线，再作这些平行垂线的垂线作为截面的对称线，然后向对称线两侧取水平视图中的水平中心线到 e、f、g 距离，得交点 e、f、g（注意两侧对称），光滑连接各点即得 $A-B$ 截面的实形。同样 $C-D$ 截面也是这样作法，只是对称线两侧的距离是在主视图上截取。图 5-8 与上例基本相同，不再重复讲解。

图 5-9 是圆锥被三个截平面所截，在作三视图和展开图时显得稍复杂一些，但经过分析就会发现和前面讲过的内容基本是一致的，比如锥体上端被截平面倾斜截切，其截面是一椭圆形，下端虽被两倾斜截平面所截，但从视图中可以看出两截面是相互对称且截面是两个全等的不完整的椭圆形加一段直线，作图时先把水平视图中的圆锥底圆周分 12 等份并相应连接，得到 12 条圆锥素线在水平视图上的投影，再把这些素线投影到其他视图上，便在主视图上与截面相交有了这些交点，当然是所有三面上的点（注意是截面上素线的端点，也可说是截面上的点），有了这些点也就表示各条素线的长度已经确定了，过点作垂线与水平视图上相应的素线相交，又得出在水平视图上截面上的各点，光滑顺序连接这些点便得截面在水平图上的投影；如果过主视图上各点，作水平平行线则与侧面视图上的各条相应素线相交，也得很多交点，同样光滑顺序连接这些点，便得截面在侧面视图上的投影。用前面讲过方法再把截面实形画出来，展开时先画扇面形并把素线也画上去并截取各对应的实长，连接各素线的端点便得到截锥的展开图，然后把各端面实形按共有点的位置搬过去，最终得到截锥表面完整的展开图。

与同一圆相切的锥形三通管如图 5-10 所示，从视图上分析有三个截锥都是正圆锥，同时两侧截锥是完全一样的，只作一个就可以，三管的截交线是直线（是封闭的空间曲线），因此不需要求取相交线，只作展开图，展开的方法步骤前面已讲过，首先把锥底圆周分等份，也就是确定选定的圆锥素线数目和位置，交接线与圆锥素线相交得交点，交点到锥顶的距离就是接交后所余留素线的长度，注意为得到实长把交点旋转平移到侧面的实长线上，再把每条素线的实长移到展开的扇形上相应的素线上，光滑连接实线端点即得展开图，中间管也同样作法。

图 5-11 是三支角锥均角相交，三支管均角与圆管相接，三支管尺寸大小都是一样

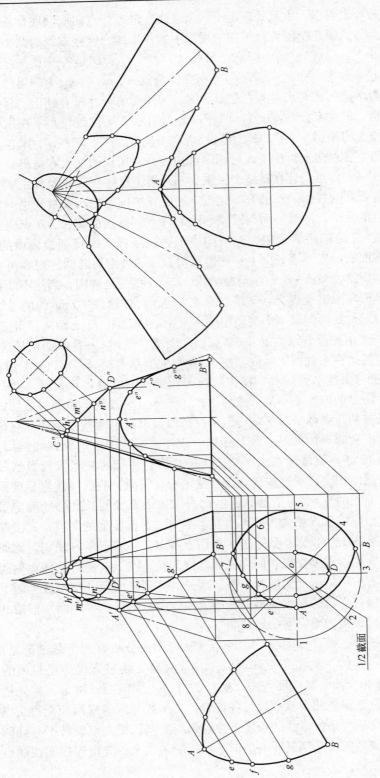

图5-7

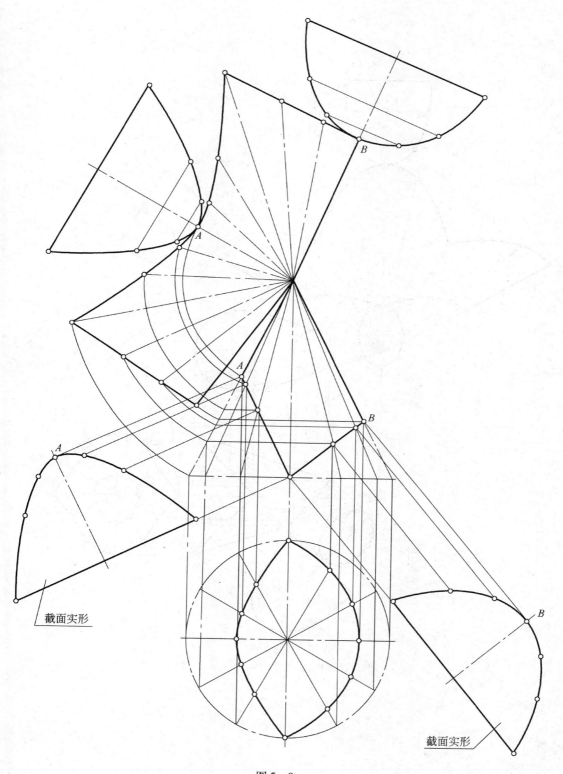

截面实形

截面实形

图 5－8

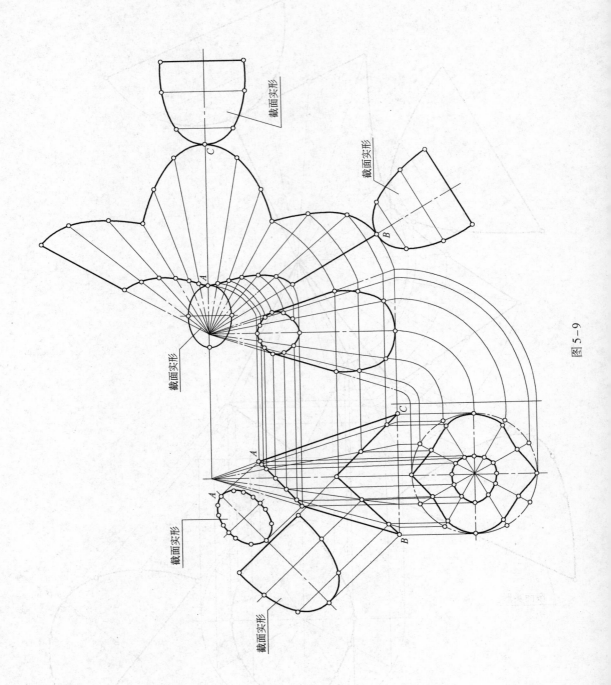

截面实形

截面实形

截面实形

截面实形

截面实形

图 5-9

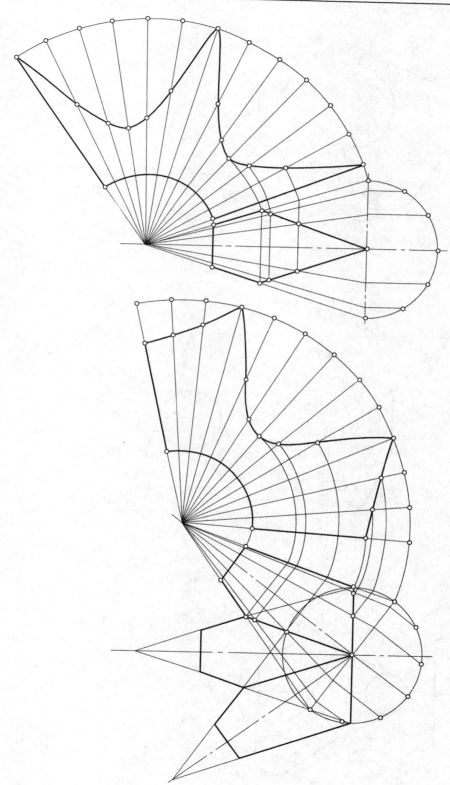

图 5-10

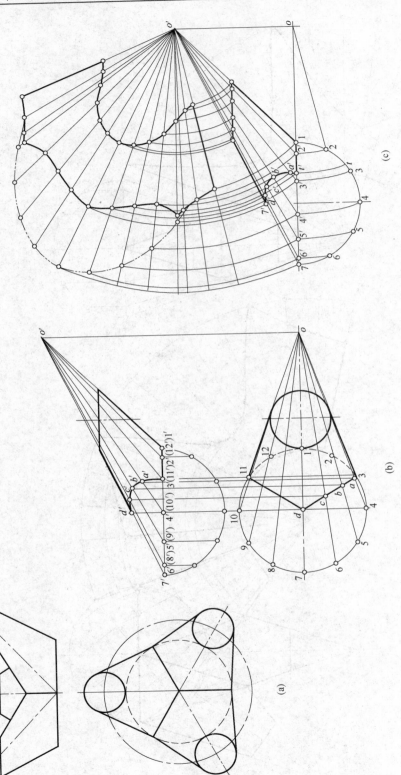

图 5-11

的，因此用一个支管进行分析展开就可以了，如果完整的画出支管的圆锥，就可以看出支管是一个斜锥，且被三个截平面所截，圆弧部分只占底圆的三分之一，首先作支管的主视图和水平视图，如图 5-11（b）所示，把底圆分为选定的素线数相同的等份，本例为 12 等份，连接锥顶与各分点的连线，该连线即是选定的圆锥素线 $o-1$、$o-2$、…、$o-12$，和 $o'-1'$、$o'-2'$、…、$o'-12'$，注意圆锥素线在两个视图上的相对应的位置不可搞乱，然后作素线与截平面交点 a、b、c、d 的投影得 a'、b'、c'、d' 各点，上口截面比较简单不再叙述，要注意的是除素线 $o'-1'$ 和 $o'-7'$ 是实长外，其余各素线只是投影长而不是实长，展开时则需要作出各素线的实长如图 5-11（c）所示，然后按斜截锥展开即可。这里只需要知道过程就行，关于斜锥的分析及作法后面还要进行较完整的讲解，如有兴趣回头再进一步分析。

两节和两节以上的圆锥弯管如图 5-12 和图 5-13 所示，看起来比较繁杂，但把它看作是几个截锥连接在一起，这样分析就容易多了。首先作好视图选定素线数，然后一个一个分别用前面讲的办法去作展开图即可，不论这个弯管是由几节组成，基本都可按此方法步骤进行，多节锥形弯管如图 5-14 和图 5-15 所示，它们相邻两节之间的截交线是一条，其截面是一样的，如果弯管各节的锥度一致，可以隔一节将相邻一节旋转 180°，就可把圆锥弯管变成一个正圆锥，在保留其选定素线及截面交线的情况下，就比较容易地作出每一节的展开图。如果各节的锥度不一致则形不成一正圆锥，不能用一个完整的正圆锥按上述方法展开，也只能分节展开。

5.2 斜锥展开

当圆锥的轴线与圆锥底平面倾斜时，所形成的圆锥为斜锥，斜锥分直角锥和斜锥，正圆锥和斜圆锥至少有两点不同：一是正圆锥的所有素线是等长的，而斜锥的素线是不等长的，只有与斜锥轴线相对应的两条素线是相等的；二是正圆锥若被垂直于轴线的截平面所截，其截面是一圆形，如果被若干个平行的截平面所截，其截面都是同心圆，而斜锥被截平面截后虽得到的也是圆形截面，但不是同心圆。本书特收入了两组斜锥如图 5-16 和图 5-17 所示，一组中有直角锥如图 5-16（a）所示，直角锥的一条素线就是角锥的高，并且垂直于底圆，锥顶落在底圆的圆周上；图 5-16（b）斜锥的锥顶在锥底圆以内，图 5-16（c）斜锥的锥顶在锥体底圆的外面。要作展开图首先要知道各素线的实长，但在视图上除最外侧和最内侧的一条素线是实长外，其余素线的实长无法反映出来，直角锥有一条实长 $o-1$ 可确定即锥高，还有与此对应的 $o-5$ 是最外侧的一条素线是实长外，其余各条都是变了形的长度不能直接采用，所以无法作展开，因此采用旋转的办法把素线旋转到水平中心线上去，那就是把该素线旋转到与一投影面相平行的位置上作投影而求取实长，也就是相当于已知直角三角的两个直角边去作其斜边一样，首先在水平视图的底圆周上选定素线数并等份分布，再以锥顶点在水平视图的投影点为圆心，以该圆心到各素线点的距离为半径，分别作圆弧交于底圆水平中心线上得交点，把这些交点垂直引到正面视图的底圆周上（实际是作交点的投影），然后把与底圆周上的交点分别与正面视图上的锥顶相连接，这些连线便是各素线的实长，有了这些条件，便可作出展开图。另一组和前一组基本一样，只是增加了一个斜截的截平面，所以其方法步骤和前一组完全一样，只是素线长度有

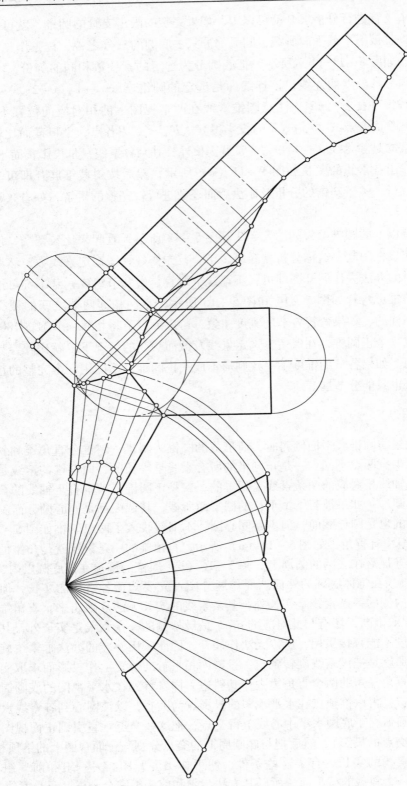

图 5-12

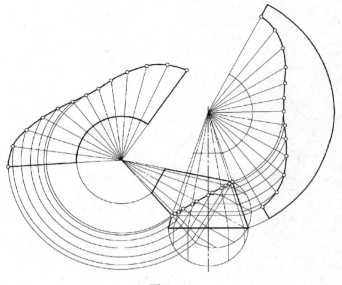

图 5 - 13

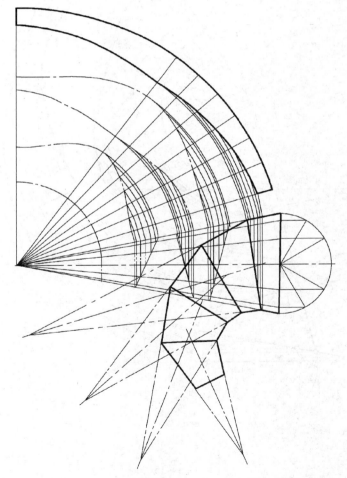

图 5 - 14

图 5－15

变化，被截平面截断后，截平面与素线的交点都落在我们选定的各条素线上，所以可以在视图中直接取得各条素线的实长，有了这些条件，作展开应没有问题。

现以图 5-16 为例具体说明作图过程，图（a）是一直角锥，从图中可以看出 $o'-1'$ 和 $o'-5'$ 两条素线平行于投影面反映的是实长外，其余素线都倾斜于投影面反映的是变了形的长度，无法直接采用，所以要设法将这些素线旋转到与投影面相平行的位置上，以便求得实长，具体作法是以锥顶在水平视图上的投影 o' 为中心（图中显示锥顶刚好落在底圆圆周上），以底圆圆周上各等分点（本例为 8 等份）到锥顶投影 o 的距离即 $o-2(8)$、$o-3(7)$、$o-4(6)$，分别为半径作弧与水平中心线 $o-5$ 相交，过交点向上引垂直线与正面视图底圆交 $2'(8')$、$3'(7')$、$4'(6')$ 各点，过这些交点与锥顶 o' 连接，这些连线便是各素线的实长，这个过程便是把各素线旋转到与投影面相平行并作投影的过程，知道实长以后便可作展开图，过锥顶 o' 画一直线并截取锥高的实长 $o'-1'$，以 1 为圆心，以等分点之间的弧长 R 为半径作弧，与以 o' 为圆心以 $o'-2'$（实长）为半径所作弧相交得 $2'$ 点，再以 $2'$ 为圆心以等分点之间的距离 R 为半径作弧与以 o' 为圆心以 $o'-3'$ 为半径所作弧相交得 $3'$ 点，以此类推可以作出 $4'$、$5'$ 点，$6'$、$7'$、$8'$、$1'$ 各点与前面各点相对称同样可以作出，这样便得到了展开图。后面两例是锥顶的投影落在了底圆之内和底圆外，但求作各素线的方法和展开的方法步骤与前例是相同的。

图 5-17 与前例实际是一样的，整个作图过程基本相同，在作这类型构件的展开图时，先不要考虑截平面的问题，仍按一个完整的斜锥去求作各素线的实长和展开图，当截平面截断斜锥时，也就同时截断了各条素线，不论截去的还是留下的素线仍是实长，所以在作展开图时用截去的或留下的素线实长，在展开图中各素线上相应去截取便可画出截后所展示的曲线，最后得一完整展开图。

两等体截圆锥相交时如图 5-18 ~ 图 5-20 所示，他们的共同点是两锥体都是相同的，其共切一圆，所以截交线都是直线，他们的不同点是有的是斜锥如图 5-18（a）、图 5-19、图 5-20 所示，有的是正锥如图 5-18（b）所示，展开的方法与步骤与前面讲的是一样的，其过程是：（1）画出底图，分等分点；（2）确定素线后画在主视图上；（3）确定截平面与各素线的交点，确定了各素线的实长；（4）作圆锥的展开（扇形图）并画出各素线；（5）在素线上截取各自的实长；（6）光滑连接各素线的端点，完成展开图。

图 5-18（a）为共接一圆的两个斜锥，两锥体完全一样，其锥顶 o 落在底圆内，以底圆上锥顶点 o 为圆心，以到底圆各点的距离为半径作弧与底圆水平中心线相交，过交点向上引垂线与锥底相交，这些点分别与锥顶连接，共连线便是所选定的锥体素线的实长，素线与截面交点的距离则是截平面截后剩余的素线实长，有了这些条件作展开应该没有问题。图 5-18（b）则是共用一圆的两个正圆锥，作图较简单，不再讲解。

图 5-19 是一对斜锥，锥顶均落在底圆之外，两锥相对称是全等的，所以按前面所讲的方法步骤进行求素线实长和展开即可，图 5-20 同前例，一个直角锥一个是锥顶落在底圆之内，做法同前不再叙述，这几个图的展开图因为是对称的，所以图上只画了一半。

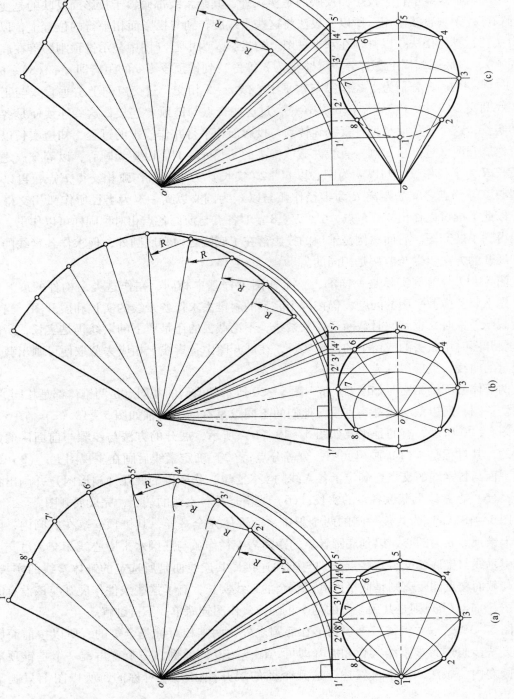

图 5-16

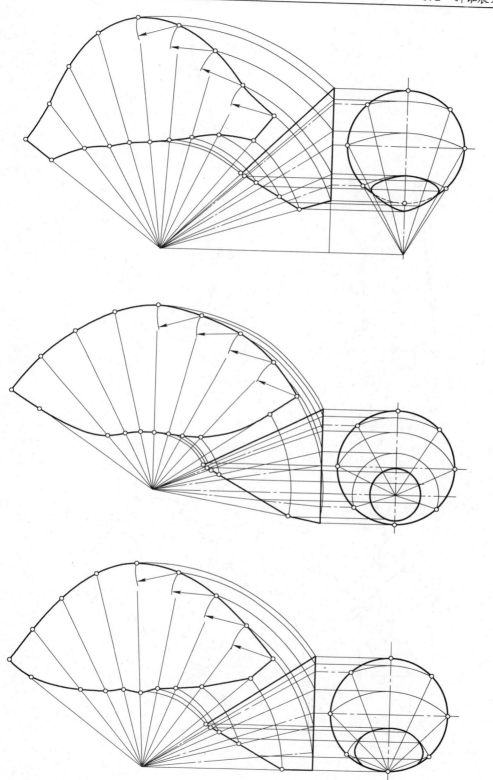

图 5-17

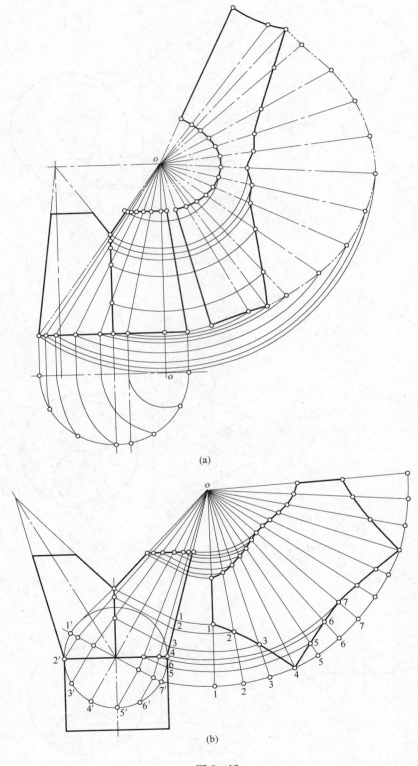

(a)

(b)

图 5 - 18

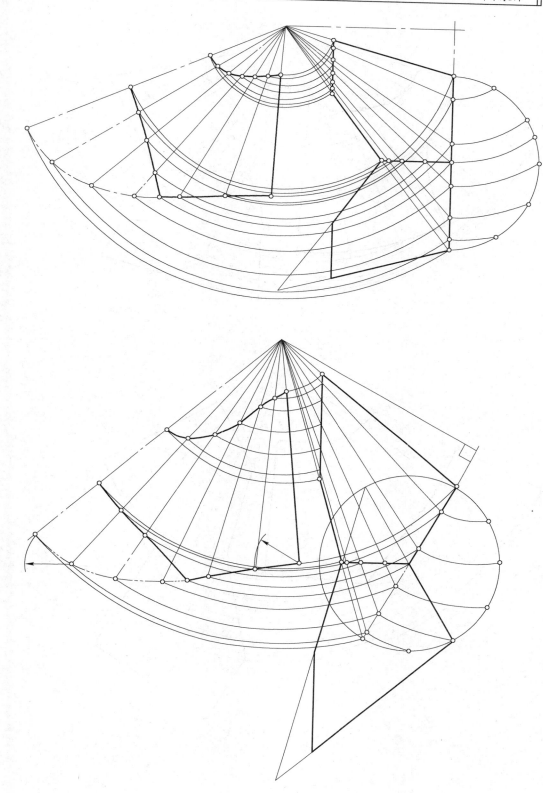

图 5-19

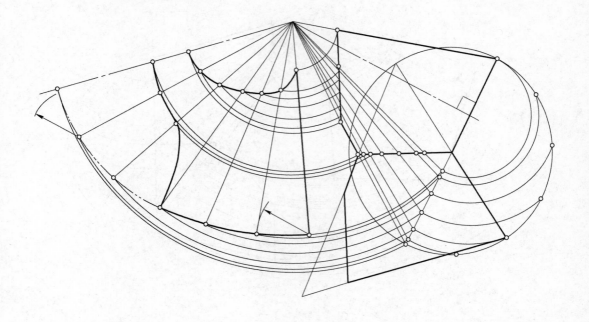

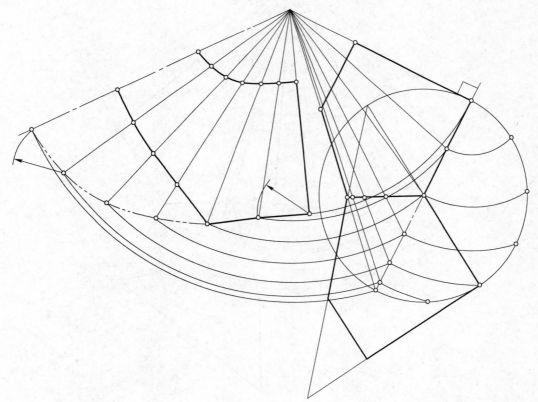

图 5-20

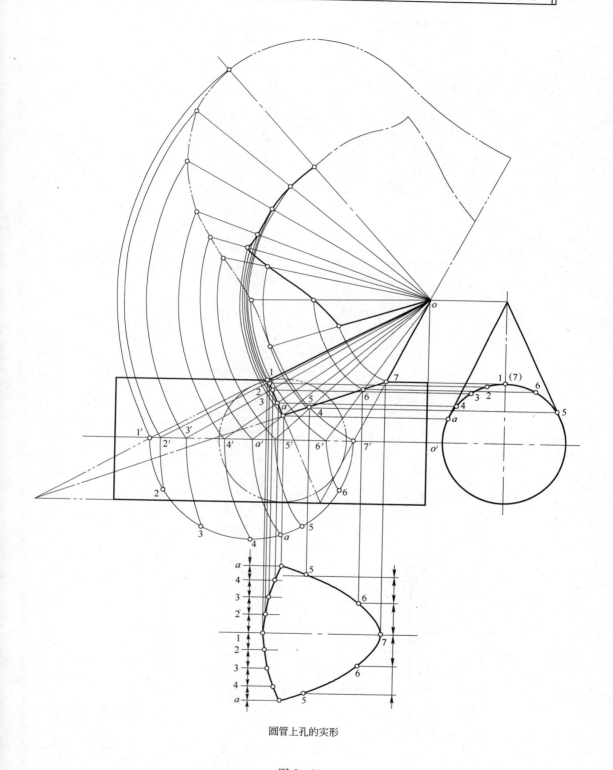

圆管上孔的实形

图 5 -21

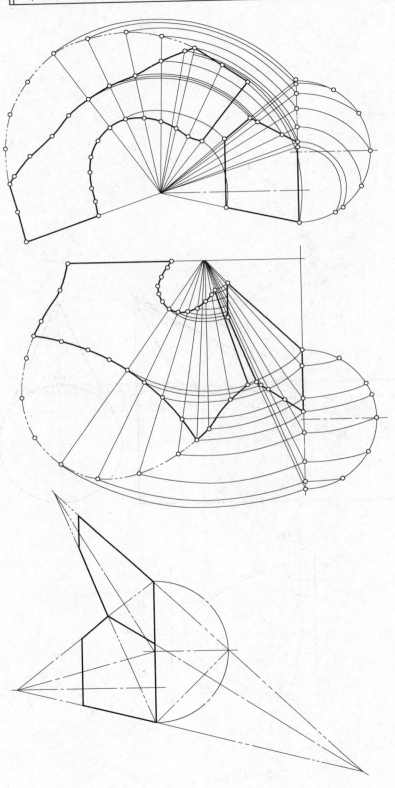

图 5-22

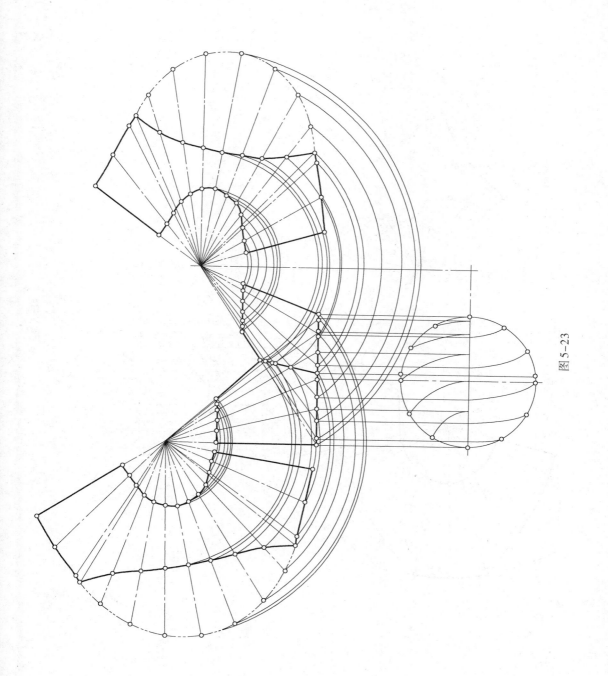

图 5-23

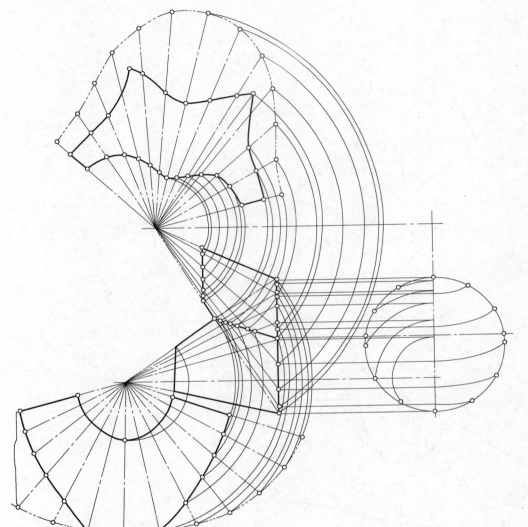

图 5-24

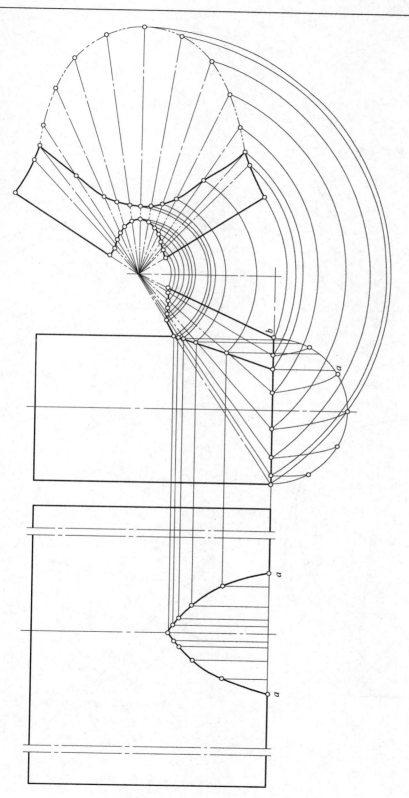

图 5-25

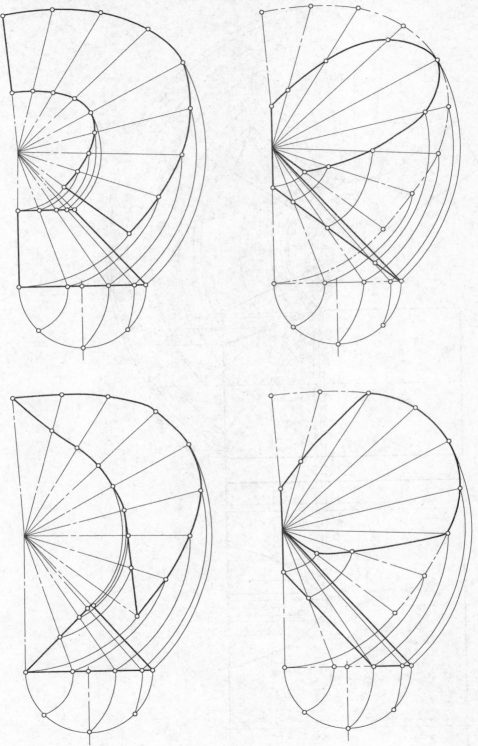

图 5 - 26

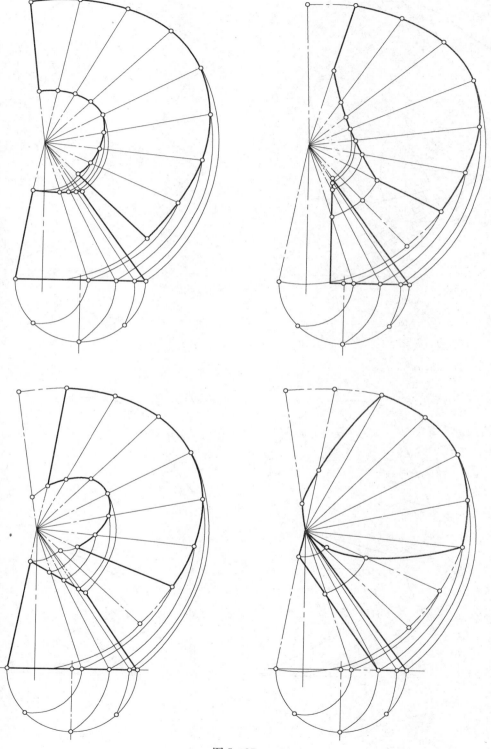

图 5-27

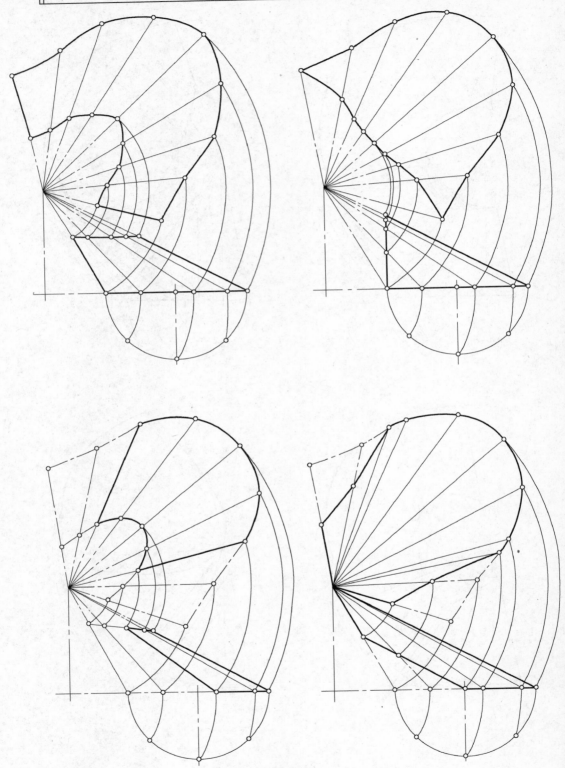

图 5 - 28

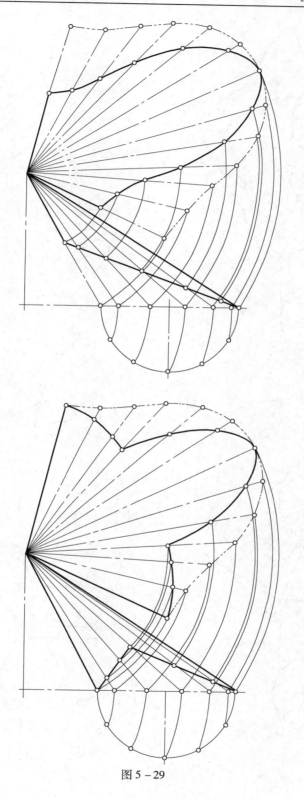

图 5 - 29

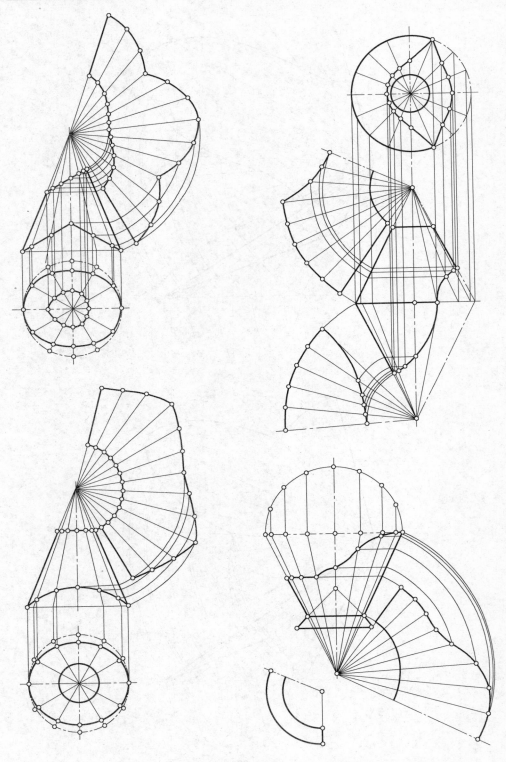

图 5 – 30

图 5-21 是斜锥与圆管斜交，在视图中加了一些辅助细实线后，发现锥体 $o-1'-7'$ 是一个锥顶 o 落在底圆之外的一个斜锥，因锥与圆管共切一圆，所以它们的截交线是直线，1、a、7 是特殊点，作展开图前首先要求出各条素线的实长，$o-1$ 和 $o-7$ 素线因平行于投影面，反映的是实长。其作图过程是，作底圆并将其分为 6 等份（因为对称只作了半个圆并没严格按投影规范要求，以看懂为原则），以锥顶的落点、圆管中心线上的 o 点为圆心，以 o 点到各分点间的距离为半径，分别过分点作圆弧与锥底线相交，在中心线上得交点 $1'$、$2'$、…、$6'$、$7'$，连接交点与锥顶 o，则 $o-1$、$o-2$、…、$o-6$、$o-7$ 便是各条素线的实长。这里要特殊提一下特殊点 a 的实长作法，为了求得该点在底圆周上位置，则采用与求其他素线相反的办法，即连接 $o-a$ 并延长到水平中心线上，然后以 o 在水平视图上的落点为中心，以水平轴线上 $o'-a'$ 的距离为半径，作圆弧与底圆周交一点 a，此时就清楚了 a 点在分点 4、5 之间，到此所有的实长都求出来，可以作展开图了。先作圆锥扇形，并确定扇形各条素线的位置，取实长，分别在对应的素线上截取，光滑连接各素线端点便得到锥体的展开图，展开图中用点划线画的是全斜锥的展开图，实线画的才是所求的展开图。至于圆管上的孔则是作水平平行线，平行线的距离则取之侧面视图上各交点之间的弧长，然后过主视图中各交接线 i 的作垂直线，分别对应与水平平行线相交得交点1、2、3、4、a 和5、6、7 各点，光滑顺序连接各点即得圆管上开孔的实形。

图 5-22 与图 5-24 是两斜锥共底圆交接，从视图上可以看出，左侧斜锥的锥顶在底圆之内，右侧的锥顶在锥底之外，两锥拥有一个共同的底圆，其交接线为直线，为了看得清楚和便于作展开图，图 5-22 将两锥分开，分别作展开图，图 5-24 是在视图两侧作了展开图，作图方法与步骤同前面所讲完全一致。图 5-23 和前例相同，只是把一个斜锥改成了直角锥，并在视图两侧分别作了展开图。图 5-25 是斜锥与圆管共底圆，展开图作法同前，圆管与斜锥接交处的缺口展开，方法是底部的宽度为锥底圆所占的 $a-b$ 的弧长（还有后面的一半），然后在 $a-a$ 线段上截取接交线上各交点所作垂线与底圆相交的弧长，并作垂直线分别与接交线上各交点所引水平平行线相交，光滑顺序连接各点便得缺口处的曲线。图 5-26～图 5-30 演示了一组斜锥被截平面截后的展开图，以便大家学习之用。

第 6 章

相贯体展开

两个立体表面相交，它们的交线称相贯线，在工业上大量使用的各种容器、管线、贮罐等等，大都是两个或两个以上立体交接在一起的各种构件。很多时候圆柱被圆柱、方棱柱、圆锥相交或贯穿，就会出现一个相交线，各种构件相互之间相交同样也会出现相交线，这个相交线通称相贯线。相贯线的概念很重要，因为只有准确作出相贯线后，才能作出该组合体的展开图，否则作展开是十分困难的，求取并画出它们的相贯线一般来说不是十分困难，关键在于确定和找到它们的特殊点，比如贯穿圆的圆周上处在最外侧上下和左右的四个点（圆的中心线与圆周的交点），再比如棱柱或棱锥的各棱线与圆柱相贯时的交点（特殊点），这些特殊点的位置在各视图中并不难确定，如果在两个视图中已经确定（一般是主视图和水平视图），那么用投影原理和作三视图的方法，便可作出侧视图，此时这些特殊点在各视图中均会——出现，同时它们的位置在视图中也是唯一准确的，如果这些特殊点尚不能满足需要还可在两特殊点中间增加中间点并作投影，顺序连接这些点，便可画出它们的相贯线。这里需要讲清楚，我们孜孜以求的目的是想尽一切办法把相贯体的相贯线准确地画出来，也就是按交线准确地画出来（相贯线上有准确位置的特殊点和中间点），只有有了完整准确的相贯线，才能作出相贯体的展开图，在整个展开过程中，相贯线实在太重要了。

下面按不同的结构，分别进行分析。

6.1　多面体的相贯线

多面体的相贯线一定是一个封闭的空间折线，封闭折线的折点，就是两个多面体棱线的交点，或是这个多面体通过另一个多面体侧面的穿点（共有点），在两点之间顺序用直线连接起来，便得到两个多面体的相贯线。平面与平面相交，接交线是一直线，所以多面体相交相贯线一定是直线或折线，而不是曲线，如图 6-1 和图 6-2 所示是正三棱柱与正三棱柱相贯，它们的相贯线特征与上述论述完全一致，各点的位置十分清楚，分别顺序连接这些点即得两者的相贯线。为清楚起见特作了两个剖面，把立体图、剖面图与视图结合起来看，就很容易理解，特殊点也很清楚，展开时把三棱柱与三棱柱分别去作就比较容易。三棱柱贯穿六棱角柱情况见图 6-2 下图，比前例复杂，但要认准各穿点（特殊点）各自的位置，要特别注意每个点在三个视图上的位置和互相关联，六棱柱棱线 1、2、3、4、5、6，三棱柱 a、b、c，从图中可以看出三棱在贯穿六棱柱时，三棱柱的棱线 a 在六棱柱的 1-6、4-5 两个侧面上，b 棱在 1-2 和 3-4 侧面上，c 棱在 1-6 和 4-5 侧面上，同时六棱柱的棱线 1、2，则与三棱柱的 a-b 和 b-c 相交得交点 f、e，所有这些交点都是特殊点，如果把这些按投影规律相互向三视图上作投影，则可在各视图中都会得到它们的相应位置，为了表示清楚各视图上都用同一个符号标注，在水平视图和侧面视图上这些特

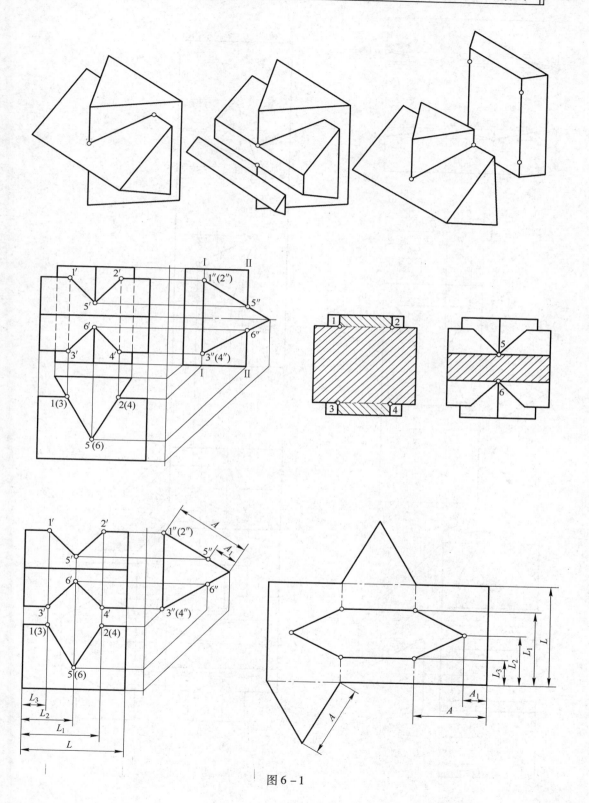

图 6 - 1

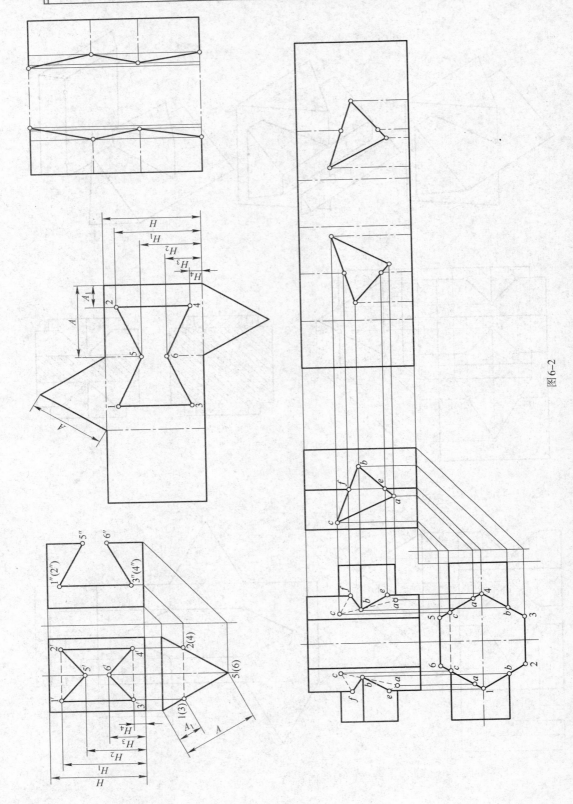

图 6-2

殊点非常直观，正面视图上就比较难找到。如果按投影规律，在正面视图也就可以知道这些特殊的点的确切位置，然后顺序以直线连接相应各点，便可画出它们的相贯线。图 6-3 和图 6-4 都属此类结构，作法相同，注意各点位置和在各视图中的相互内在联系，千万不可搞混标错编号，比如图 6-4（a）三棱柱贯穿三棱锥，从正面视图和侧面视图上各棱线的穿点成交点 a、b、c、d、e、f、g，很直观就可以看出，而在水平视图上就无法确定其确切位置，这就需过各点向水平视图作投影，相应的投影线交点即是各点在水平视图上的投影。可以通过所标注的字母对照理解。图 6-4（b）是梯形柱贯穿四棱锥，它和上例类似，所不同的是为了确定 a、b、c、d 各点在水平视图中的确切位置，需要作出两个横截面，因为上述四点就落在横截面边上，把正面视图上的点投影下来与横截面相交即可得到，因为看不见，用虚线顺序连接得到它们的相贯线。

正四方管相互垂直相贯如图 6-5 和图 6-6 所示，因为棱柱形状尺寸相同，对角线尺寸相等，所以棱线与棱线相交其交点是两四方管的共有点，相贯线是直线，这些直线（折线）是共有线，有了这些条件展开是足够了，实际上要能准确地作出它们的三视图，从三视图中，看出相交后的两正四方管各棱线的长度反映的是实长，而封闭折线的相贯线则倾斜于三个投影面，反映的不是实长，但特殊点之间的相对位置都十分清楚，所以分别作立管和水平管的展开图是比较容易的。同样道理正六方管、正八方管等等，都可以这样分析类推。

如图 6-7 所示，正四棱管的上棱线上斜骑一正六方管，从视图可以看出相贯线在水平视图和侧面视图上的投影，而正面视图上的相贯线暂无法作出，正六方管的 1、4 两条棱线因平行于正投影，反映的是实长，主视图上 1、4 是相贯线上的点，而在侧面视图可以看到六方管的 2(6)、3(5) 棱线与四方管平面相交的位置，所以如果把它们向主视图投影（引水平线与棱线相交），就可以得到 2(6) 和 3(5) 点在主视图中的位置，它们同样

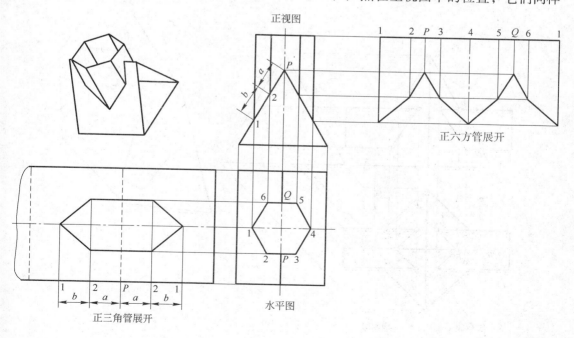

图 6-3

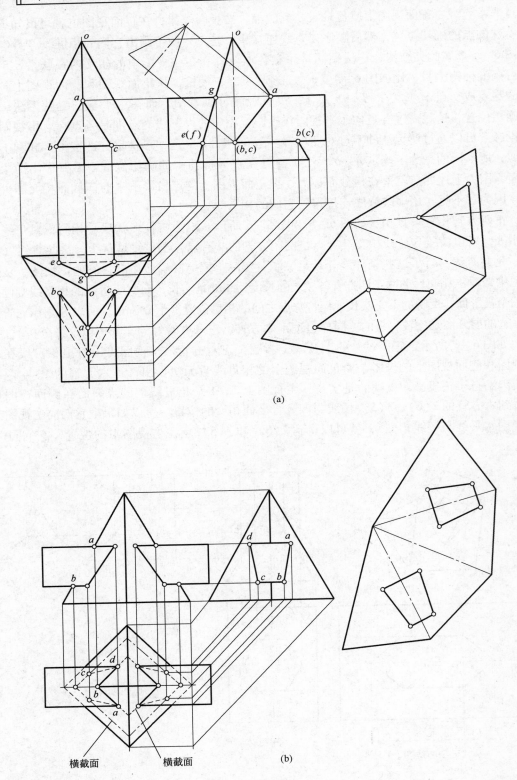

图 6 - 4

横截面   横截面

(a)

(b)

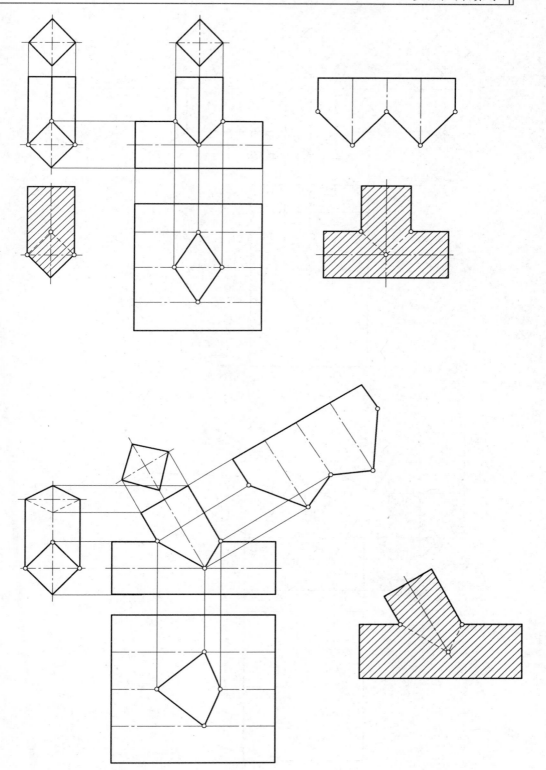

图 6 – 5

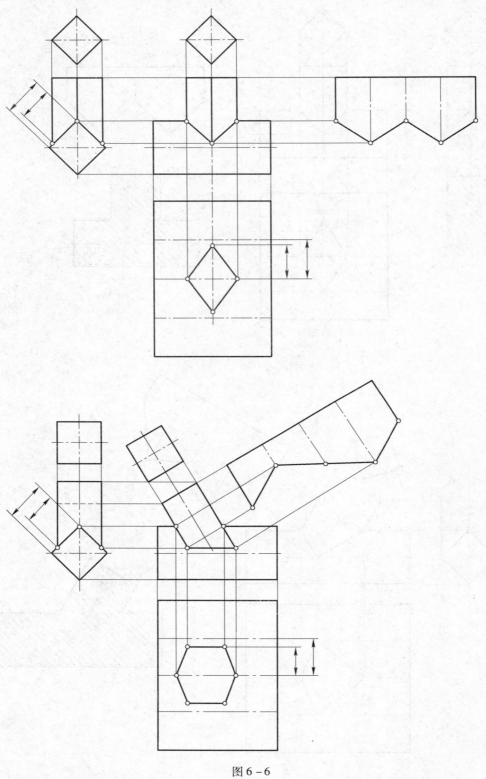

图 6-6

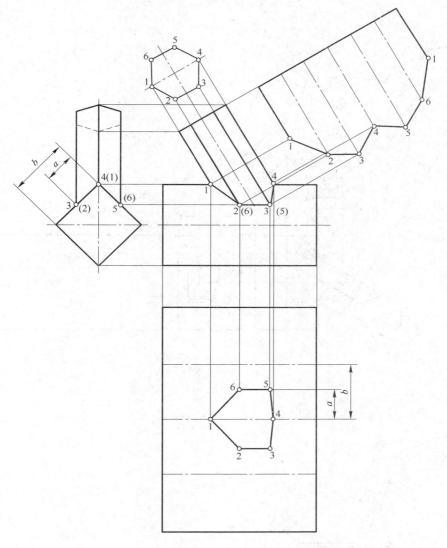

图 6-7

是相贯线上的点，顺序连接各点即得在主视图上相贯线的投影，同时 2、3、5、6 棱线的实长也得以确定。展开图的做法是，延长六方管口端面线，在延长线上截取六段六方管边长，并作各段的垂直线与主视图上相贯线上各点所引管口水平线相应相交，得交点 1、2、…、6、1 顺序连接各点即得六方管的展开图，四方管展开是四个矩形的组合，上面的按图中 a、b 的大小画水平线与由主视图相贯线上各点所作垂线相交，顺序连接各点便得孔的展开图。

如果把正六棱管与四方管接交的位置旋转 90°，情况就和前面所讲不一样了，如图 6-8 右图，从视图可以看出，六棱管没有一条棱线与四棱管棱线相交，而是分别穿过四棱管的两个侧平面，穿点在侧视图 $2''$、$5''$、$1''(3'')$、$6''(4'')$ 点，过这些点向主视图引水平线与六棱管相应棱线相交，交点 $1'$、$2'$、…、$6'$ 便是相贯线上的点，顺序连接各点得相贯线，便是相贯线在主视图上的投影，同时在视图上出现了 $A'(A')$、$B'(B')$，两个特殊点，到此六棱管各棱线实长就同时确定了（在主视图中各棱线平行于投影面反映的是实长），把主

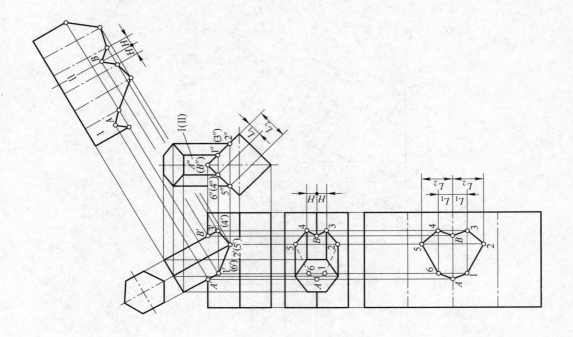

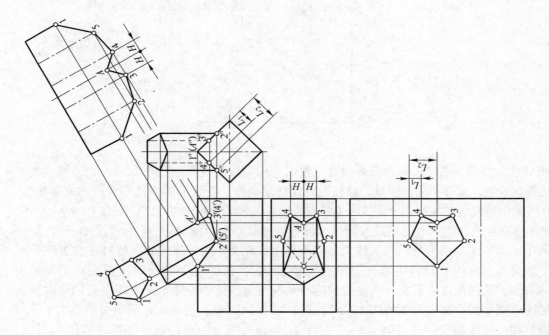

图 6-8

视图和侧视图上相应各点向水平视图作投影得 A、1、…、B、…、6 各点，顺序连接各点便得相贯线在水平视图上的投影，到此为止一个完整的三视图就完成了。作展开图的方法步骤同前例，此例要特别注意 A、B 两个特殊点的位置。

综合上面的两例，实际可用图 6－8 左图正五棱管斜交于四方管上的情况说明，它们既有两多面体棱线的交点，又有这个多面体棱线通过另一多面体侧平面的穿点，这些点都是相贯线上的点，连接这些点就是相贯线在各视图上的投影，本例没有什么特殊的地方，其作图的方法步骤与前例基本相同，还是要注意特殊点 A 在展开图上的确切位置，还有四方管上孔的展开要多加重视。

图 6－9 两个例图，在结构上基本是一致的，作法也基本相同，现以图 6－9（a）为例加以分析。图 6－9（a）是斜置的矩形管交于另一斜置的矩形管上，上置的倾斜矩形管中，其中有两个面（大面 A 宽）整个与下置矩形管中两个面相接，且是直线，上置矩形管的另两个面（小面 B 宽），是骑在下置矩形管的侧棱上，形状是正面视图上显示的切去1、2、3 三角形的大小，具体尺寸不清。

从正面视图已知三角形 1、2、3，但它是倾斜于投影面的，反映的不是实形，而在侧面视图上可以知道 $1' - 2' - 3'$ 之间的距离，即三角形的高，并且还可以看出 1－1、2－2、3－3 以及 A、B 面侧棱的实长，因为它们都是平行于侧投影面的，所以反映的是实形，根据这些条件，便可作出上置矩形管的展开图（如左上图，作法较简单不再讲解）。

不同类型的方管相交如图 6－8 和图 6－9 所示，比如正六方管或正五方管与正四方管相交，可能是正交，也可能是斜交等，这和正四方管的相交属于同类问题，所以用同样的方法解决，首先准确作出它们的三视图，一般在侧面视图中可以找到相交后的特殊点也是共有点，在正面视图中可以找数条棱线的实长，找不到无法确定的棱线实长，可以由侧面视图中的共有点作水平线引向正面视图与未知实长的棱线相交，即可得到其实长，同时可以画出相贯线，这些条件便可满足展开的需要。当然有时候有些特殊点可能落在管子的某个侧面上，在展开时不能直接画出来，此时可在视图中，分析看看这个点，相对于两侧棱的左右和上下的位置关系，以确定其准确位置，并把这个点的位置搬到展开图上即可。

6.2 平面立体与圆管相交

平面立体管与圆管相交时其截交线是曲线，当方形管与圆形管（图 6－10（a））相交时，其相贯线是一封闭的空间曲线，此时四方管的四条棱线势必落在相应圆管上的某条素线上，就会产生相交的交点 1、3、5、7，这些点是特殊点也是共有点，具体交点的位置可在侧面视图中找到，同时也知道了方形管的四条棱线的实长，作三视图的方法就是把这些特殊点投影到其他视图上，就可得到另外两条棱线所交的位置，同时确定了实长。因为圆管的曲面与方管的平面相交，其截交线是曲线，所以要画出其相贯线，就必须在视图上两特殊点之间补充中间点 2、4、6、8，中间点的多少没有一定要求，按照精确度要求适当选定，但要均匀分布，然后把这些中间点投影到其他视图上，所有各点实际都是相贯线上的点，再分别在各视图上顺序光滑连接这些点，便可得到相贯线。为了更清楚地理解其作法，特在各点之间增加了六个截面，可很直观地见到各点和各点之间的位置和关系，同时可作出其展开图（图 6－10（b））。图 6－11～图 6－13 均属此类型，其作三视图、相贯线以及展开的方法步骤与前例基本一致，可作为练习用，通过练习加深理解和记忆。

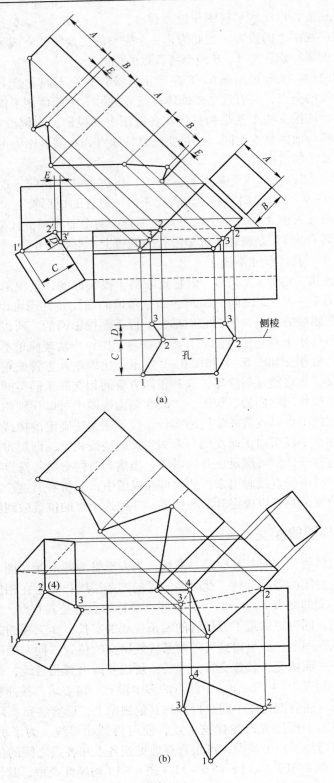

(a)

(b)

图 6-9

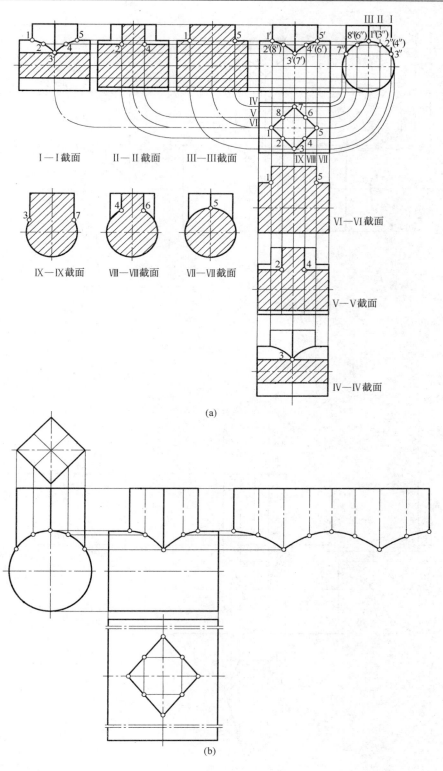

(a)

(b)

图 6－10

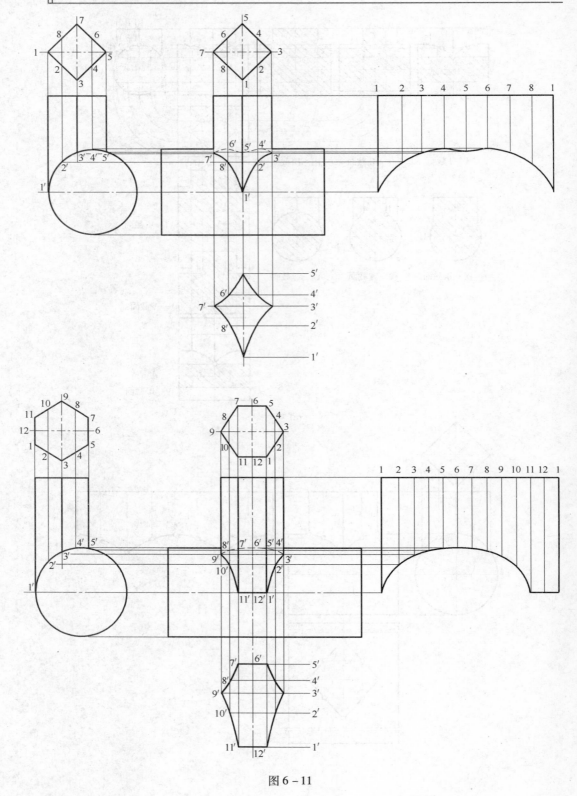

图 6 – 11

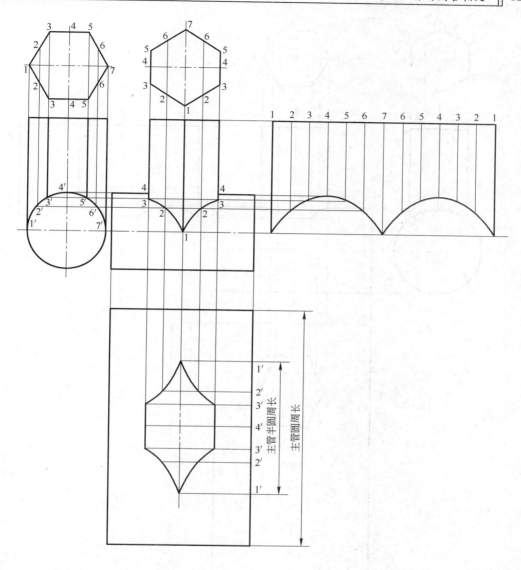

图 6 - 12

图 6 - 14（a）所示为方管偏置斜交于圆管，先从视图上分析，矩形管由四大平面组成，当它与圆相交时截交线在正面视图上是直线 1′ - 4′，而 1′ - 1′（5′ - 5′背面看不见）平行于圆管素线也是直线，因为矩形管骑在圆管之上，所以左、右两个侧板截交线应与圆管弧相符，这可以从侧面视图上看出来，展开弧线时为作的比较准确一些，在 1″ - 5″之间增加了几个中间点 2″、3″、4″，这些点向正面视图上投影得 1′、2′、…、（5′）点，到此我们已知条件是矩形管的四边形边长 A、B 和四条棱线的实长即 a′ - 1′、b′ - 4′、（d′）-（5′）、（c′）-（5′），作展开图时先在矩形管倾斜方向按 A、B 和四个棱线的长度作四边形，并在 B 边的宽度上按左视图上各分点距离，在展开图上作垂直于矩形管端面的平行线，再与由正面视图上各分点的投影点所引平行于矩形管端面的平行相交得交点 1、2、3、4，并把 5 点也引过来，顺序光滑连接各点便可得到展开图。这里需要说明一下如果构件的要求

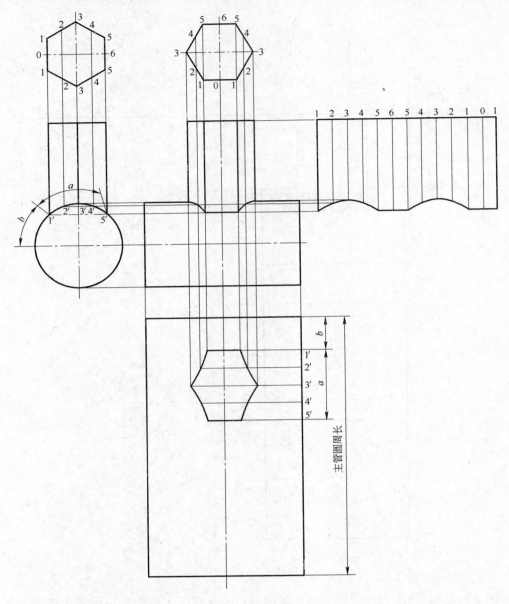

图 6-13

不高，可以用 R_1 作弧替代各点的连线，R_1 的大小可采用 R。圆管展开是先画一矩形，长为管长，宽为管的周长，并截取侧视图上 1″-5″ 之间的弧长，并过中间分点在圆管展开图上作平行于管轴线的平行线，然后过正面视图上各点作铅垂线与平行相交得点 1、2、…、5，顺序光滑连接各点即得圆管展开图。图 6-14（b）方锥正交于圆管作法与步骤同上例。

上述方法步骤，同样可以用于其他类型的棱管，比如三棱管和不等边的棱管等，可能是两节管也可能是多节管，均可以上述方法进行，有时为了清楚也可以把它们分开，分别作展开。

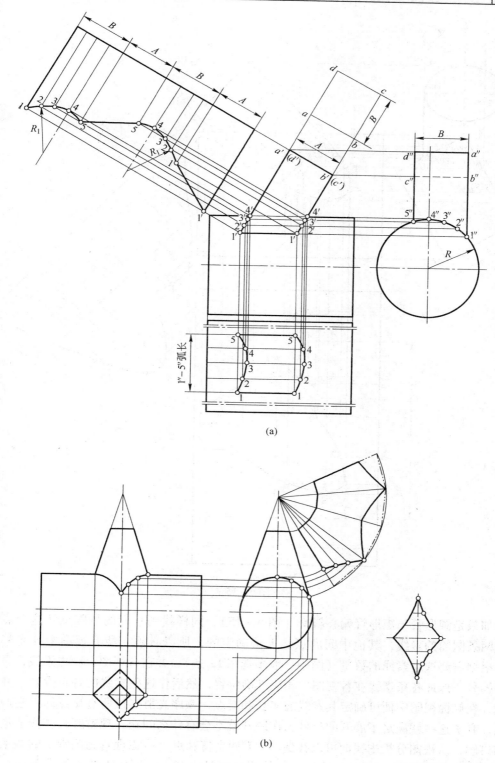

(a)

(b)

图 6 – 14

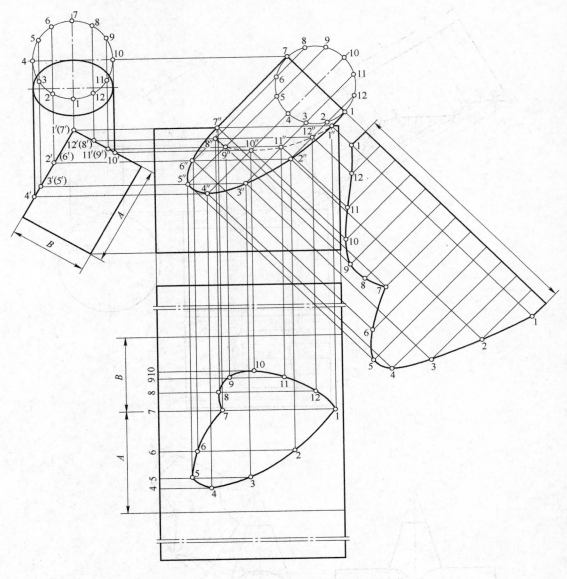

图 6 - 15

　　如果是圆形管与矩形管偏心斜交（图 6 - 15），同样找到它们的特殊点和这个点所连接的两条圆筒的素线，其他中间的点是无法确定的，所以必须在所有视图中补充其他素线，根据需要选定素线的数量（图中一般多选用 12 条），并在各视图上画出素线，且一一进行编号，保证各条素线在各视图中相应准确位置，然后作这些素线的各自投影，并相应相交，在侧面视图中便可确定其素线的实长和交点，顺序光滑连接所有交点即得它们的相贯线，有了这些就满足了展开的条件，作展开就不会有什么问题。现就其具体作法进行分析和讲解，从视图分析中我们可以找到 1″、7″两个特殊点（应该理解为圆管上的两条素线1″、7″与矩形管侧棱的交点），这两点比较明显并且直观，它所代表的线在侧面视图上因平行于投影面反映的是实长，而其余圆管上的其他素线（本例确定了 12 条素线也就是把圆管圆周分了 12 个等份）都与矩形管的侧面相交，但它们的实长暂无法确定，其实长应由相应素线的相交点来确定。

第一步是相贯线的做法，由主视图中圆管素线的各交点即圆周等分点 1、2、…、11、12，与矩形管两个侧平面相交，得交点 1′(7′)、2′(6′)、3′(5′)、4′、12′(8′)、11′(9′)、10′等，再过各点向右水平引到（投影到）侧面视图上，与侧面视图中的圆管素线相应相交得 1″、2″、…、11″、12″各点，这些点便是相贯线上的点，光滑连接各点便得到相贯线在侧面视图上的投影（看不见的用虚线表示），同时也就确定了圆管上各条素线的实长。

第二步是展开图的做法，圆管展开，延长圆管端面线取长度为圆管的周长并分为 12 等份，过等分点作延长线的垂直线（即未确定长度的 12 条素线），再过主视图上相贯线上的各点，作延长线的平行线与垂线相应相交，得交点 1、2、…、11、12，光滑顺序连接各点即得圆管的展开图。矩形管展开后是一长为 $2A + 2B$，宽为管长的一个矩形平面。其与圆管相接的孔的做法是在矩形平面 A 段上取主视图中素线相交的 $4-5$、$5-6$、$6-7$ 和 B 段上取 $7-8$、$8-9$、$9-10$ 的距离，作水平平行线与侧面视图上相贯线上的各点下引的垂线相应相交得 1、2、…、11、12 各点，顺序光滑连接各点，便得孔的展开图。

从上面例图可以得出下面的结论，多面体与曲面相交，其相贯线是由若干段曲线组成的封闭曲线，每段曲线是平面体上某一平面与曲面体的交线也称截交线，每段曲线的交点即特殊点，是多面体的棱线对曲面体的穿点。

6.3　两圆管相交（一）

如果把一段圆形直管 45°角切断，并将其中一段旋转 180°再对接，便成了一个 90°的弯头，如果任意角度切断，也把其中一段旋转 180°对接，就变成了大于或小于 90°的弯头。图 6-16～图 6-19 都属这种类型的制件，它们的相贯线是一封闭的空间曲线，而它们的相贯线投影则是一条直线，是直线型相贯线，相贯线和展开的方法步骤和其他圆管是一样的。据此可以推断直径相同的三通管、四通管、五通管等，它们的截交线都是直线，截交处直径最外处的两点和截交的顶点，都是特殊点，又是共有点，同时它们连接的素线是实长，也可以在视图中直接量取，但它们在展开时不是直线而是曲线，不能简单地把相邻各点连接起作展开，所以要作展开还需补充中间点，补的办法就是补中间的素线，其方法步骤和前面一样。这里要特别提醒一下，相同直径的圆管截交，只有在其轴线在同一平面时，它们的相贯线投影才是直线。如图 6-20 的弯管，其中有的节管不在同一平面内，相贯线的投影是曲线，画相贯时则需要把其中的一些节管旋转到同一平面内或按视图画法规则画出其截交线（实际相当于切平面切断一样，断面是椭圆）。

现以图 6-19 所示的三节弯管为例来进行分析并作展开图，从立面图中看中间管向后倾斜，三节管的轴线不在同一平面内，虽然管径一样，但相贯线不是直线，所以要先作出它们的相贯线，才能进行展开。为此将三节管旋转到同一平面并作视图，具体做法是过 m、n 作 $m-n$ 的垂直线 $m-D$ 和 $n-B$，并在 $n-B$ 线上截取立面图的 a、b、c 长度，过截点作 $m-n$ 的平行线与 $m-D$ 相交于 D 点，与 $n-B$ 相交一点 Q，此时 $A-D = c$，$Q-B = a$，c、a 分别是两头两节管的轴线实长，连接 D、Q 即为中间管轴线实长，按轴线位置作出管的投影图即视图，得到它们的截交线，即投影是直线的相贯线，将圆管圆周分为 8 个等份，得等分点 1、2、…、5、…、1，也就是选定了 8 条素线，同时把这些素线再反映到

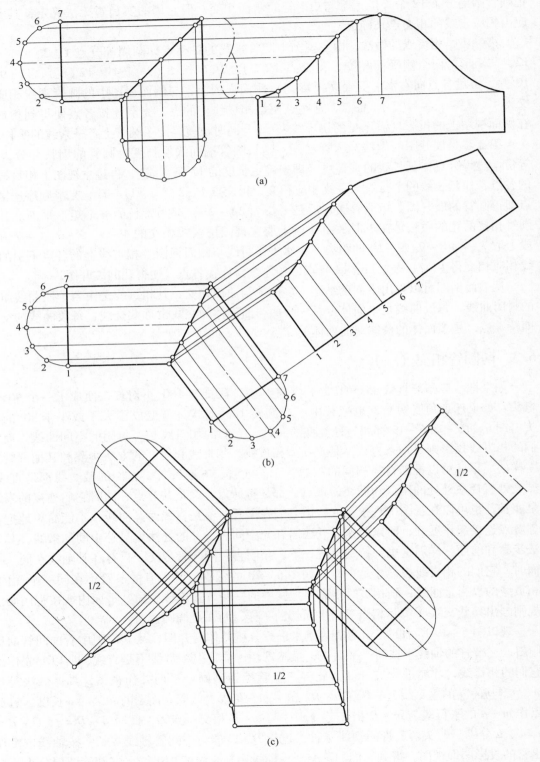

图 6 - 16

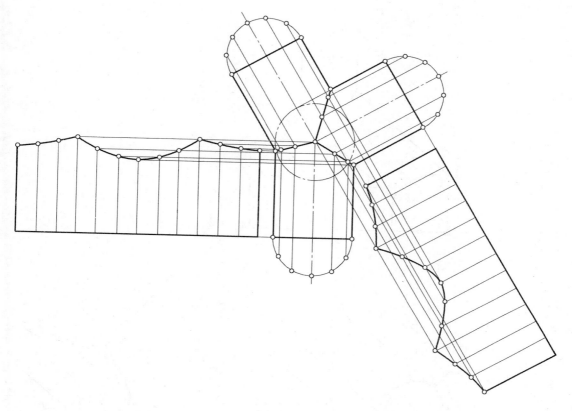

图 6－17

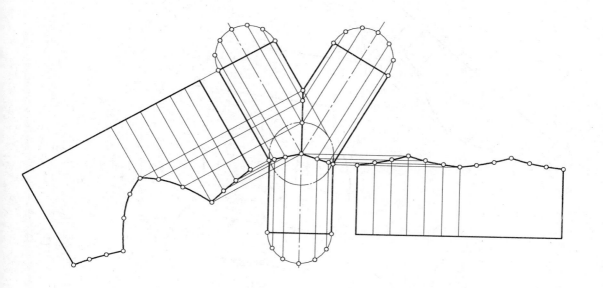

图 6－18

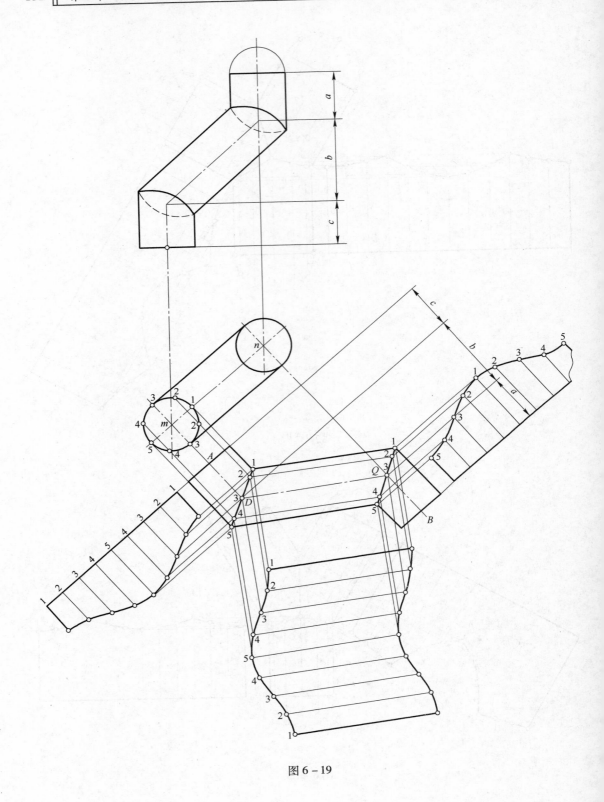

图 6-19

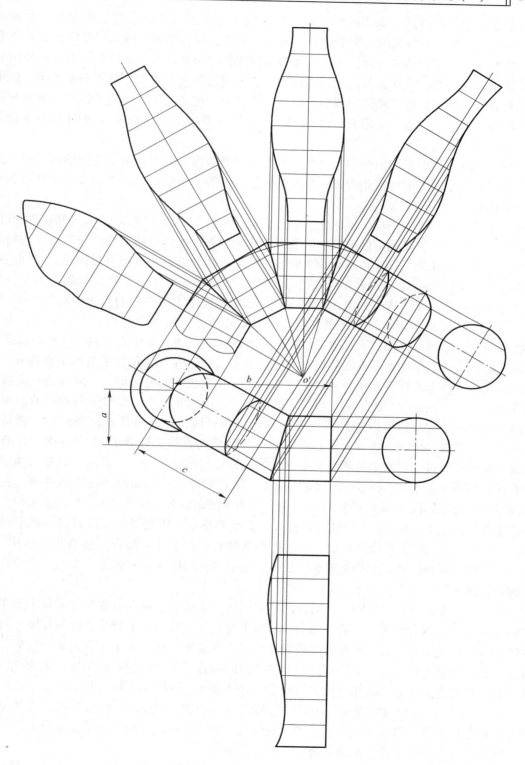

图 6-20

圆管的视图中，便得到各条素线的实长，现已满足了作展开图的条件，作左面一节展开时，延长管子端面并取长度为圆管周长，分 8 等份过各分点作延长线垂直线即代表 8 条素线，再过视图上相贯线上的点，作延长线的平行线相应相交，顺序光滑连接各交点便得此节管的展开图。第三节作法与此相同不再重复，中间管展开时过相贯线上各点作 $D-Q$ 轴线的垂直线，截取长度为圆管的圆周长，并分 8 等份，过分点作轴线的平行线与两端相贯线上的各点所作垂直线相应相交，得 1、2、…、2、1 各点（两边相同），顺序光滑连接各点，便得中间管展开图。

　　图 6－20 弯管中最下面两节与前几节不在同一平面内，但因为两节之间的截面是一致的，所以作下节展开时可借用上面一节的截平面上各等分点的位置，当然要特别注意各素线的确切位置。

　　如果两段的直径不一样，不论它们怎样交接，是直交、斜交或偏交，它们的接交线即相贯线，都是一个封闭的空间曲线，一般来讲它们的两个或四个特殊点的位置以及与特殊点相连的素线实长均可以取得，画相贯曲线则需要在两特殊点中间增补中间点，中间点的多少要根据制件的精确度要求和制件的复杂程度来决定，具体的作法及步骤基本是一致的，在支管垂直交于主管时如图 6－21 所示，首先在视图上能确定的是四个特殊点 1、3、5、7 和相对应的四条素线，为画出它们的相贯线又补充了四个中间点 2、4、6、8，为清楚特选择了三个剖面视图，从剖视图中很容易看出这些点的具体位置。同时这些点也是相贯线上的点，所以顺序连接各点便可画出它们的相贯线；在支管偏置的情况下如图 6－22 所示，当我们确定了圆管素线并向各视图投影后，只能在侧面视图中，大圆管的一段圆弧上找到这些点，在正面视图上的相贯线上的各点，是由圆弧上的点作投影与相应的素线投影线相交而取得的，然后顺序光滑连接各点绘出相贯线，具体操作时比较麻烦，容易出错，所以要求更要仔细一些，为了看得清楚一些特把支管的圆周分了 16 个等份，目的就是增加素线的数目，然后把各素线和交点都一一编号，相交时要一一看清，对号入座，不可有误，否则非乱不可；图 6－23（a）是支管偏置贯穿主管的情况，作法同前例，在支管倾斜的情况下如图 6－23（b）所示，在主视图中能确定两个特殊点 1′、5′，要求相贯线还需增加中间点 2′、4′、6′、8′和相应的两条素线的长度，侧视图中可以确定另两个特殊点 3″、7″和相应的两条素线的长度，有了这些条件就可用上述方法作出相贯线，图 6－24 更进一步作了剖析，请对照分析理解。此类例图很多，最好多看、多练、多记才能较好地掌握它们展开图作图方法和步骤。

　　图 6－25 中两支管不在同一方向和同一平面内，从视图中看比较凌乱，实际上如果把它们分解一下，就会发现一支管是与主管倾斜正交，一支管是与主管偏置倾斜相交，这两种情况前面已经做过分析，作相贯线或展开图虽比较麻烦一些但并不十分困难，所以一般都分解后，分别进行展开，此类构件最容易出错的地方是在主管挖孔的位置。因为孔的展开不难，难的是两孔之间的相互位置的确定，这还要在主视图中去找，比如两支管之间错位 "a" 弧长，当然也可以以支管中心线位置之间的距离（弧长），也可以以两者的某一特殊点或某条素线为基准来确定。孔的高低位置一般以主管的端面作为基准来确定。

　　图 6－26 中虽然支管都变成了两节，但难度不大。

　　为了看图方便对照采用无论在哪个视图上（包括展开图、断面图）同一个点，都是标同一个号，讲解时需说明在哪个视图上。请注意相互对照。

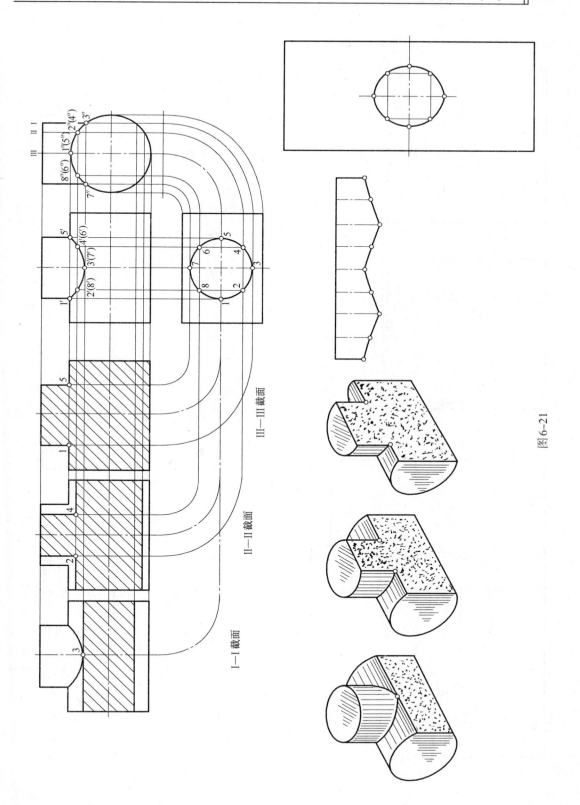

图6-21

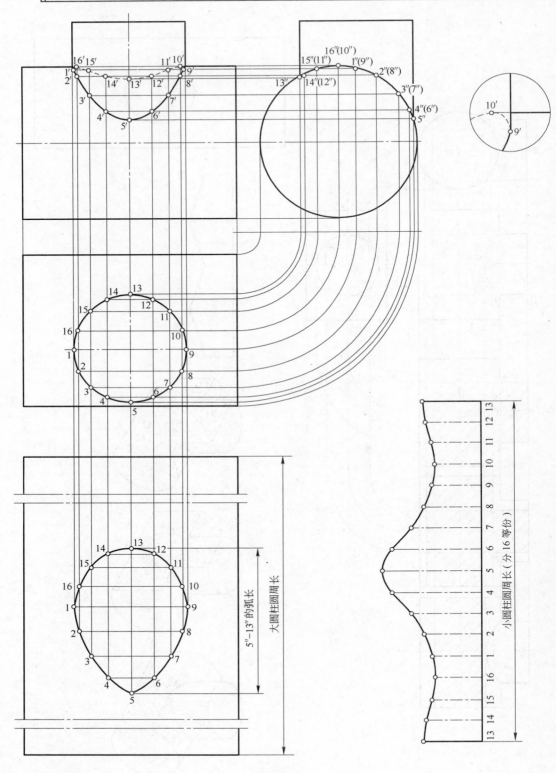

图 6－22

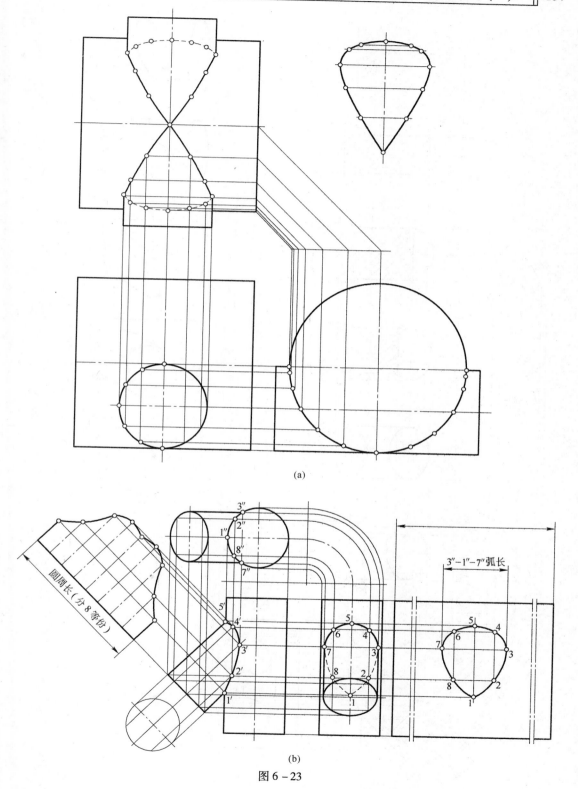

(a)

(b)

图 6-23

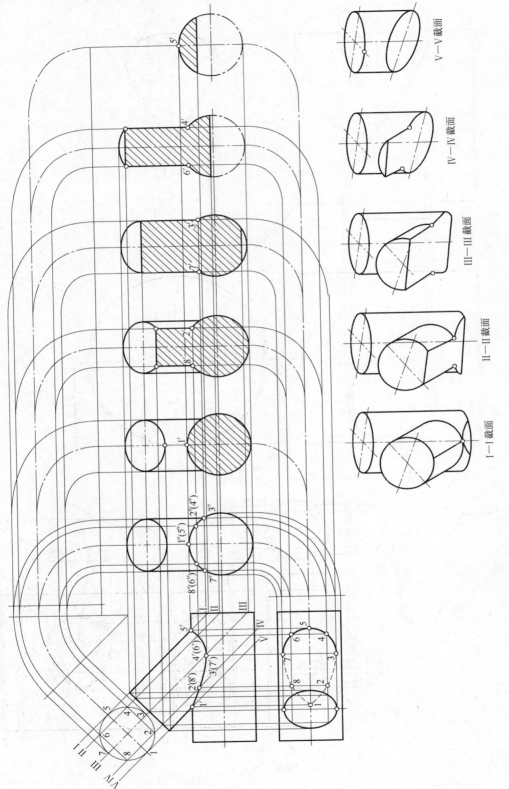

图 6-24

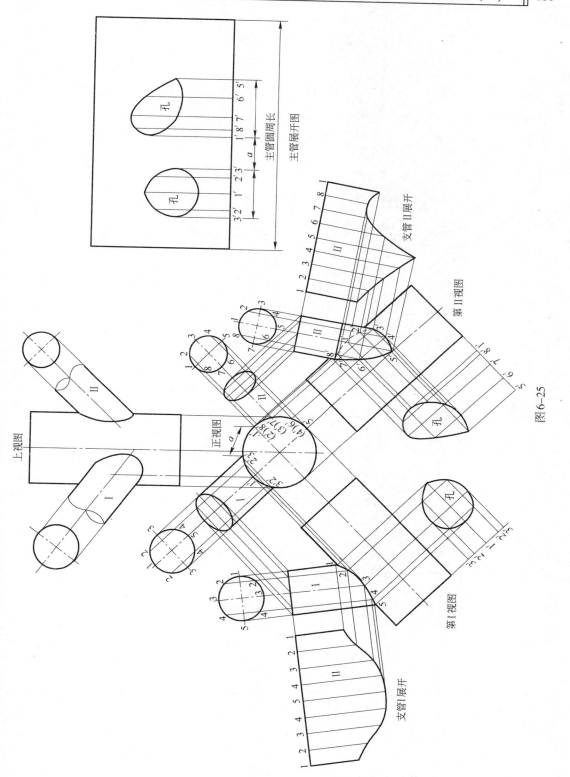

图6-25

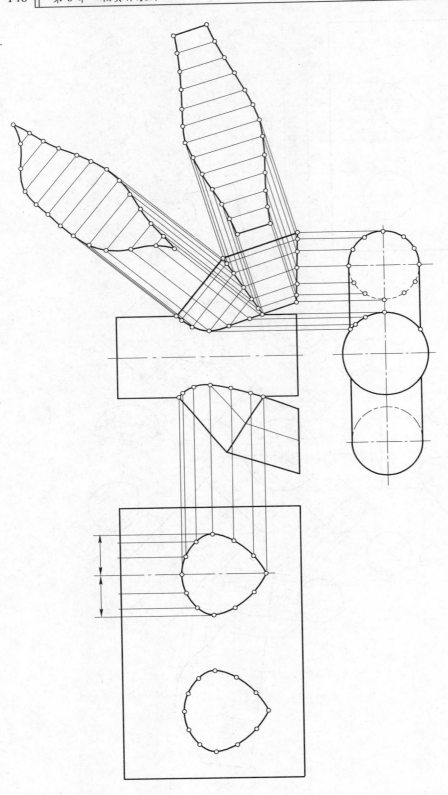

图 6-26

图 6-27 上图是圆管与顶圆底细长圆的支管正交，要求作相贯线和它们的展开图，先将支管的端面圆周分为 12 等份 1、2、…、2、1，点 1、4 是特殊点，分别过分点作平行侧边的平行线，这些线即支管素线，长度无法确定。向侧面视图作投影，与主管圆弧相交得 1′、2′、…、2′、1′各点。再过侧视图上的各交点向正面视图作投影（即到水平平行线）与相应素线相交得交点 1、2、3、4（两边）。这些点便是相贯线上的各点，同时也确定了支管的素线长度。顺序光滑连接各点，即得主管与支管的相贯线。视图中的 4A4 三角形是一平面等腰三角形，反映的是实形，这从主视图也可以看出来。

主管展开是一长等于管长、宽等于管的圆周长的矩形。与支管截交的孔的大小作法是从主视图的各等点向下作垂直平行线，并取 4-4 的宽度为两管截交的弧长即侧面视图上 4′、3′、…、3′、4′之间弧的长度，再取 1-2、2-3、3-4 之间的距离等于侧视图中 1′-2′、2′-3′、3′-4′的弧长过点作水平线与从主视图所引垂线相交，得交点 1、2、…、2、1。顺序光滑连接各点即得孔的实形（4-4 是三角形的底，是一条直线）。作支管展开图前需先作支管侧面圆弧的断面图，即 m-m 断面图，具体做法是延长支管侧面圆弧的各条素线，在这些素线上作一垂线为对称线，在对称线两侧分别取 a、b、c 的距离，并连接它们的端点，使得 m-m 断面的实形、展开时在 m-m 的延长线上取 4-4 的距离为断面实形的弧长，并以 a、b、c 的长度取 1、2、3 点，过点作断面延长线的垂直平行线与由主视图支管端分点和相贯线上各点所引断面线的平行相应相交得 4、3、…、3、4 各点，顺序光滑连接各点并在两侧移植 Ao4 三角形，便得支管的 1/2 部分展开图。

图 6-27 下图是圆管与顶圆底长圆管偏置斜交，总体上说与上例属同一类型，但因偏置斜交，给作图带来些困难，现分步骤分析作图。

（1）8 等分支管端面圆周分点 1、2、…、5，过分点向下作支管外侧素线的平行线（实际就是分点所连接的各条素线，只是长度不能确定），同样把这些素线在侧面视图上也标注出来（即由主视图向侧面视图作投影），此时就会发现这些素线与主管截交部分的弧线相交，得交点 1′（5′）、2′（4′）、3′各点，其中 1′、5′、3′点是特殊点。过侧视图上的各交点，向右作水平平行线与相应的在支管上的素线相交得右边 3（E）、2、1、2、3（C）各点，左边是 3（B）、4、5、4、3（D）各点，这些点便是相贯线上的点。分别顺序光滑连接各点，便得两侧的相贯线（看不见部分用虚线画出）。另外从视图看出，ABC 和 ADE（背面看不见的三角形）两个三角形都是平面，边都是直线，反映的是实形。

（2）主管展开，与上例作法相同，此处要注意各水平平行面之间距离是两管截交的在侧面图上的弧长。然后过主视图相贯线上各点向下作垂线与相应水平平行相交得各点，右侧是 3（E）、2、1、2、3（C），B、C 和 D、E 是直线连接外，左侧是 3（D）、4、5、4、3（B），分别顺序光滑连接各点，便是主管孔的展开图。

（3）支管展开，先作断面图（图 6-27 右下方），作法同前例。

（4）支管展开，延长断面线，（图 6-27 中的 4-4-4 线），并截取断面实形的弧长。作五条垂直于延长线的平行线与由主视面支管端四分点 3、2、1、2、3 和相贯线上 3、2、1、2、3 各点相应相交，展开图上得交点 3、2、1、2、3，顺序光滑连接各点，便得支管右侧圆弧展开图。再以 3（A）、3（C）、3（A）、3（E）为三角形的一边，作 ABC 和 ADE 三角形（三角形在视图中是实形照搬即可），然后分别以三角形的边 A-B 和 A-D 为基准并作平行线，平行线间距为断面图两点间的弧长，平行线与由主视图所引断面线平行的线分别相交，得交点 4、5、5、4 各点。顺序光滑连接各点（5-5 是直线）但把支管的左侧圆弧部分的展开图补了上去，最后便得到支管的展开图。

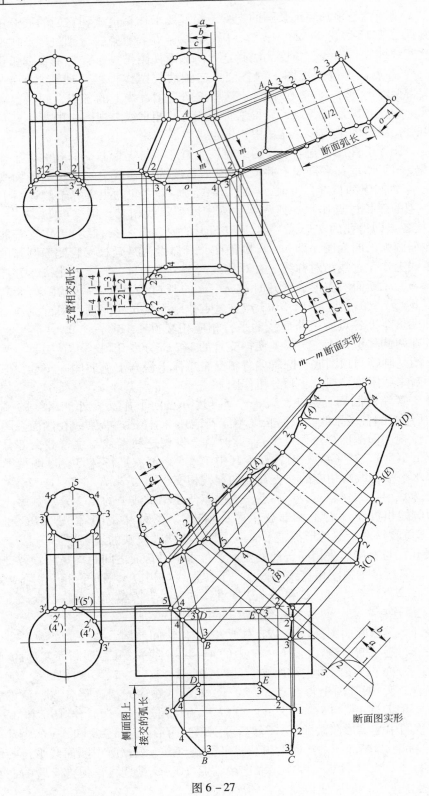

图 6－27

6.4　两圆管相交（二）

　　下面是几种圆管与弯头相交的情况，图6-28是支管垂直交于弯管上面，这种结构看似很复杂，经分析后就变得比较简单。先看主管，如果把主管的一节旋转180°弯管就变成了直管，因为圆管是以其轴线呈对称状态，它的旋转对支管来说其与主管的结合线即相贯线没有什么变化，所以主管的一节旋转成直管后，两者就变成了支管正交于主管，如左上图所示，此时就可以用前面讲过方法作出支管的展开图，同样主管也照此办理。具体操作时要分开各作各的，但在两者相关的部分，比如主管展开图上的孔洞则要注意两者之间的位置关系，比如从图中看支管的等分点3、9两点应在相贯线上，且是主管开孔的范围，5点在主管的 d 素线上，还有支管的7（9）、8两等分点应在主管 c、b 两素线之间等等，都是检验相贯线和展开图作的是否准确的方法。图6-29与上例基本相同，只是相当于把支管偏置在主管上，作法与上例基本相同。

　　图6-30支管与弯头顶部相交，看似很难进行展开，但在其右上方增加一个投影以后，很容易发现支管实际上就相当于倾斜正交于主管上，这样一来就变得容易多了，图6-31与之相同，多画了一个侧视图（还有相贯线），具体作法不再讲解。

　　图6-32为支管与弯管相交，为了作各节的展开首先需要作出它们的相贯线，其作法道理相同，方法有两种，先看右下图，先把支管分为16等份，为简便起见用半圆周8个等份（在侧视图上），过分点作垂线与主管相交1（9）、2（8）、3（7）、4（6）和点5，并把这些点投影到处于铅垂状态的弯管端面上，端面弯管上的平行投影线，可以认为是截平面，实际也是主管上与支管交接处的几条素线，并把这些线引到其他几节与支管相接的圆管上，如图中用细实线所画与圆管外侧素线平行的平行线，再从主视图支管的各等分点（与侧视图错位90°是因为投影不同）向下作铅垂线与主管上平行线相应相交，得交点1、2、…、8、9，这些点便是相贯线上的点，这些点实际就两管交接处两条素线的交点，光滑顺序连接各点便得它们的相贯线。再说另一种作法，这一种方法和前面是一样的，从视图上看支管是倾斜骑在主管上的，如果把支管的等分点垂线看作是一个截面的话（实际就是支管的两条素线），这个截面在截支管的同时也截到了主管上的某两条素线，这样支管和主管的两条素线就相交，这个交点当然是相贯线上的点，如果截面多了，这样的交点也就随着增多了，相贯线自然而然就形成了，左侧视图就根据这个道理作了几个截面，如右下图用支管分点在主管上得到2、3两点，同样在右上图用同样的方法作出了4、6，2、8，3、7等点，光滑顺序连接各点同样可画出相贯线，有了相贯线，便可作展开图，左图为支管展开图。图6-33为弯管各节的展开图，没有什么特别之处，与前面讲过的圆管弯头展开方法相同。

　　图6-34为圆筒补料展开，图中甲为主管，乙为补料半圆管，从图中可以看出 $Ao4$ 是接交线，AoC 是三角形，六等分主管半圆周，并以垂直中心线为对称轴，标注分点到对称轴的距离为 a、b、c，然后过等分点作水平中心线的平行线到截交线，得交点1、2、3、4，再过这些点作补料上外侧线的平行线并延长，并在延长线上作垂直线为对称线，在对称线两侧平行线上对应截取 a、b、c 的长度，得到点1'、2'、…、7'各点光滑顺序连接各点补料部分圆弧的断面实形，展开时作补料圆弧的截面垂线，并截取补料断面上各点间的弧长得1'、2'、…、7'各点，过各点作与截面线相垂直的平行线，最后过视图中截交线上各

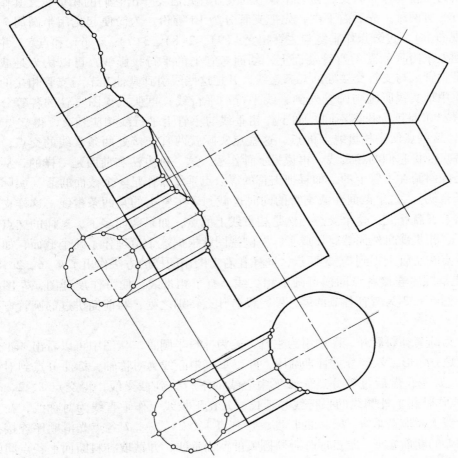

图6-28

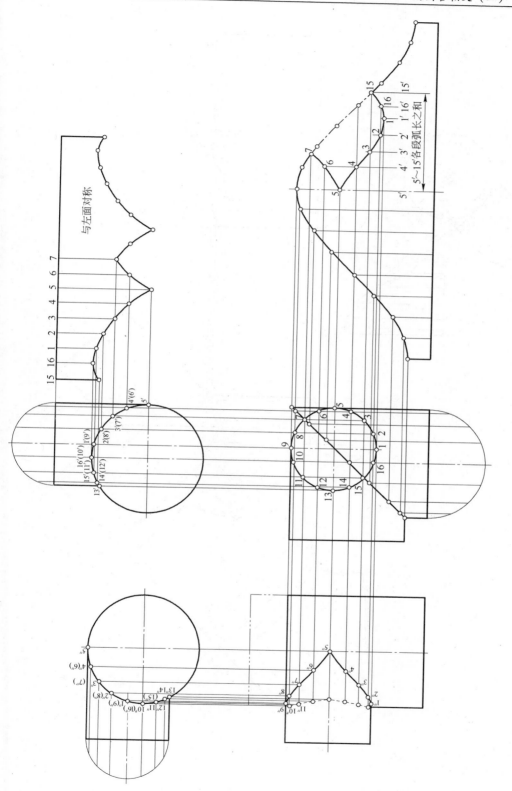

图 6-29

与左面对称

5'~15'各段弧长之和

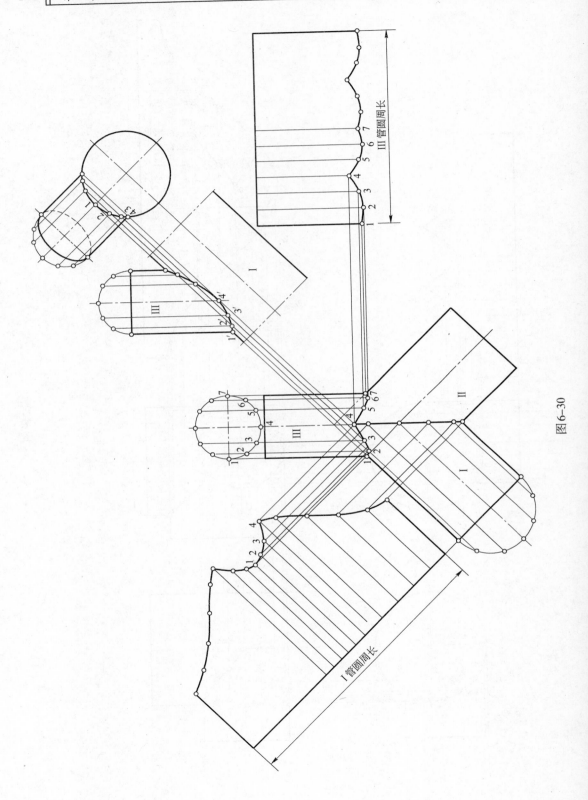

图 6-30

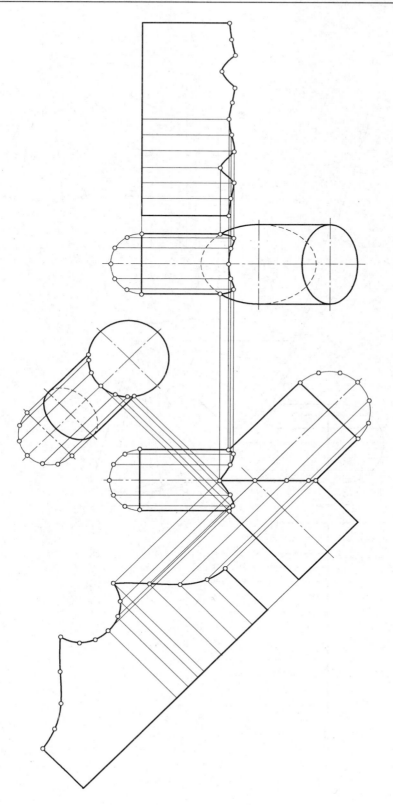

图6-31

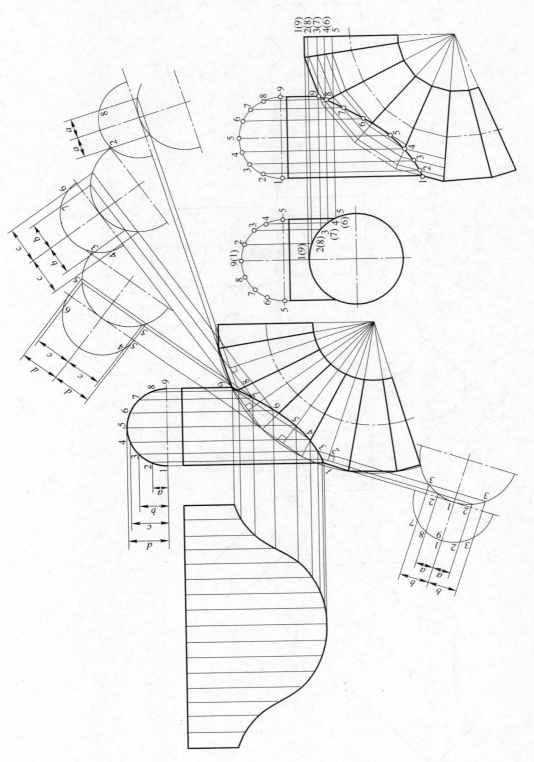

图 6-32

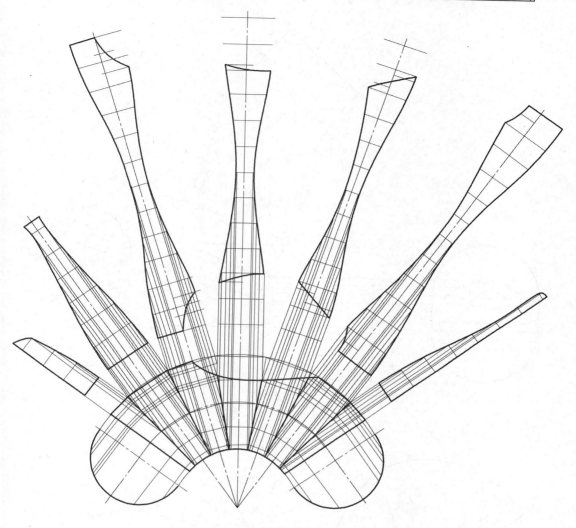

图 6 – 33

点作平行线的垂线，在两侧得相应相交的交点，光滑顺序分别连接各点，并把三角形按共有线和共有点的位搬过去，便得补料的展开图，主管展开，先作长为主管长，宽为主管圆周长的矩形，并在矩形上截去长为 $A - O$，宽为半个主管圆周宽的一块料即是主管展开图。

图 6 – 34 下图类似上例，作法也基本相同，关键是要认真的准确的作好断面图。

图 6 – 35 是斜支管补料三通，它是由主管、支管和补料组成，补料部分由三角形和半圆弧板组成，如果单纯是主管和斜支管，应该说作它们的相贯线和展开都不是很困难，补料难度有所增加。从视图中看出支管被截去了一部分半圆，它与主管的截交线在 4 – 7 之间并与三角形 $a - b$ 边相接，与补料在 1 – 4 之间接交，本例的特殊点有 a、b、c、1、4、7 各点。先作相贯线，圆弧与圆弧相交其相贯线为曲线，为求得相贯线在特殊点中间补充中间点，将支管半圆周分为 6 等份，过各等分点作支管轴线的平行线，同时也与补料接合线得交点 1、2、3、4，再过这几点作补料外侧边线的平行线，与由侧面视图中分点垂线与主管圆周交点所引水平平行线相应相交便得到补料与主管和支管与主管截交线上的交点 1、

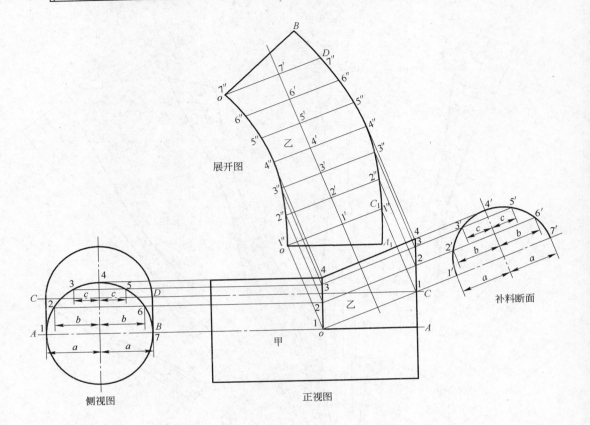

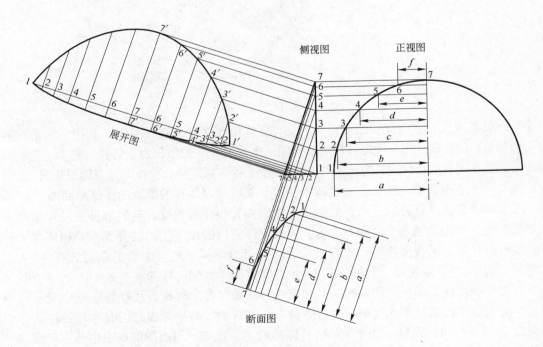

图 6 – 34

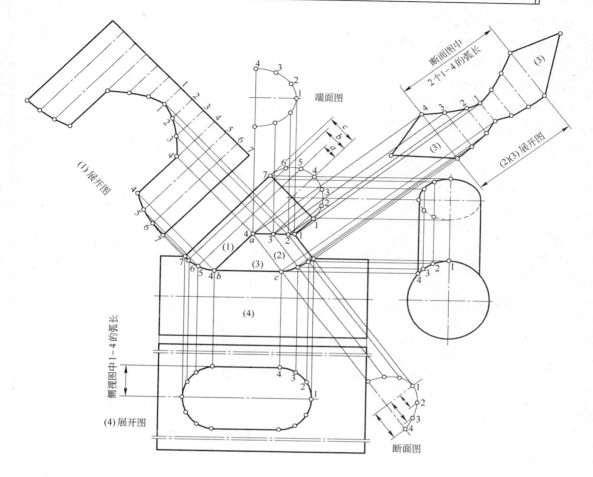

图 6-35

2、3、4 和 4、5、6、7 各点，光滑顺序连接各点便得相贯线，三角形平面与主管的截交线是直线 b-c，现在作支管展开图，延长支管端面线并取长度为支管圆周长，分 12 等份，过等分点作延长线的平行垂直线与由主视图相贯线所引垂直于支管轴线的平行线相应相交 1、2、…、6、7 各点，光滑顺序连接各点便得支管展开图。补料部分展开，作直线垂直于补料外侧边线的垂直线并截取断面图上两个 1-4 之间的弧长，也分对称的 1、2、3、4 各点，过点作平行线与过主视图中相贯线上所作垂直于补料外侧线的平行线相交得交点 1、2、…、7 各点，光滑顺序连接各点，并把三角形平面搬到两边，便得补料部分的展开图。主管展开是长等于管长、宽等于主管周长的矩形，上面的孔展开，先画一平行主管轴线的直线作为对称线，对称线两侧作平行线，平行线之间的距离分别为 a、b、c，与由主视图中相贯线上所作垂线相交得交点 1、2、…、7 各点，光滑连接各点，便得孔的展开图。

图 6-36 为等径补料三通管，从视图中可以看出除补料部分外，其余都是由等径的半圆形构件组成，且都是对称的，截交线即相贯线都是直线如 $A-B$、$B-C$、$E-F$、$H-G$、$B-E$、$B-H$ 等，特殊点有 A、B、C、E、F、G、H。下面作各管的展开图，管（1）展开时将主管四分之一圆周分三等份得等分点 1、2、3、4，过等分点作主管轴线的平行线，与接

交线 B – C 相交得交点 1、2、3、4，作主管端面的延长线并截取长为主管半圆周长，分成 6 等份，过分点作垂线与由主视图相贯线 B – C 上各点所引平行线相交，光滑顺序连接这些交点即得管的展开图。管（2）展开与上述作法相一致，可参照图示去解。补料（3）展开，补料中 BEH 三角形是平面反映的实形不需要进行展开，其余部分需展开，先把管（4）四分之一圆周分 3 等份得分点 1、2、3、4 各点，过各点作其轴线的平行线与 E 一侧接交线相交，过交点作 E – H 连线的平行线交于另一边的接交线，都得 1、2、3、4 各点，作

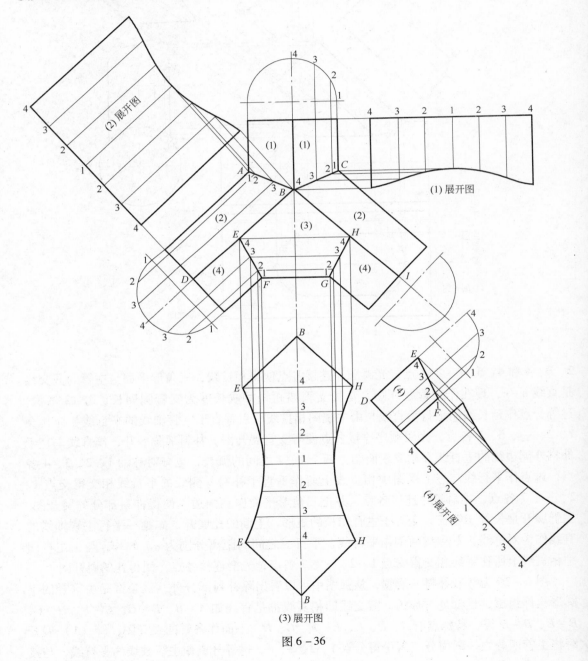

(2)展开图

(1)展开图

(3)展开图

(4)展开图

图 6 – 36

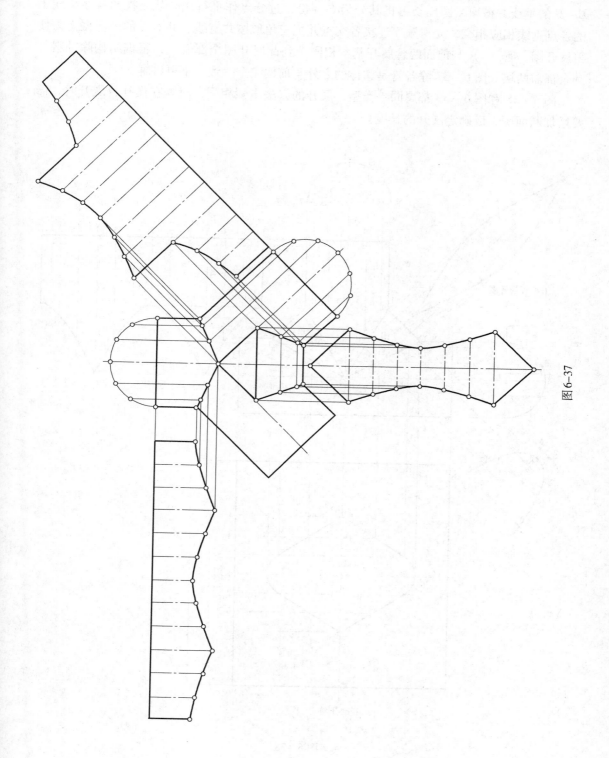

图 6-37

$E-H$ 的垂线并截取半圆周长再将其分为 6 等份，过分点作平行线与从主视图各接交线上的各点垂线相应相交，光滑顺序连接各交点并把三角形按共有线、共有点的位置搬上去便得展开图。管（4）与前面两管展开基本相同，到此展开图全部做完，根据结构除补料外其余都需两块。图 6 - 37 除各管是整体的之外与前例完全一致，不再讲解。

图 6 - 38 和图 6 - 39 都属同一类型，展开的方法步骤相同，只是在作补料展开时，需要增加断面图，以确定展开的长度。

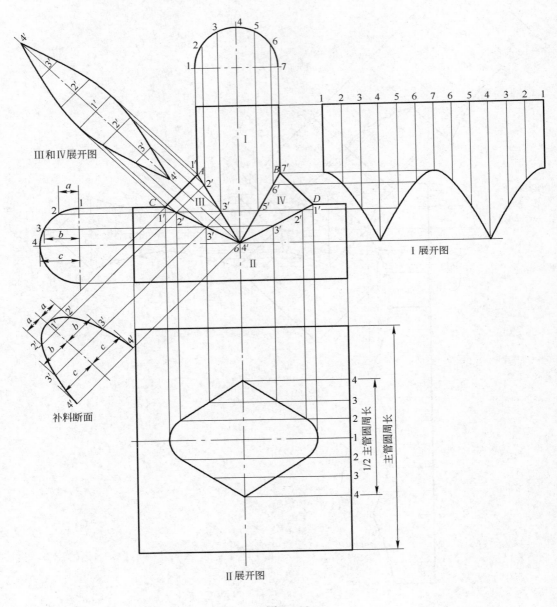

III 和 IV 展开图

补料断面

I 展开图

II 展开图

图 6 - 38

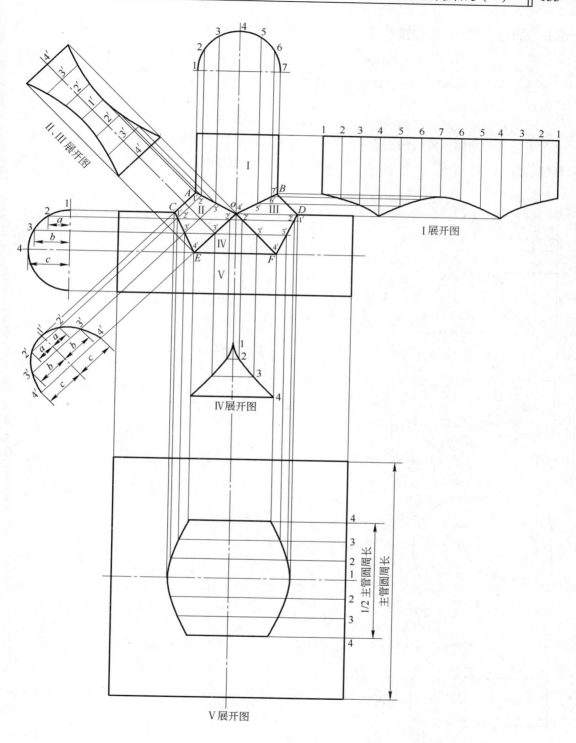

II、III展开图

I展开图

IV展开图

V展开图

1/2主管圆周长

主管圆周长

图 6-39

6.5 圆柱（管）与圆锥相交

圆柱与圆锥相交，两者的轴线可以是垂直相交，也可以是平行相交，也可以斜交。第一步是准确作出三视图，然后确定素线数及位置，第三确定相贯线的各点，最后完成相贯线和展开图的绘制。

当圆柱的轴线与圆锥的轴线垂直相交时如图6－40所示，首先可看到两个特殊点（圆柱的上下素线与圆锥素线的交点1′、5′），由于圆柱垂直于侧投影面，所以在侧面视图上反映的是一个圆的实形，将圆周分成与所选定的素线数相同的等份，然后作等分点在其他

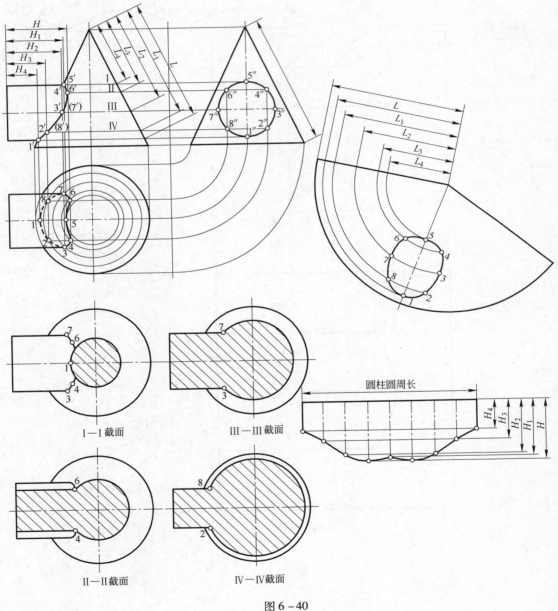

图 6－40

视图上的投影，在正面视图上出现几个同心圆截平面用细实线表示的投影线，并用剖视的方法作出了四个剖面视图，从剖面视图就可以清楚看到各点在截面上的具体位置，把它们投影在水平视图上，此时在水平视图中可确定的特殊点变成了四个 1、5、3、7，中间点可通过侧面视图上的中间点作水平视图的投影，投影线与截平面圆周相应相交得中间点，顺序光滑连接各点即得在水平图上的相贯线投影，再过各点向正面视图作投影得交点，顺序光滑连接各点即得正面视图相贯线投影，到此作展开图的条件已满足，可以绘制展开图。当相贯线确定之后，代表圆柱和圆锥的素线在两者接交后的所有素线的长度也就同时确定，当然包括截去的和剩余的素线长度，因此作展开就比较容易，比如圆锥展开是扇形，用圆锥顶为圆心，以 L、…、L_4 分别为半径作圆弧，并在对称中心线两侧从水平视图中量取 $2-8$、$3-7$、$4-6$ 各长度，得点 1、2、…、8，光滑连接各点即得圆锥展开图。圆柱则取直线等于圆周长分 8 等份，过等分点作垂线，并取 $H-H_4$ 的长度，光滑连接线上的端点即得圆柱展开图。

图 6-41 是圆柱偏置贯穿圆锥，作相贯线用的是截面方法即把圆柱的圆周分为等份，本例为 8 等份，在侧面视图中可以看出分点 $1''$、$2''$、…、$8''$、$9''$，另外加一个圆柱与圆锥的切点 $3''$，然后过这些分点作圆锥的截面圆，图上反映的是直线，并在水平视图中画出截面圆，这些截面圆和圆柱素线相应相交得 1、2、…、8、9 各点，这些点便是圆柱偏置贯穿圆锥在水平视图上的相贯线上的点，顺序光滑连接各点（看不见的部分用虚线）得相贯线投影，主视图上的相贯线，是把水平视图上相贯线上的各点向上作投影分别与截面圆周相交得 $1'$、$2'$、…、$8'$、$9'$ 各点，顺序光滑连接各点便得在主视图上的相贯线投影，从图上看好像比较复杂，实际上只要不把各素线在各视图中的位置搞乱，同时各分点所在的截面不要搞错，一般是不会出问题的。展开的方法步骤与前例相同，此例量取的宽度是 $1-1$、$2-2$、…、$9-9$，其他不变。

当圆柱的轴线与圆锥的轴线平行相交时如图 6-42 所示，比较适合用截平面的方法确定相贯线的各点。前面提到过，可以把圆柱体理解为是由无数个很多相同大小的同心圆圆片累集而成，当然也可以把圆锥体理解为是由无数个由大到小的同心圆圆片累集而成，如果在它们的轴线平行的情况下相交时，用一个截平面，同时将两者截断即有一个截平面，我们将会看到在截面上，是圆柱和圆锥在该截面内的两段圆弧相交，图中用了三个截平面，三个截面上反映圆柱和圆锥截平面相交即两段圆弧相交，并有两个共有的交点，这两个交点无疑是相贯线上的点，如果用这种办法求出很多点，就自然而然地求出它们的相贯线了，实际上没有必要作很多点，根据制件精确度的需要，为了绘制图形方便，适当选用几个均匀分布的截平面就可以了，要注意对圆柱来说每个截面圆半径是一致的，只是相交的圆弧长短有变化，而圆锥在每个截面内的截面圆半径是不同的，同时相交圆弧长短也不一样。图 6-42（a）作了更进一步的分析，并把每个截面圆都画出来，交点十分清楚。把截面图中的各交点向上引到主视图上与截平面相应相交，并把这些交点光滑连接即得在主视图上的相贯线，如果把每个截面内交点之间距离 H_1、H_2、H_3 移到侧视图相应的截面上，得交点，同样光滑连接各点便得在侧视图上的相贯线，因为圆柱和圆锥的轴线垂直于水平投影面，水平视图反映的是实形。展开图与前例相同。图 6-42（b）与上例相同，只把圆柱向内、向上移了一些，分析方法、作法完全一致，只是圆柱和圆锥相交处，两者

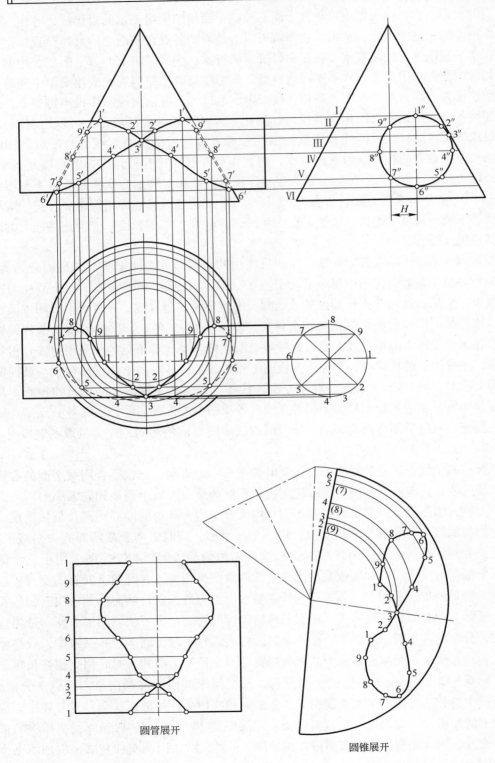

圆管展开

圆锥展开

图 6 - 41

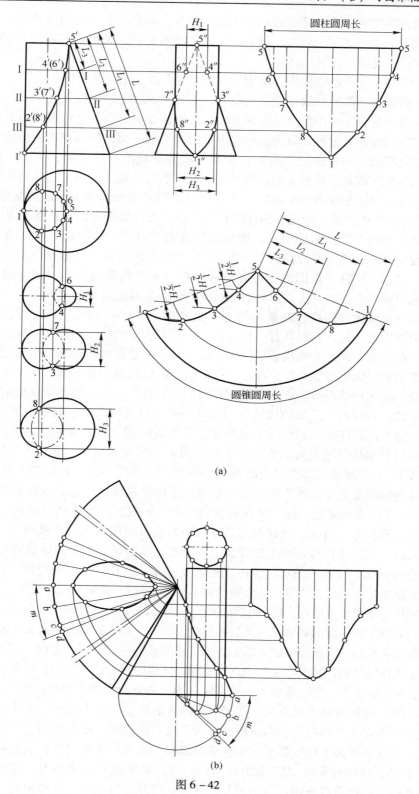

图 6 - 42

相交的范围为两位的 m 夹角内，也就说明圆锥扇形上的孔也在其范围内，所以展开时在扇形上取 m 弧长，并分为 a、b、c、d 弧长与截面圆弧交点，光滑连接各交点便得展开图。如果有兴趣读者可进一步解读。

图 6 - 43 作了进一步的分析，增加了 7 个截面，并绘制了截面图。

当圆柱的轴线与圆锥的轴线倾斜相交时，好像问题就变得比较复杂了。

如果用前面的方法来作斜交时的展开图，结果变得更复杂，进行起来更麻烦。下面就图 6 - 44 的一组视图来分析，我们选择一组辅助水平截平面，则圆锥的截面为圆形，而圆柱的截面都是椭圆，同样选用一组平行于圆柱表面素线的辅助平面，则圆柱被截成了直线，即圆柱的素线或截平面的重影，圆锥截面成了椭圆，如图所示，从其截面图（只画了一半，图中下一半是相邻另一个截面）中可以看出圆柱素线与相应椭圆的交点 2、3、…、7 便是圆柱与圆锥相贯线上的点。同样图 6 - 45 中，圆柱轴线平行于圆锥外侧素线，选用一组平行圆柱表面素线的辅助平面，则圆柱被截成了直线，即圆柱的素线或截平面的重影，圆锥截成了抛物线（截面只画了一半），其圆柱素线与抛物线的交点，即是圆柱与圆锥相贯线上的点。从整个作图的过程和效果来看，不但繁琐而且不一定准确，还容易出错。所以现引出一个新的方法，即辅助球面法来解决上面的问题。

当球面与回转体（圆柱、圆锥）相交，如图 6 - 46（a）所示，一个圆柱体、一个圆球和一个圆锥串在一起，它们共有一条垂直于水平投影面轴线。圆柱和圆球的表面相交线是一个圆，在正面投影面上的投影是一条直线，在水平投影面的投影是一个圆，同样圆锥和圆球的表面相交线也是一个圆，在正面投影面上的投影是一条直线，在水平投影面上投影是一个圆，把这种情况可以应用到圆柱和其他的回转体上，主要便利在此时圆形投影成为直线的形式。若有两个正交的回转体如图 6 - 46（b）所示，以两轴线的交点为圆心作圆球，该圆球与回转体的表面交线是两个垂直于轴线的圆，两个圆的交点 A、B 是两圆周上的共有点同时也是圆球表面上的点，这在图面上非常直观清楚。从图 6 - 46（c）中来分析，图中 1、4 为圆柱与圆锥相交的两个特殊点，其余的中间点用球面法求取，方法是以两回转体的轴线交点 o 为中心作切于圆锥的圆弧也就是球面，过 o 点作圆锥素线垂线得切点 c，$o-c$ 是球形的半径，这个球将圆锥切出一个 c 截面当然是圆形截面，该截面在正面投影面上的投影是一直线，圆球在切圆锥的同时也将圆柱切出一个截面 d，这个截面当然也是圆形的，其在正面投影面上的投影是一直线，辅助球面就是用球面同时对两个相贯的回转体进行截切，得到两条直线，两直线的交点 3（还有与其相对应的一点 5）是中间点，直线交点便是相贯线上的点，加大圆球的半径并作圆 b，用同样办法又可得 5、6 两中间点，它们同样是相贯线上的点，这些中间点既位于球面上，又位于两回转体上，也可以说是两回转体表面与圆球表面的共有点，又是相贯线上的点，所以辅助球面法是利用三面共点的原理来求取相贯线的。为此用辅助球面法作相贯线时须同时具备三个条件，即一是两回转体相交；二是两回转体的两轴线相交，交点就是辅助球面的球心；三是两回转体的轴线要在同一平面内，即同时平行于某一投影面，使交线（圆）在该投影面上的投影重影成直线段。

图 6 - 47 是圆柱与圆锥斜交时，其相贯线的做法除上面所讲的外，在水平视图上的相贯线做法是，首先在水平视图上画出圆锥的两个截平面圆周，由主视图上面各点即特殊点和中间点，向水平视图上作投影并与相应截面圆周及圆柱素线相交，在截面圆周上得中间点 3、4、5、6，在圆柱素线得特殊点 1、2、7、8，顺序光滑连接各点，即得圆柱斜交圆锥在水平视图上的相贯线投影。右侧是其展开图，展开方法步骤与前例相同。

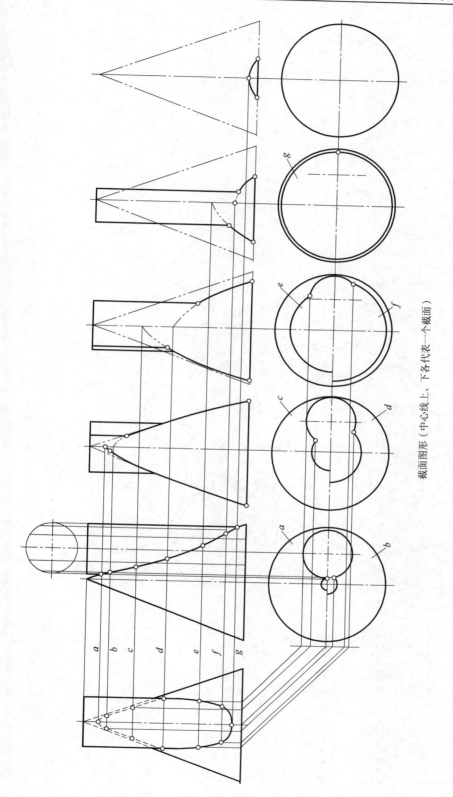

截面图形（中心线上、下各代表一个截面）

图 6-43

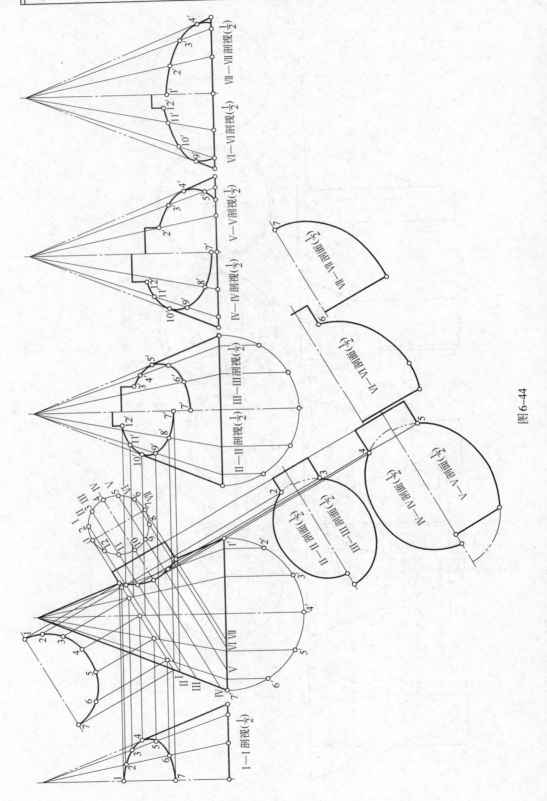

图 6-44

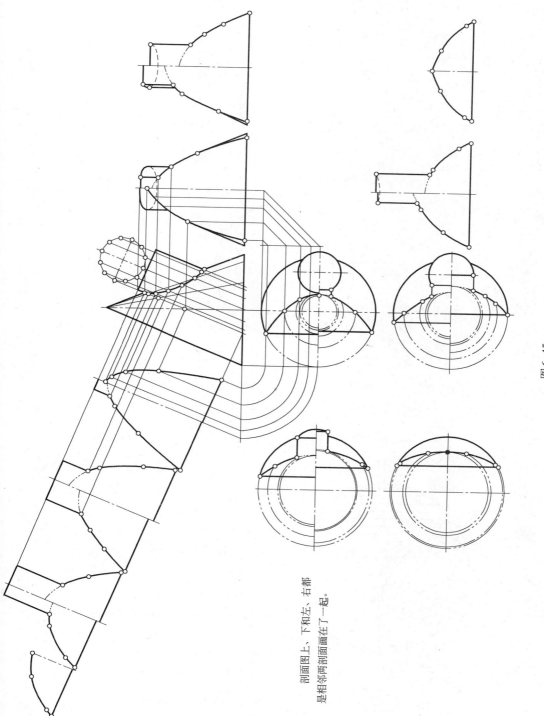

剖面图上、下和左、右都是相邻两剖面画在了一起。

图 6-45

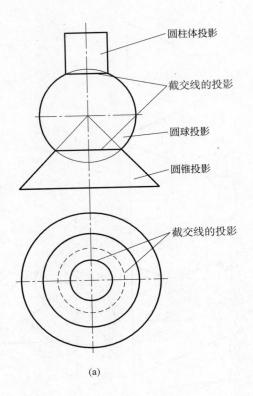

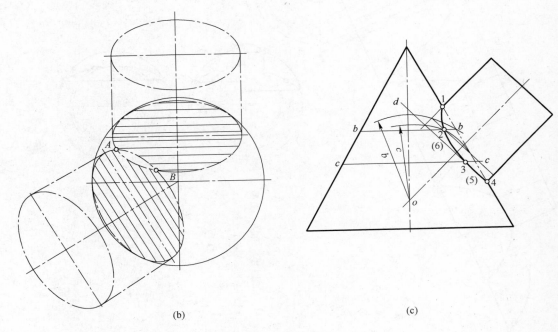

(a)

圆柱体投影

截交线的投影

圆球投影

圆锥投影

截交线的投影

(b)

(c)

图 6－46

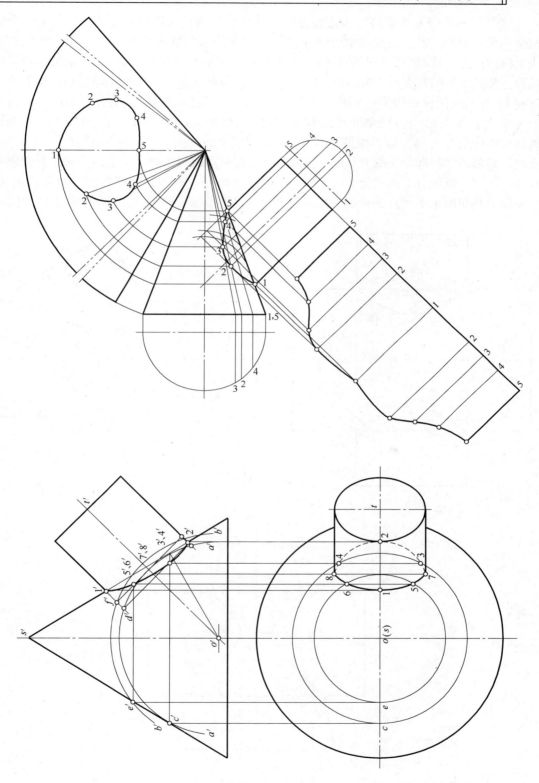

图 6 - 47

以图6-48（a）为例进一步进行分析具体作法，两正交的回转体，它们的轴线垂直相交并在一个平面内，在视图中两圆柱轮廓的交点是四个特殊点 a、a、a、a，就是相贯线上的四个点，这四个特殊点所处的位置就是在最大的辅助球面上，$a-a$ 就是其切圆的投影，然后以两轴的交点 o 为圆心，以大圆柱直径为直径作辅助球面（即最小直径的辅助球面），它与大圆柱相切于一个圆，它的正面投影是一直线就是圆的直径，辅助球面与小圆柱相交于两个圆，这两个圆的正面投影为两条直线即 $3-3$、$4-4$。辅助球面与大小圆柱的相交线的交点 b、b，即是相贯线上的两点在视图上的投影。再来确定中间点，在作中间点时，其辅助球都选择在最大和最小球面之间，此时球面与大圆柱交于两个圆，其投影是 $6-6$、$7-7$，球面与小圆柱交于两个圆，其投影是 $8-8$、$9-9$，这些相交线的交点 c、c、c、c 即是相贯线上中间点的投影。如果需要还可以再增加辅助球面，增加中间点的数目。

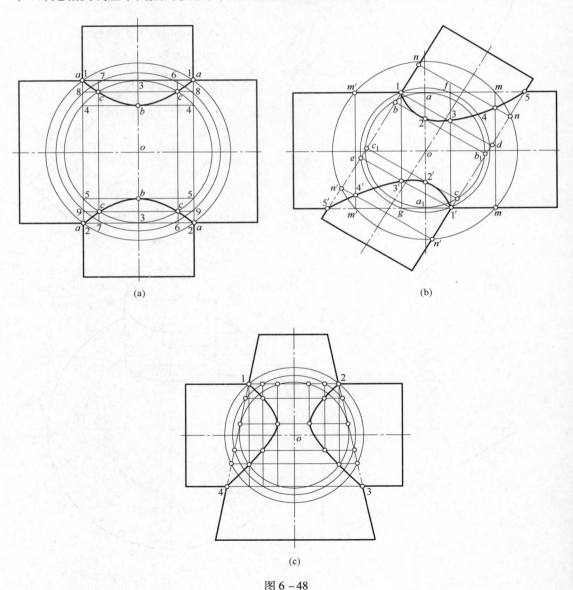

图 6-48

最后把相贯线上的这些点顺序光滑连接即得两圆柱相交的相贯线。下面两例一是直径不同的两圆柱斜交，一例是圆柱与圆锥正交，它们的共同点是其轴线在同一平面内，所以可用球面法作它们的相贯线，具体作法和步骤与前例完全一样。

图 6-48（b）为两个倾斜贯穿的圆柱体，两轴线在同一平面内并交于一点 o，图面上看得见的特殊点也是相贯线上的点，有 1、5 和 1′、5′，现用辅助球面法，用圆球断面与两圆柱同时相交，并作出两圆截面的投影，取得其相贯线上的中间点，以球心即两轴线的交点 o 为圆心，作辅助球面（最大的球）与两圆柱相交 m、m 和 n、n，（也就是球面切割圆柱）分别连接这些交点，便得到 m—m 和 n—n 四条直线，这四条就是两圆柱截面的投影，是封闭的圆形，两圆柱的截面相交便得 4、4 点（注意还有背面看不见的两个点）都是相贯线上的点，用同样的方法增加数个辅助球面切刈两圆柱还可以得到 2、2 和 3、3 点，把相贯线上的各点顺序光滑连接便得到两圆柱的相贯线。图 6-48（c）是用球面法作圆柱与圆锥的相贯线，图中 1、2、3、4 为特殊点，现以球心为中心画数个圆球来切割圆柱和圆锥，便可得到数个截平面的投影（直线段），这些投影的相应交点，顺序光滑连接便得到相贯线。

图 6-49（a）是带轴颈的锥顶被倾斜钻孔，现在要画出它们的相贯线。现在来分析，首先轴颈、锥顶和可以被视为是圆柱的孔，都处在同一平面内且三者的轴相交于一点，所以可以用辅助球面法作出它们的相贯线，图中 1、2、3、4 为特殊点不在求取之内，以共同圆心 o 为圆心作数个辅助球面，如图中的 M、N、P、Q，这些球面同时切刈了轴颈、锥顶和圆柱，M 球面切刈后，分别得截面投影 a—b、c—d、e—f 和 g—h（其余球面所切截面未注），这些投影的交点是 5、6 两点，也是相贯线上的点，以此方法同样可以得到其他各点，顺序光滑连接各点便得它们的相贯线。

图 6-49（b）是两正圆锥斜交，非常适合用辅助球面法求其相贯线，以两圆锥轴线的交点即圆球的中心 o 为圆心，以小圆锥的素线（本例均分 8 等份，即 8 条素线）与大圆锥右侧素线的交点距离为半径作辅助圆球面，再过球面圆弧与两圆锥轮廓外侧素线的交点，分别作大小圆锥的横截面（投影是直线），相应两截面相交得交点 2、3、4 和背面看不见的 6、7、8，再加上特殊点 1、5，就组成了相贯线上一系列的点，顺序光滑连接这些点便得到两锥相交的相贯线。

此例需要特别说明两点：

（1）把小圆锥底圆分为 8 等份，即确定了 8 条素线，实际上用球面法作图时，根本没有必要分等份，因为只要在两圆锥接交的范围内（就是在特殊点 1、5 之间），球面是根据需要和均匀分布的原则下选用的。

（2）在展开时，前面确定的 8 条素线除 1、5 两条素线外，其余 6 条都不能使用，也就是说 2（6）、3（7）、4（8）各点均不在选定的素线上，或相贯线上的各点均不在选定的素线上，所以展开时，不能简单的在展开的扇形弧线上，按圆锥底圆的 8 个等份画出素线，而是按过相贯线上各点与锥顶的连线并延至锥底，再求出锥底各点之间的弧长，如图中的 a、b 等，并按弧长搬到扇形面上画出相贯线上各点的素线。展开图的具体做法与前面的例图做法基本一致。

图 6-50 是两圆柱贯穿，这种情况可以用辅助球面法作相贯线比较适合，具体做法与前例相同，有了相贯线以后锥体展开可用正圆锥展开的方法进行。图 6-51 与上例相同，只是表现的形式有些变化，提供大家学习之用。

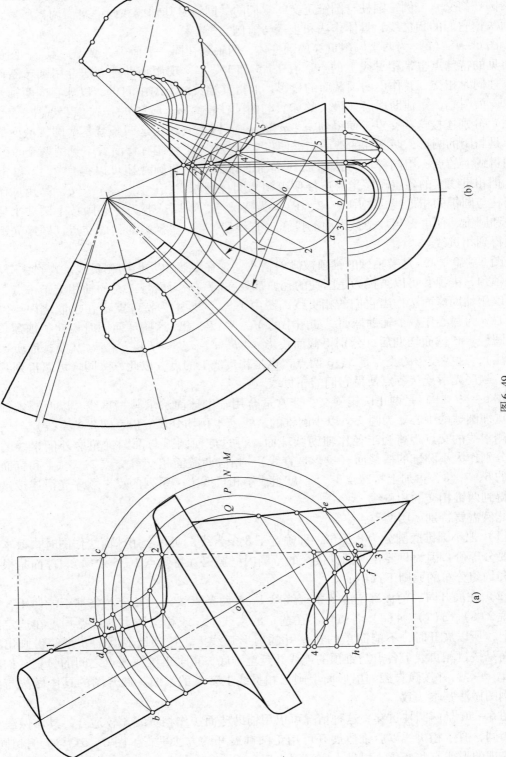

图 6-49

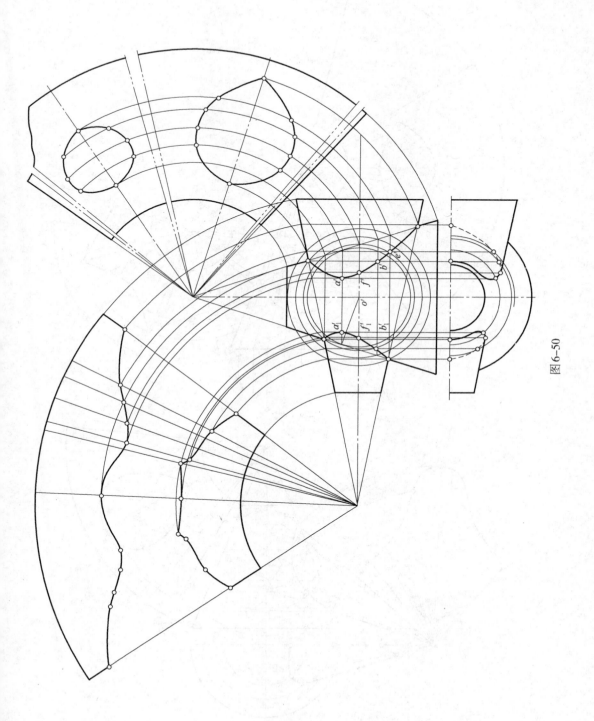

图 6-50

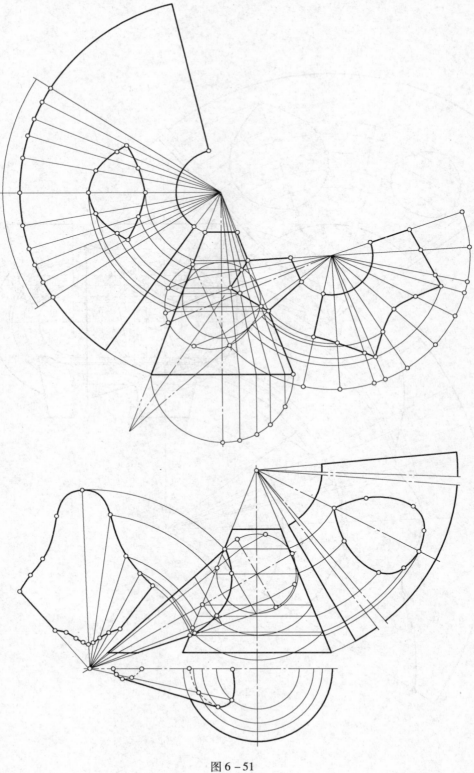

图 6 - 51

图 6 – 52 是圆柱贯穿圆锥，求取相贯线的另外一种画法，相当于把相交的几条圆锥素线旋转到与投影面平行的位置，直接能观察到交点，但这种方法比较麻烦，要完全理解比较困难，所以一般不用此法，仅供学习者参考。

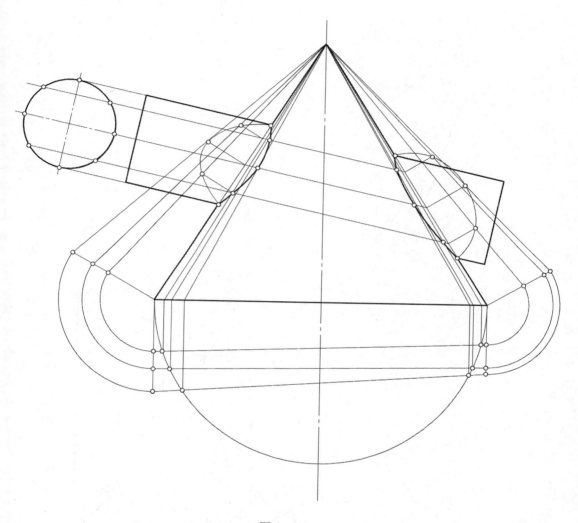

图 6 – 52

图 6 – 53 是圆锥与圆环相交，求取相贯线的方法是用球形法，首先连接圆环回转中心 o 与圆环外侧与圆锥轴线的交点 b，同时与圆环中心线交一点 p，过 p 点作圆环中心线的切线与圆锥轴线交点 o_1，然后以 o_1 为中心，以 o 到 b 点的距离为半径作圆弧，此圆弧即为球面，它切割圆环得 $a – b$ 截面（投影是直线），同时切割圆锥得截面 $e – f$（投影是直线），两截面相交得交点 2 即是相贯线上的点（还有背面相对应的一点 6 看不见），用同样的方法可以得到 3 点，顺序光滑连接 1、2、3、4 点便得到相贯线。显然这种方法用的是辅助球面法，它与前面讲过的球面法的不同在于此处球面的中心没有固定在一点上，而是沿着圆锥的轴线运动，所以这种方法可称为滑动球法。

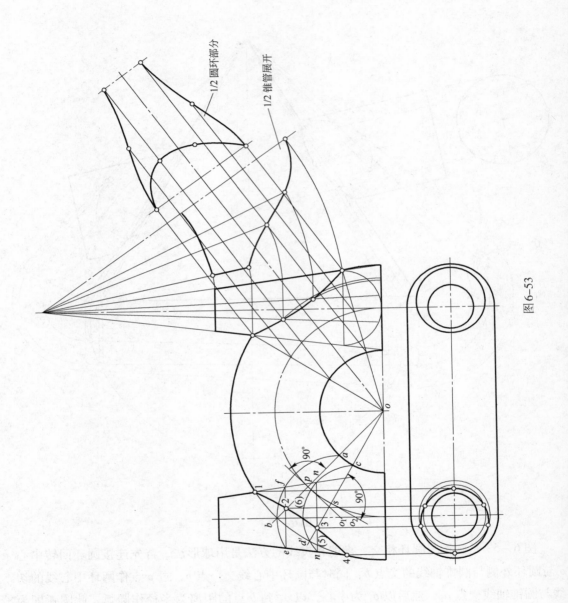

图 6-53

6.6 圆柱（管）与棱锥相交

圆管与棱锥相交，一般我们指圆管与棱锥的棱边相交，即交于棱锥的两个侧面上。如果圆管与棱锥的一个侧面相交就相当于圆管被一个平面所截，这里不再讨论；与棱锥两侧面相交，对圆管来说则相当于同时被两个平面所截，要得到与棱锥相交的相贯线，则需要进一步讨论。现以图6-54（a）为例，圆管与正三棱锥水平直交，视图中看出圆管圆周被分为8等份，就是确定了8条素线，1、5两点是特殊点，还需要作中间点。中间点的做法一般用增加辅助平面的方法以确定圆管素线在辅助平面上的位置，从而求得中间点，在正面视图和水平视图上画出8条素线（注意相互之间的位置），并把正面视图中各条素线与棱锥相交的线作为辅助平面，原因是因为所求的中间点，肯定在素线与截平面 I、II -

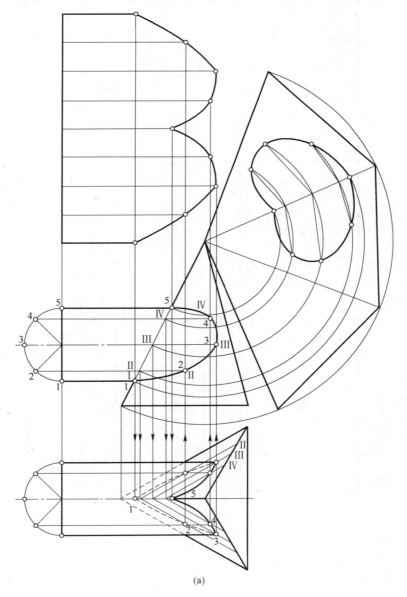

(a)

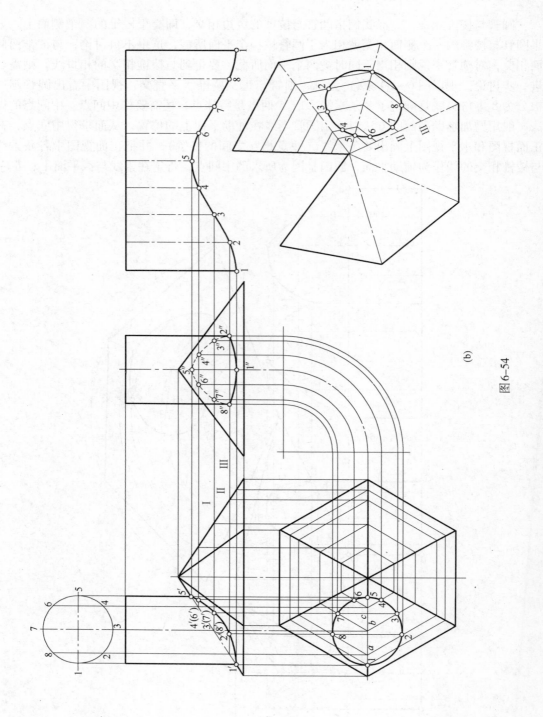

图6-54

(b)

Ⅱ、Ⅲ－Ⅲ、Ⅳ－Ⅳ（辅助平面）的相交位置上，但现在还无法确定，然后把这些辅助平面投影到水平视图上，与圆管素线相交得点2、3、4，还有相对称的另一面也有三个点，顺序光滑连接各点即得圆管与三棱柱相交的在水平视图上的相贯线（看不见的部分用虚线画出），再将这些点向上引（即作正面视图的投影），与正面视图中的素线（还有辅助平面）相交得2、3、4各点，这些点连同特殊点1、5顺序光滑连接便得圆管与棱锥相交后的在正面视图上的相贯线。不论圆管与几棱锥相正交或斜交，求作相贯线的方法大致是一样的，这里容易出问题的是辅助平面的选择和在水平投影面上投影，切记中间点肯定在辅助平面边线与圆管素线相交位置上，注意相应位置，不可错置。

图6－54（b）是圆柱与六棱锥相交，作相贯线，它们不同轴但管与所交棱线是对称的，圆柱在水平视图中的投影是圆形，直径就是圆柱的直径，所以是实形，也是圆管与棱锥在水平视图上的相贯线，把圆周分为等份，本例为8等份，过各分点作棱锥的横截面（水平视图中所画细实线六方形），仔细看就会发现在每一截面上有两个点，其中1、5为特殊点，然后相应的把这些横截面投影到主视图和侧视图上（用细线画的水平平行线），再将水平视图中的各点投影到主视图和侧视图上，与横截面线相交得1′、2′、…、7′、8′各点和1″、2″、…、7″、8″各点，分别按顺序光滑连接各点，便分别得到圆柱与棱锥在主视图和侧视图上的相贯线，右侧是它们的展开图。

图6－55也是圆柱与正三棱锥相交，圆柱是在棱锥顶部，从视图中可以看到的特殊点是1、3、7和11各点，圆柱在水平视图上的投影是一个圆是实形，此圆也是两者的相贯线，锥体侧面都不是实形，底面积是实形，底面三角形边长是实长，相贯线的做法是首先把水平视图中的圆周分为等份，这些分点实际是落在棱锥某一横截面上，比如2、12、3、6、8、10点就落在棱锥 abc 的截面上，而这个截面是可以投影到其他视图上的，这样就比较容易的在其他视图同一截面得到2、12、…各点，同样的理由和方法，在其他视图中也可以得到其他点，有了这些点，就可以作主视图和侧视图上的相贯线，在图的左侧是圆柱和棱锥的展开图，展开时需画出侧面三角形的实形，已知 $A-B$ 的实长和三角形的高（侧面图右上角辅助试图上的 $o-1$ 的长度），即可作出实形的三角形 AoB，然后把棱锥过分点的截面引入实形图上，就可得到各点，光滑顺序连接各点，便可画出棱锥一个侧面展开图，另两个与此完全相同，照搬即可。

图6－56圆柱与正四棱锥相交，其相贯线和展开的做法与图6－54基本上一致，需要注意两个问题：

（1）务必作出四棱锥侧平面三角形的实形，求实形的方法有两种，一是把水平图上的 OB 棱线旋转到与正面投影面平行的位置，并作投影在主视图上得棱线实长，即是等腰三角形的腰的实长 $OB′$，知道正四棱锥的边长 AB 和等腰三角形的腰长，便可作出棱锥侧面的等腰三角形的实形；二是在主视图左上方，增加一个与棱锥侧面相平行的辅助投影面，并向辅助投影面作棱锥侧面的投影，得三角形 AoB，即棱锥侧面的实形，这种作法是用水平视图中三角形 AoD 的高 oN（不是实长），而 oN 在主视图反映的是实长，所以用此实长与棱锥的边长便可很容易画出侧面平面的等腰三角形。

（2）在水平视图上，过圆柱的各等分点，作 a、b、c、d 几个截平面，这些截平面，向主视图方向作投影便可得交点1、2、3各点，其中3点是特殊点，可以从圆柱与圆锥侧平面相交的位置引来，如果在主视图和三角形以及展开图相应标出这些截平面，那么画相贯线或展开都不太困难。

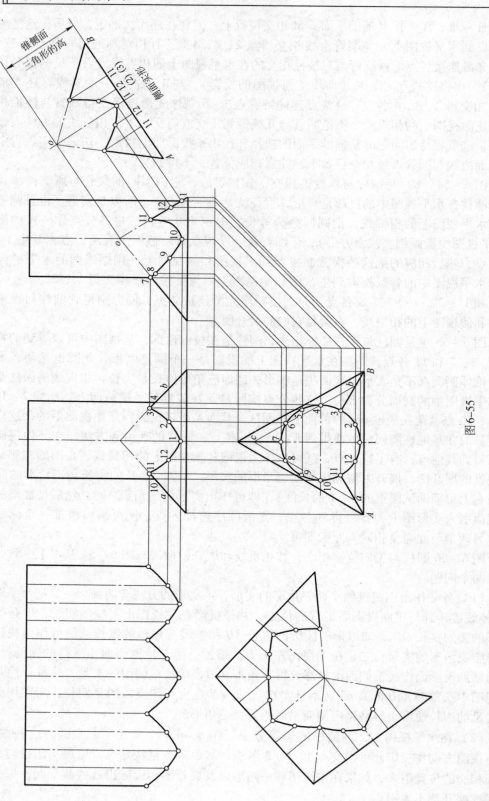

图6-55

图 6-56～图 6-58 分别是圆管在四棱的棱线上横穿四棱锥、倾斜交于棱锥棱线上、倾斜偏置与棱锥棱线相交，它们虽然结构不同，但作相贯线及展开的方法步骤基本相同。首先准确绘制出各视图，在视图中初步可以看出斜棱棱线在主视图上是实长，还有两者相交的特殊点；然后选择作出圆柱的等分点即决定了圆柱几条素线；第三步是把圆柱素线与棱柱侧棱相交的线，作为棱锥的横截面向水平视图作投影，并画出截面线；第四步是把水平视图中，相应圆柱素线与棱锥相应的截面相交所得交点，便是在水平视图上相贯线上的点；第五步是把这些交点，向上作投影与主视图中相应的圆柱素线相交得交点，这些交点是在主视图上相贯线上的点，分别光滑连接这些点即得相贯线。棱锥在作展开时也应引入截平面，并与水平视图相配合，便可绘出展开图。

现以图 6-58 为例具体来分析，圆柱倾斜交于四棱柱，从视图知道圆柱是对称斜交于棱线上，点 1、7 是特殊点，1-1、7-7 圆柱素线是实长，棱锥的底面是实形，边长是实长，棱锥的斜棱在正面视图上是实长，要求作相贯线和展开。首先将圆柱半圆周分 6 等份，得等分点 1、2、…、7，过等分点作圆柱线的平行线与棱锥的棱线相交，过交点作棱锥底的平行线，这些用细实线所画水平平行线就是棱锥的横截面的截面线，投影是一直线段，实际上是封闭的正方形，然后把这些截面投影到水平视图上，截面的边线与圆柱等分点相应相交得交点 1、2、…、7，这些点都是相贯线上的点，光滑顺序连接各点（看不见的用虚线，其余用实线），便是相贯线在水平视图上的投影，再把水平视图相贯线上的各点向上引垂线与圆柱各等分点素线相应相交得交点 1、2、…、7 各点，光滑顺序连接各点即得相贯线在正面视图上的投影，到此相贯线已完成，圆柱展开较简单不再讲述。方锥是四个等腰三角形，已知三角形的底边和腰的实长按共有线、共有点的位置把四个等腰三角形拼联在一起就可以了，作棱锥上的孔的时候，先把横截面也画在展开图上（注意在棱的两侧），然后把水平视图上标注的 a、b、c、d、e 各长度截取到相应的截面线上得交点 1、2、…、7 各点（还有对称的点），光滑顺序连接各点，便得方锥上孔展开的形状大小。

图 6-59 是圆柱与方锥偏置斜交的结构，与上例基本一致，方法步骤相同；只是圆柱在棱线两侧不是对称，容易搞乱，所以需要特别注意将素线与截面都编上号。对号入座，对每个步骤多检查才行。

图 6-60 为圆锥与正四棱锥台斜交，求作相贯线和展开图。首先将圆锥底圆周等分，本例为 8 等份，因为圆锥与四棱锥台是对称相交只分了半圆周四等份，分点 1、2、…、5，这些点是选定的圆锥上的八条素线，过锥底分点连接锥顶，细实线连线即圆锥素线，此时 2、3、4 素线与四方棱底平面边线相交 2、3、4 点，再过这些点向上引与锥底平面垂直的平行线与底平面交 2、3、4 点，这些点再分别与锥顶连接，该连线与一开始所作的圆锥素线相应相交得交点 1、2、…、5，这些点便是相贯线上的点，光滑顺序连接各点即得圆锥与锥台相交后在正面视图上的投影。要作水平视图上的相贯线则需过正面视图上相贯线上的各点作方锥的横截面，图中与锥底平面平行的细实线便是锥台横截面，并把横截面投影到水平视图上（没有画全，只画了一半），然后从正面视图上相贯线上的各点作铅垂线与水平视图中相应截面线分别相交，得交点 1、2、…、5，这些点便是在水平视图中相贯线上的点，光滑顺序连接各点即得圆锥与锥台相交在水平视图上相贯线的投影。圆锥的展开，

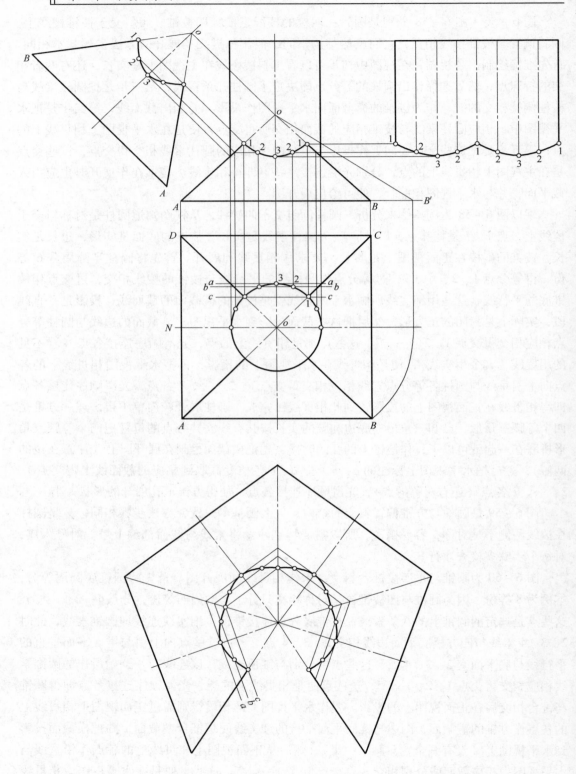

图 6 - 56

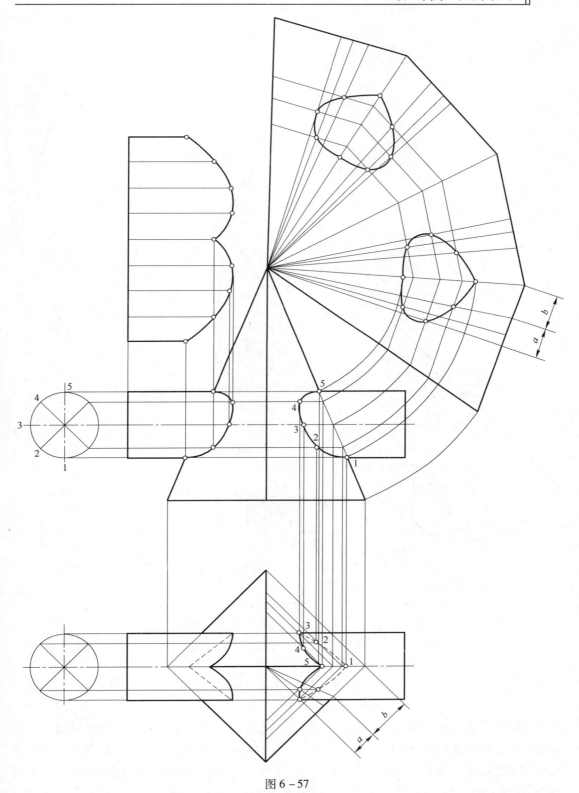

图 6 - 57

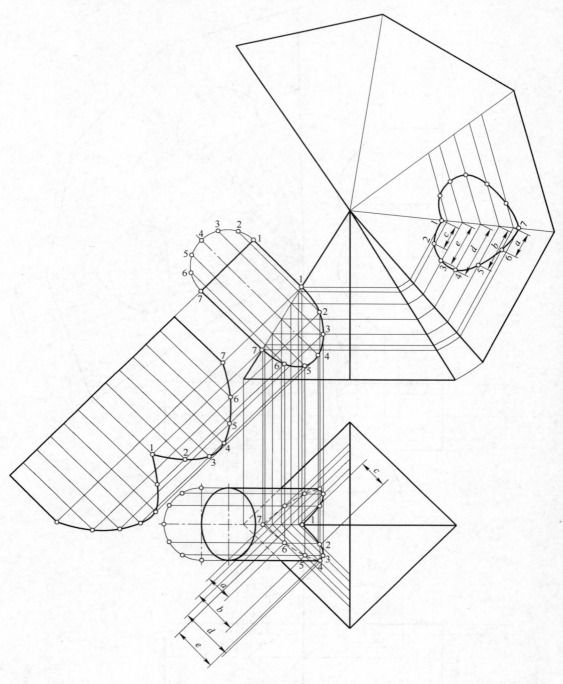

图 6 - 58

这里再提醒大家一次，此例的圆锥是正锥，就表示圆锥的所有素线在没有与方锥相交前都是等长的，最外侧的两条素线反映的是实长，展开是一个扇形，当与锥台相交并且画出它们的相贯线以后，则表示此时的素线已分成了两段（即截去的部分和剩余部分），留下的部分的两外侧的素线反映的是实长，中间的素线因倾斜于投影面反映的不是实长，所以把它们旋转到与投影面平行的位置，就可求出实长，把所有素线的实长都搬到展开的扇形面上的素线上，就可得到圆锥的展开图。锥台的展开比较简单，只要注意在展开图中的对称轴就是一条棱线，在棱线上先要画出各条截平面线，并在水平视图中量取相贯线上各点到对称轴之间的距离，移置到展开图上的截面线上，得交点 1、2、…、5 各点，光滑顺序连接各点即得在锥台上取孔的实形。

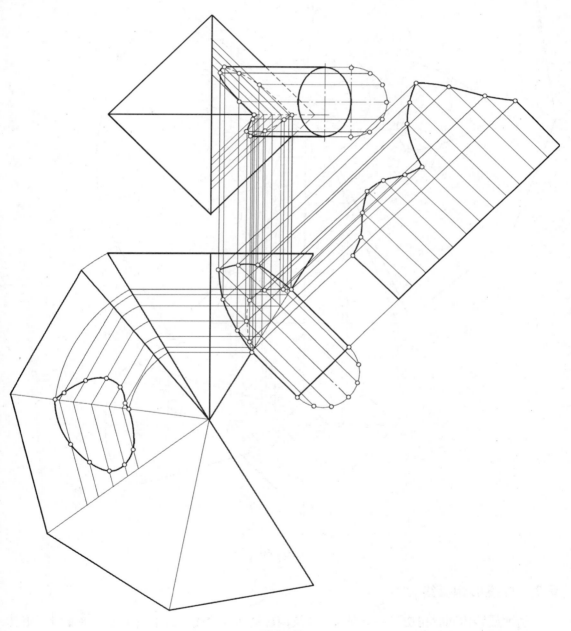

图 6-59

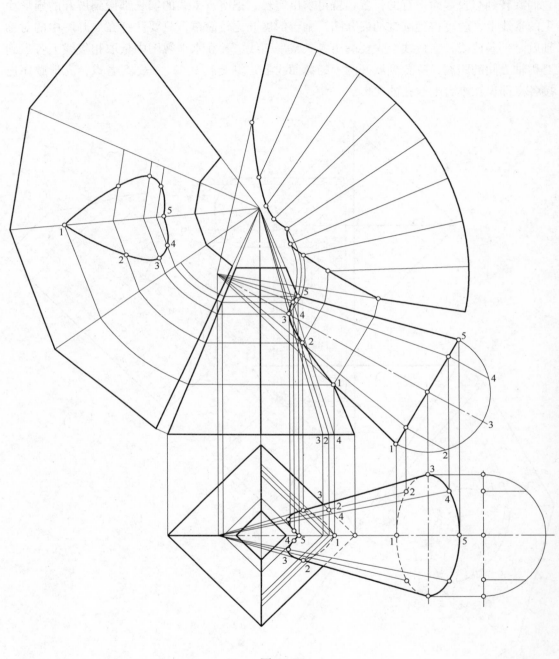

图 6 – 60

6.7　直线形相贯线

　　若两旋转体同时相切于一个圆球，并且两旋转体的轴线同时平行于某一平面时，则其相贯线为两条二次平面曲线，该两条二次平面曲线在这一平行平面上的投影，为两条相交的直线，图 6 – 61 和图 6 – 62 是一组图例。

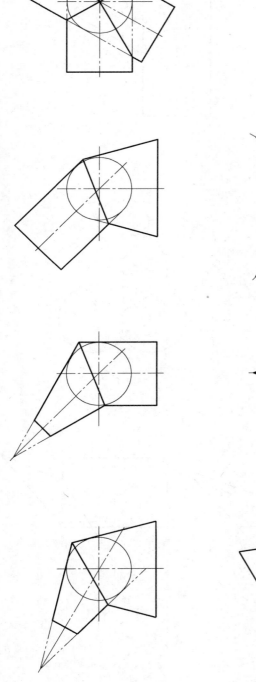
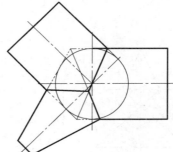
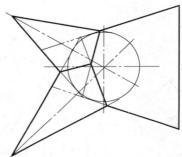
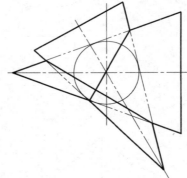
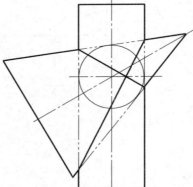

图6-61

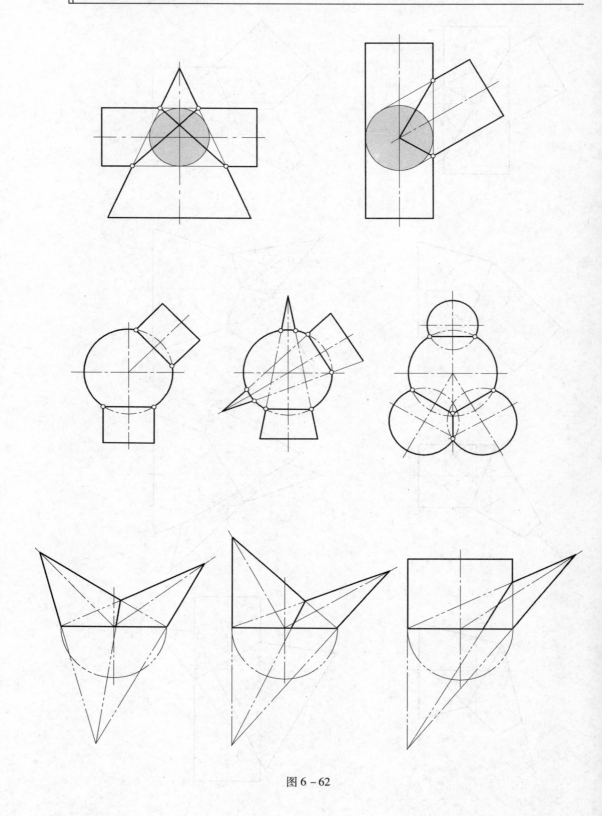

图 6-62

图 6-63（a）左侧图是两相同的圆柱直交，其轴线相交且在同一平面上，所以相贯线是相交两条直线，也就是相贯线投影的结果，实际它们的截面是椭圆，椭圆的短轴长就是圆柱直径，椭圆的长轴就是截面在主视图上投影长度，我们选定的圆柱素线的相应交点 2a、3c、…、3e、2f 等及 1a、7b、7k、1k 是特殊点，这些点便是相贯线上的点，这些点到圆柱端面的素线长度，即是两圆柱相交后（截切后）所余留下的素线长度，根据各素线互相间位置和长度即可作出展开图，相交后四节管尺寸一样，所以展开一个就行。图 6-63（a），右侧图是等直径圆柱倾斜相交，同样用上述方法步骤作出各点，同样各点也在相贯线直线上面，本例两个圆柱直径相同，轴线在同一平面上，同被两个垂直于正投影面截平面斜切，此时两圆柱得到了相同的截面是椭圆的一部分，而且是共有的，因为截平面垂直于投影面，所以截断面也垂直于投影面，此时截断面重影为一条直线，有了相贯线和截后各选定素线的长度，作它们的展开就容易了。

图 6-63（b）是圆柱贯穿圆锥，圆柱与圆锥轴线交于点 o_3，此点是圆柱和圆锥共切圆的圆心，且平行于正投影面，为求得相贯线上的各点（求各点为的是便于画出相贯线），将圆柱圆周分为等份，本例为 12 等份，1、7 为特殊点，其余各点的求法是，按素线 2-(12)、3-(11)、4-(10)、5-(9)、6-(8) 作圆柱的纵向剖面，当作剖面时同时也作了横向剖面，这时同一剖面内的圆柱素线和圆锥截面（圆周）相应相两点，比如 2-12 剖面内交两点 2、12 两点，这两点即是相贯线上的点，如果把每个剖面的点都求出来，画相贯线就很容易了，具体作法还需认真对待，比如以 a 点为例，以 o_1 为中心以 o-1 为半径。作半圆弧（此半圆表示是在此截面内圆锥截面圆周），以 2 点为圆心，以 2″-2 为半径作圆弧，与圆柱左端面交一点 2′（此点表示在同一截面内圆柱被截表面的截面宽度也是与圆锥截面相交的素线位置），过 2′ 点作与圆轴线平行线与圆锥截面交两点 a、a（a、a 其中两点在后面看不见），这两点便是相贯线上的点，其余各点的做法以此类推求得，光滑连接各点即可画出圆柱贯穿圆锥的相贯线（实际就是投影的结果——两条交叉的直线）。

现以图 6-64 上图为例进行演示，圆柱圆锥同切于圆其相贯线为直线。先将圆柱圆周分为 12 等份也即 12 条素线。过点作水平平行线，与相贯线相交得点 1、2、…、12，值得注意的是这些水平平行线对圆柱来说是 12 条素线，而对圆锥来说则是六个横截面。而这些截面的存在就决定了圆锥各条素线的实长。然后过相贯线上各点与锥顶连接并延长到锥底面，向下作垂直线与锥底面圆周交 1、2、…、12 各点。做圆锥展开时，先画扇形（本例作了 1/2），并画出各素线（从底圆周取 1-2、2-3、…、6-7 的弧长），然后以锥顶为圆心，以锥顶到相贯线上的各点圆锥素线的实长（截平面与左侧素线的交点）分别为半径作弧，与扇形上相应素线相交便得交点。光滑顺势连接各点即得锥体表面的展开图。圆柱表面展开图比较简单不再讲解。

图 6-64 下图为圆柱横向贯穿圆锥其结构与上图基本相同。作图方法步骤也相同，唯一不同的是出现了一个"切点" n，这个切点在等分点 4~5 和 9~10 点之间。作圆柱展开时按侧视上 n 距 4 点之间弧长引到展开图上，其他不变。图 6-65 上图，是圆柱倾斜贯穿圆锥，从图中可以看出实际圆柱和圆锥都已被切成了 4 段，为了方便理解仍连在一起作展开。作法同前例一样，展开图中一段按粗实线表示。图 6-65 下图分别展开了上面两段。两图可以对照理解。

图 6-66 和图 6-67 都比较简单，不再讲述。

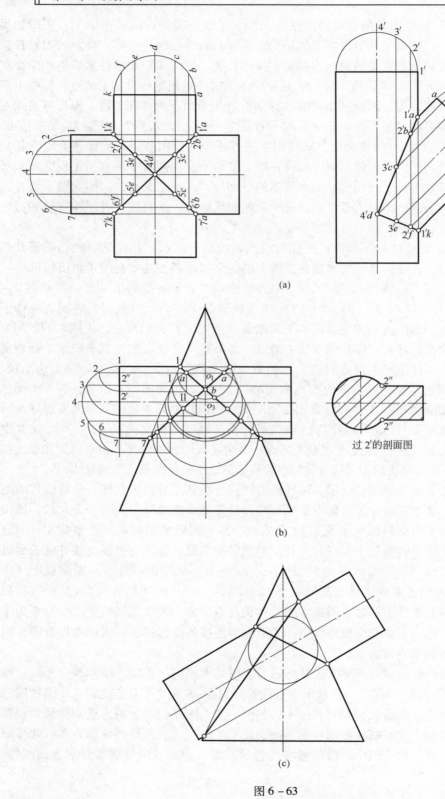

(a)

(b)

过 2' 的剖面图

(c)

图 6 – 63

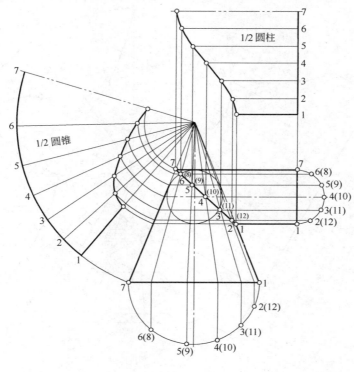

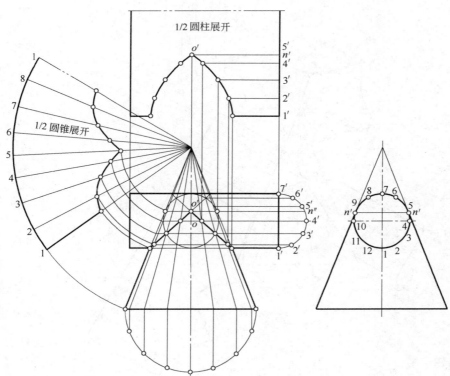

图 6－64

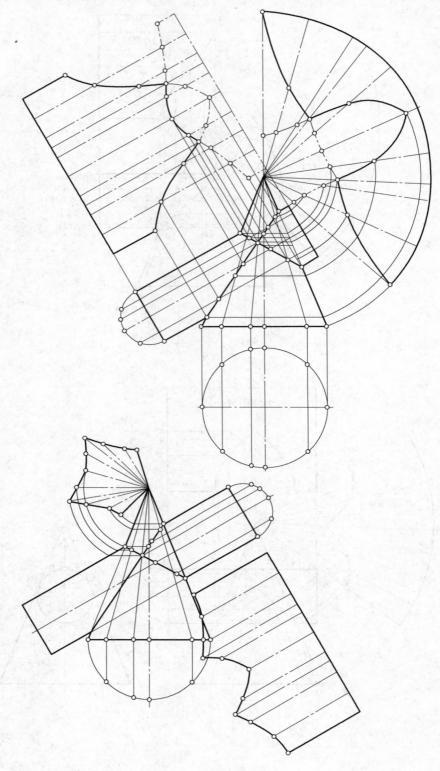

图 6 – 65

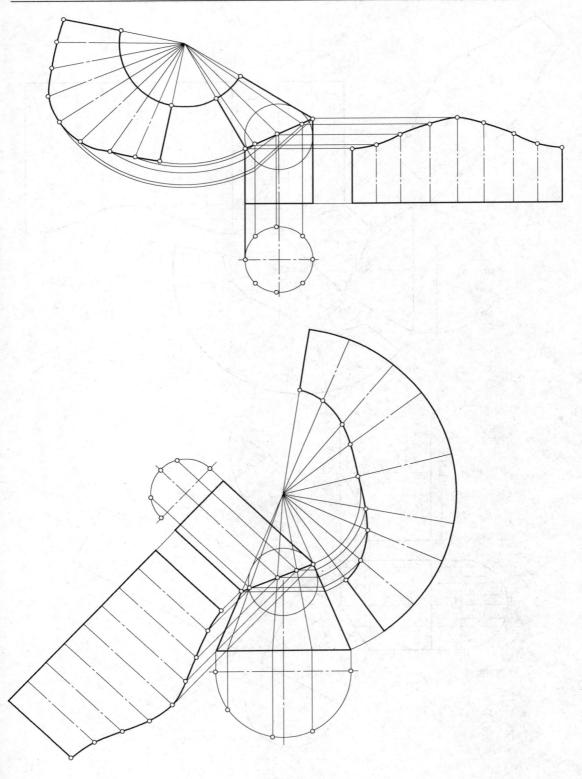

图 6-66

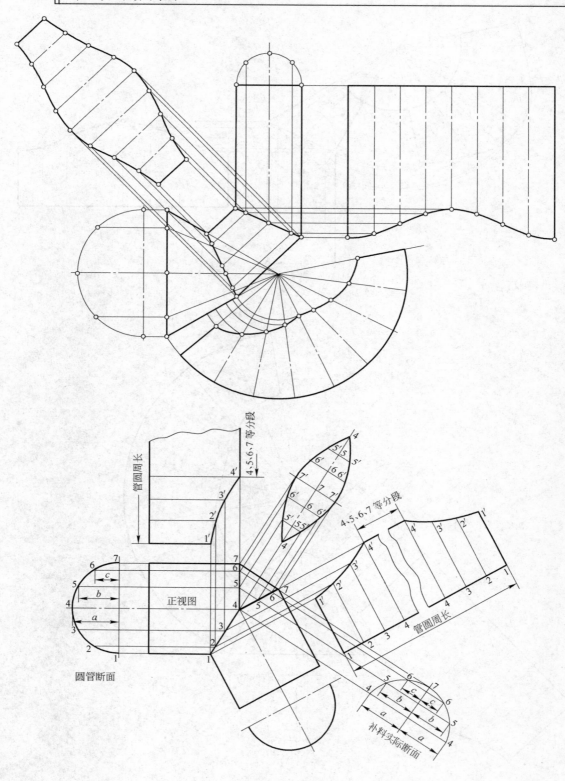

圆管断面

正视图

管圆周长

4、5、6、7 等分段

4、5、6、7 等分段

管圆周长

补料实际断面

图 6-67

第7章

三角形法展开

三角形法展开是将零件表面分成一组或多组三角形,这些三角形尽可能接近该表面的实形,然后求出各个三角形每边的实长并把各三角形的实形依次画在平面上,也就是把各三角形依次拼联在一起,得到展开图的一种方法。这种方法主要用于一些不可展开曲面部分的展开。

如果一线段与两个投影面都是倾斜的,它在两投影面上的投影是变了形的小于该线段实长的线段,求得该线实长的方法,除增加一个与该线段倾斜方向的辅助投影面,使该线段平行于辅助投影面,线段投影就是实长;也可以把该线段旋转一个角度使其平行投影面也可得到实长。除此以外,构件在展开时多用解直角三角形的方法达到求实长的目的,现参照图7-1分析,图7-1(a)中长方体的对顶角线 AC_1 的长度(对长方体来说是一空间斜线),很清楚 AB、BC 和 AC 三条线已构成了一个直角三角形,AC 的长度是 $\sqrt{a+b}$,如果把长方体沿 A_1-C_1 向下切开,得图7-1(b),也得一直角三角形 ACC_1,图7-1(b)中其斜边 AC_1 的实长是 $\sqrt{a+b+c}$ 求得,也可以通过几何作图的方法画出如图7-1(c)所示,即先画三角形 ABC 然后以 AC 斜边为一直角边作直角三角形,该直角边长为 CC_1(AA_1),其斜边 AC_1 就是实长,求取这个实长的过程就是三角形法。还可以用另一种梯形法求实长,从图7-1(d)中可以看出,倾斜的 $A-B$ 线向投影面作投影时,与投影和投影线已构成了两个直角梯形,在正投影面上是 $ABbaA$ 梯形,在水平投影面上是 $AabBA$ 梯形,这两个梯形的斜边都是 $A-B$ 线,且是实长,现在就利用这个条件,先作出两个梯形见图7-1(e)(从图7-1(d)上搬过来就可以了),然后作水平线取 $a-b$ 线段并过线端点作垂线,因为 $AbaB$ 梯形的上底和下底它们的投影长度在水平投影面上,所以取 Ab 长为 bx,取 Ba 的长度为 ax,连接 AB,此时 AB 是实长,同样理由用同样的方法也可作出另一个梯形,其结果是一致的。

7.1 漏斗类展开

本节介绍的多为棱锥台的漏斗、炉罩类的展开,它们虽然形状不一,上下结口不同,但一般来说都比较容易,比如棱锥台(图7-2),它们的边框(锥台上平面和下平面),在视图反映的是实长,侧面多为三角形或是梯形,唯一要做的是求其棱边的实长,用解直角形的方法或作图的办法(把斜棱旋转到与投影面平行的位置)一般均能解决。还有一类是在视图上增加辅助线的办法,比如梯形增加对角线,直接在视图上作侧面的实形,同时在视图可以看出主视图上的斜边(即梯形侧面的投影)的长度实际就是侧面梯形的高,现已知梯形的上底和下底实长,加上梯形的高,作出侧面梯形的实形应该没有什么困难,前后面梯形只要增加一个侧视面也可作出。有些不是很规则的可以在视图上找一找,总能找到部分实长和各线条之间的关系,利用一些数学和几何作图的方法加以处理,当然要单独作一个实长图也可以,实长图实际就是作直角三角形,然后依次拼联各侧面,作出展开图。

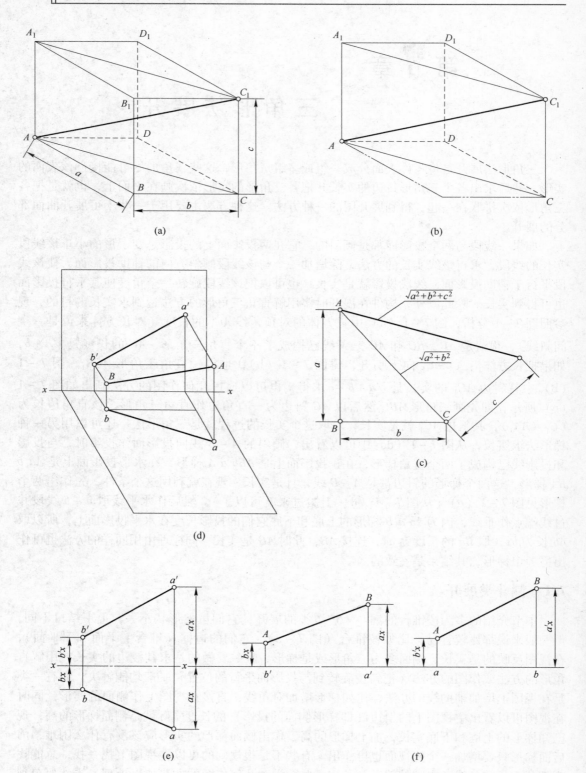

图 7 − 1

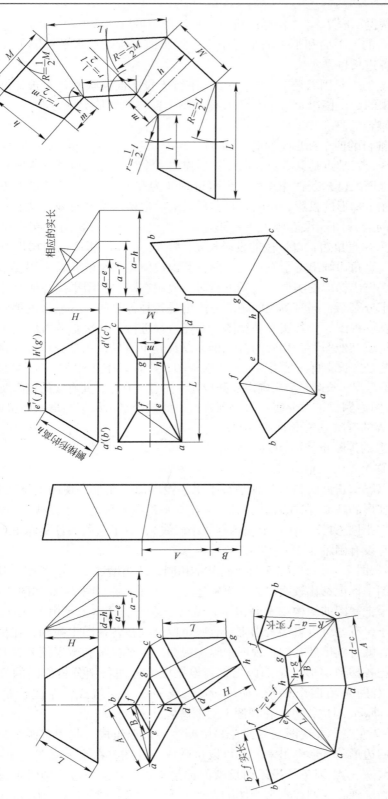

图7-2

现具体分析两例，图 7-2 左图是棱锥台，从视图中可以反映出四个问题：

（1）菱形锥台的上平面和下平面平行于水平投影面，所以在水平视图上反映的是实形，因此菱形的各边长也是实长。

（2）主视图上的 L 长因斜棱 $a-e$（$c-g$）平行于投影面反映的是实长，可以想像如果把侧视图画出来的话，棱边 $b-f$、$d-h$ 在侧视图上反映的也是实长。

（3）H 是棱锥台的高。

（4）构成棱锥台的四个梯形是对称相等的，其中 $a-e$、$b-f$、$c-g$、$d-h$ 是相邻两梯形平面的共有线，其端点是共有点，因此只要作出一个梯形就可以了，水平视图右下方的梯形就是根据上面的已知条件作出的，也可以理解为在 c、g、h、d 梯形下方增加了一个辅助投影面并作了梯形的投影，反映的是实形，最后把梯形按共有线，共有点的顺序拼联起来就得锥台的展开图（没有画上下菱形平面）。也可以作实长图（在主视图右侧），就是以锥台高 H 为一直角边，以锥棱的投影长 $d-h$、$a-e$ 和以所增加的梯形对角线 $a-f$ 的投影长度为另一直角边画出三个直角三角形，其斜边便是锥棱的实长，用菱形边长和棱的实长便可以依次作出梯形的实形。现场下料时一般用右侧的例图拼接各梯形。

类似的结构十分繁杂，同时解决问题的方法也是各种各样的，一般来说遇到类似问题时，首先要仔细阅读视图，要切实看懂视图，不能盲目进行；其次是分析结构中有几个三角形、矩形、梯形或其他图形，相同的有几个，以及分布情况；三是分析投影情况，确定哪些是实形，哪些是实长，哪些是需要通过直接作图、计算、补充辅助平面或辅助线后才能确定实长；四是是否作实长图，最后确定展开步骤，注意共有点、共有线的概念及应用。

以图 7-3 右图为例，正方形底六方形顶锥台，此锥台是由以下图形平面组成：

（1）两个全等的等腰三角形 $a6d$、$b3c$；

（2）两个全等的等腰正梯形 $a12b$、$c45d$；

（3）四个对称全等的三角形。

从视图上可以看出正方底和六方顶平行于水平投影面，在水平视图上反映的是实形，各边长是实长，梯形的高 L_1 在视图上是实长（在水平视图上只是一小段线）。同样等腰三角形的高 L_2 在侧视图是实长（在水平视图是一小段线），有了这些条件实际上就可以作展开图了，试试看有没有困难。

图 7-3 左图、图 7-4、图 7-5 与上例基本相同，适当增加了一些难度，其作图方法步骤基本一致，图中标记都比较明白，不再叙述，自己可试解。图 7-6 和图 7-7 主要是个视图问题，如果把视图的结构都看明白了，就会发现它们基本上是由各式梯形所围成，各梯形的尺寸大小，有些可以直接看出来，有些可以分别在各视图中找到，在梯形中适当补充一些辅助线，就可画出展开图，视图中除主视图、水平视图和侧视图外，其余全部都用增投影的方法把各梯形实形均全部画出了，根据图面标注仔细分析作图的方法与步骤（提示：图 7-6 右图是由四个梯形 $abcd$、$abmn$、$mnef$、$efcd$ 组成，左图也是四个梯形 $abeh$、$cdgf$、$efcb$、$hgda$ 组成，可以在视图上对照解题）。

现分析图 7-7 左图，在视图上看此斗是由四个四边形组成，其中有两个是梯形，如果我们能把四个四边形的实形画出来，就可以拼联成展开图，在水平视图上 $a-b$、$b-e$、$e-f$、$f-a$、$c-d$、$g-h$，因平行投影面反映的都是实长，其余棱边均倾斜于投影面反映的是投影不是实长。现在我们在水平视图的左、右和下面作四个侧面实形，具体做法是，

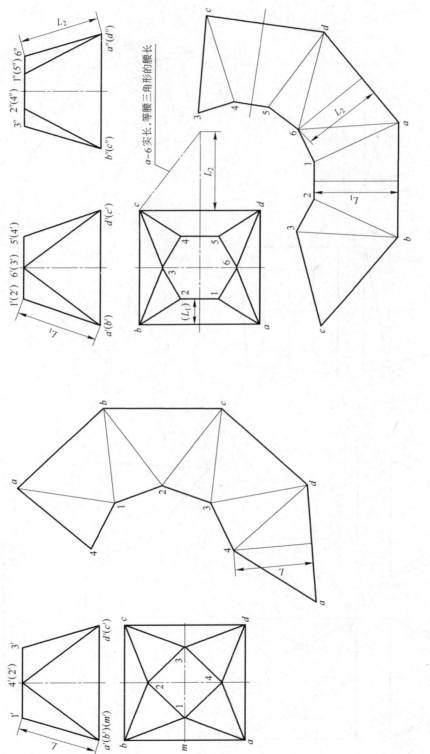

图 7-3

a-6实长，等腰三角形的腰长

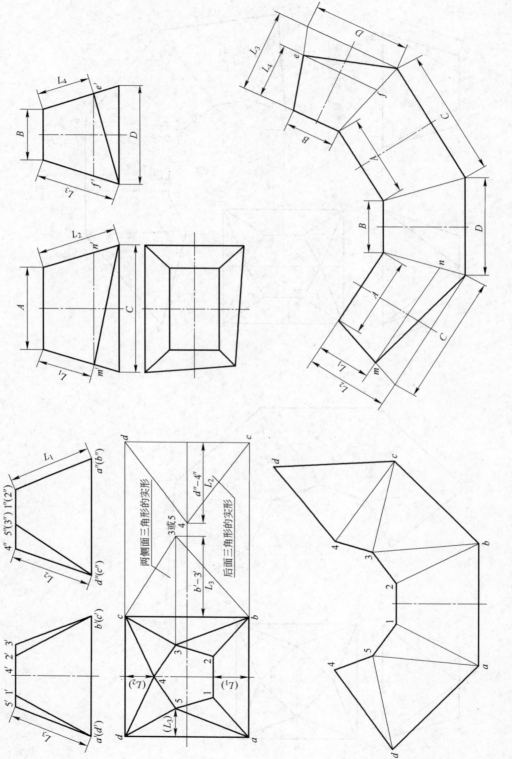

图 7-4

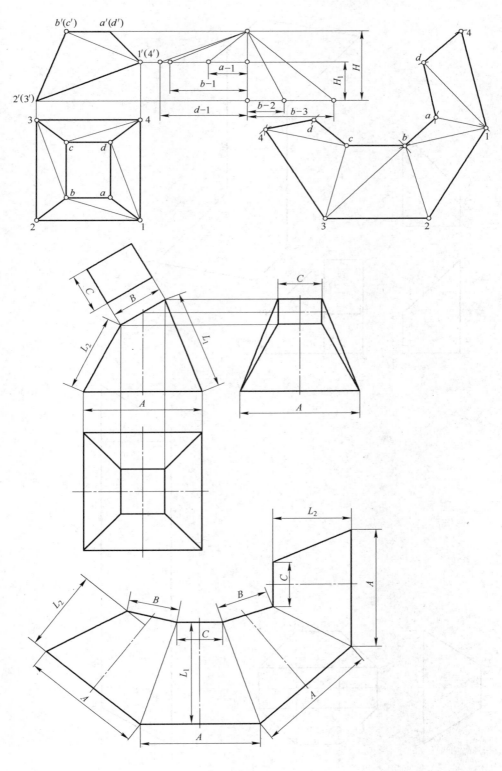

图 7-5

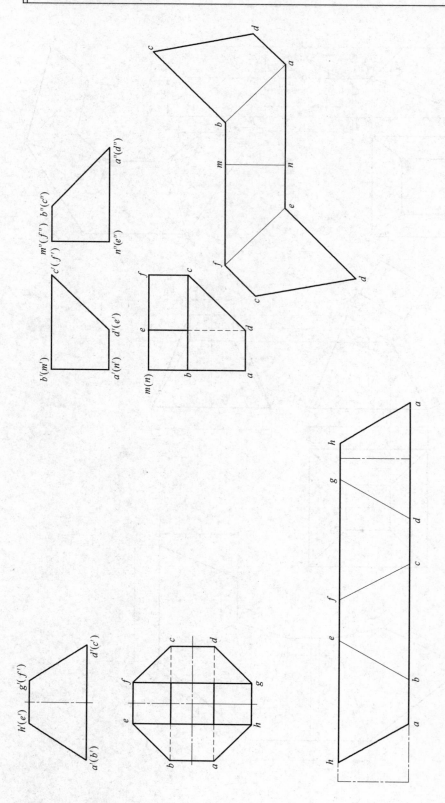

图7-6

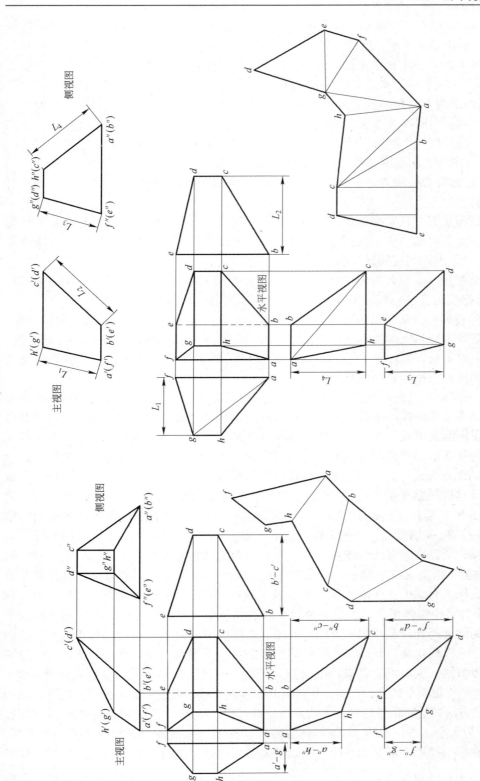

图7-7

先看左侧实形，左侧是一个梯形，梯形的上底和下底是已知实长 $g-h$ 和 $a-f$，梯形的高可在主视图上看出是 $a'-g'$，这样就可以作出左侧实形；同样右侧梯形已知上底 $c-d$ 和下底 $b-e$，梯形的高是主视图上的 $b'-c'$，也可以作出实形，再看下面的，可以作垂线把实长 $a-b$ 和 $f-e$ 实长引下来，以此为基准展开，另一边 $a-h$ 的实长是侧视图的 $a''-h''$ 和 $b''-c''$，便可画出两个三角形，三角形的斜边便是 $a-h$ 和 $b-c$ 的实长，连接 $h-c$ 便得下面四边形是实形，用同样的方法在侧视图上找到 $f''-g''$ 和 $f''-d''$，就可以作出另外一个四边形的实形，最后把四个四边形的实形按共有线、共有点的位置拼联起来就得展开图。

图 7-7 右图与上例基本一致，作展开图的方法步骤完全一样。

图 7-8 是方管渐缩两节弯头，它由内侧板、外侧板和前后板四块板块组成，展开时也按四块分别进行。

（1）外侧板展开，从水平视图上可以看出 1-7、2-8、3-9 三个棱线是相互平行的并且它们的长度是实长，从主视图上可以看出三个棱之间垂直距离是 L_1、L_2（投影线长度），据此便可作出外侧板的展开图。

（2）内侧板展开，从各视图中可以看出它与外侧板的情况完全一致，4-10、5-11、6-12 平行且是实长，平行间的距离是 L_1、L_2，同样可作出内侧板的展开图。

（3）两侧板展开，从视图中可以看出两侧板均是由两块倾斜的梯形组成，不能反映出实形，除两条底边外其他线都不是实长，需要用三角形法实长，增加 1-5、5-3 辅助线，作出实长图求取实长，实际上 1-2、2-3、4-5、5-6 各线的实长在作内外侧板时已经作出，根据实长即可作侧板的展开图。

图 7-8 下图漏斗是由四块面板组成，从视图中看出 A、B、H_1、H_2、L_1、L_2、a、b 都是实长，需要求实长的线段不存在，作展开图时先作其中一块平面，然后按共有线和共有点的位置顺序向两边扩展，作出展开图。具体作法是先作后面板 1 的展开图，1 板平行于投影面反映的是实形，照搬即可，画水平线取长度为 A，再过线端作垂线取长度为 H_1，分别以 A、H_1 的端点为圆心，以 L_1、a 为半径作圆弧相交，交点分别连接线端点，便得 1 板的平面实形（这样做就是把实形搬到展开图上）。2 板块是梯形，其中一个腰与 1 板块共有一条共有线 H_1，延长 A 线取长度为 B，再过 H_1 的下端点（共有点）作 B 线的平行线取长度为 b，连接 B、b 的端点，又把 2 板块搬了过来。4 板块是梯形，其一个腰与 1 板的 L_1 边线是共有线，所以在共有线两端点（共有点）作共有线的垂线分别取 B、b 长，连接 B、b 的端点，便把 4 板块又搬了过来。2 板块的斜腰是和 3 板块共有的共有线，端点是共有点，过共有点作共有线的垂线取 A 长，然后以 A 线端点和下端共有点为中心，分别以 a 和 4 板块的斜腰为半径作弧相交，交点分别与 A 端点和下端共有点相连接，便得到 4 板块平面的实形，到此便得到该漏斗的完整的展开图。当然也可以把 4 板块搬到与 3 板块相接的位置上，要注意 3 板块的边斜线与 4 板块的斜腰是共有线端点，是共有点，所以可以分别以 3 板块的边斜线（共有线）两端的共有点为圆心，分别以 B、b 长度为半径作圆弧，作一直线共切于两圆弧得两个切点，切点分别与两共有点相连接，就把 4 板块搬过去与 3 板块相连接，检查的方法就是看切线与 B 和 b 线是否是垂直的，不是 90° 肯定错了或者是不准确的。

图 7-9 为大小正方口扭转 45° 倾斜任意接管，除上下口平行于投影面反映的是实形，其余各侧面和棱与投影面都是倾斜的，所以就需要用前面讲过的长方体对角线用的三角形法求各棱线的实长（就是 $AC = \sqrt{a^2+b^2+c^2}$，用一个直角三角求实长肯定不行），图中实长均一一标注的很清楚请认真对照，所有棱边的实长求出后，即可作展开图。

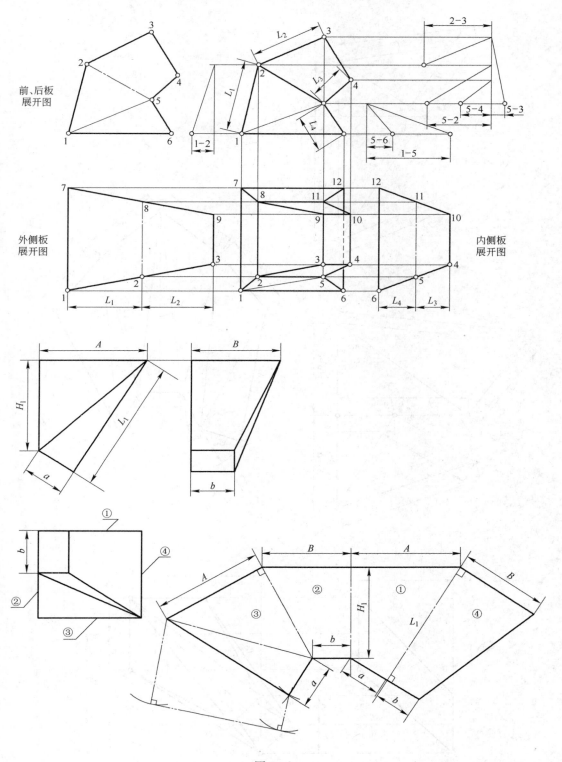

前、后板展开图

外侧板展开图

内侧板展开图

图 7-8

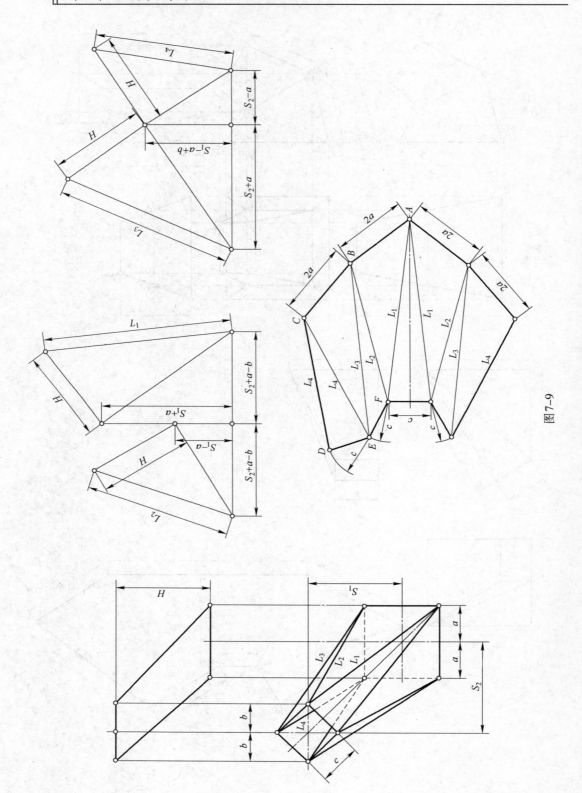

图7-9

为了进一步了解此例实长的做法，特将视图各条待求实长的棱线进行了分解，按前面所讲的三角形法（图 7-1）求 $A-C$，斜长的分析，$AC_1 = \sqrt{a^2 + b^2 + c^2}$ 的结论，对此例进行分析。如视图 7-9（a）中 L_1 的求法按下图分析，从视图中可以看出长方体的宽为 $S_2 + a - b$，长为 $S_1 + a$，高为 H，斜棱线就处在该长方体的对角线上，连接底平面对角线 m_1，就会形成一直角三角形，长方体的宽和长是两直角边，它们尺寸是已知的，m_1 是斜边，长度需求解，$m_1 = \sqrt{(S_2 + a - b)^2 + (S_1 + a)^2}$，式中根号内两项是一单个数目，不能按方程求解，而此时 $m_1 - 5H$ 和 L_1 又构成了一个直角三角形，直角边 H 及 m_1 均为已知数，L_1 是斜边，也就是需求实长斜边，求法是 $L_1 = \sqrt{m_1^2 + H^2}$ 得数即为实长。本例采用的是作图的方法，求得 L_1 的实长，如图 7-9（a）右侧的示图，做法是，先做一直角三角形，直角边为 $S_2 + a - b$ 和 $S_1 + a$，斜边为 m_1，再以 m_1 为基准并改为一直角边，做直角三角形，另一直角边长度为 H，这个直角三角的形斜边便是 L_1 的实长。

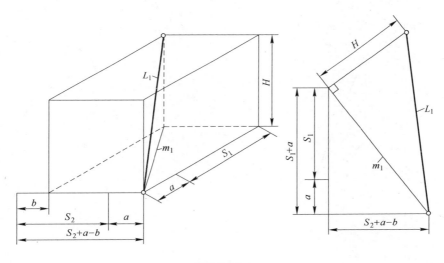

图 7-9（a）

用同样的思路和方法，可以求得 L_2、L_3、L_4 的实长，如图 7-9（b）所示。

有了这些实长，即 a、b、c、L_1、L_2、L_3、L_4 后，便可以做展开图了，具体做法是：作垂线截取 c 长，以 c 线段两端点为圆心，以 L_1 为半径作弧相交得一等腰三角形，再以角顶 A 为圆心，以 $2a$ 为半径作弧与以 F 为圆心以 L_2 为半径作弧交点 B，再以 B 为圆心，以 L_3 为半径作弧与以 F 为圆心，以 c 为半径作弧交一点 E，以 E 为圆心，以 L_4 为半径作弧与以 B 为圆心，以 $2a$ 为半径作弧交一点 C，以 C 为圆心，以 L_4 为半径作弧与以 E 为圆心，以 c 为半径作弧交一点 D，顺序连接各点，便得展开图的一半，另一半与此对称做法一样。这里要提醒一下，展开图中的各线，即 L_1、L_2、L_3、L_4 也要画上去，因为在现场制作时，它们均是折弯的基准，否则就无法施工制作，更无法检验其准确程度。

最后需要说明一下，本例的视图并没有严格按投影规则绘制，因为不影响展开进行，所以按一般习惯画法做一图，展开时主要是其高度 H，当然也可全部画出，但意义不大。

该实长的做法是要与视图对照进行。

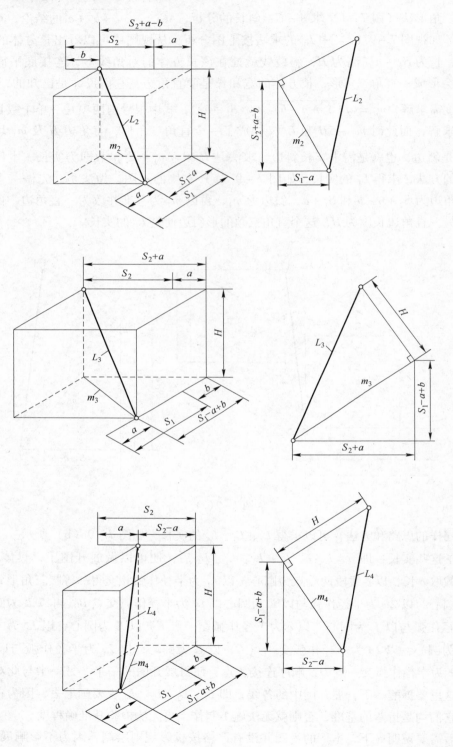

图 7 - 9 (b)

7.2　马蹄形类展开

　　有很多的接管是不可展的，只能用近似方法进行展开，比如上圆下方、马蹄形等等，就需要将曲面部分即不可展部分分为一组或数组三角形，再把不可展部分分解为若干个小三角形面积，使每块小面积尽可能接近于不可展曲面的一小块面积，分解的数量只能"适当"选择，像上圆下方分了 4 组三角形，每组又分成了 3 个三角形。本来分几个组，每组分几个三角形，并无统一的要求，也无任何规则，但如果你很随意取组或分的三角形大小不一，可以想象真要进行展开时，是多么的繁杂零乱，并极易出错，所以主张在分解时，要有一定规律，尽可能使三角形单一为好。比如底是方的三角形就分成 4 组，如图 7 - 10（a）所示，若是五边形就分 5 个组，每组的三角形数都是一样多，这样的好处是减少了三角形的数量，操作起来就简单多了，本来上圆下方的接头是 16 个三角形，这样做了以后，就成了 3 种三角形，省时省力，具体操作时，作两个实长即可。在理论上讲三角形越多展开的准确性越高，但做起来很麻烦，还容易出错，从实际需要看也无此必要，看制件需要适当选择分组和确定三角形的数目。

　　图 7 - 10 ～图 7 - 13 均属此类型，其展开方法步骤基本上是一样的，接头凡是一端方形一端圆形的，一般都是把圆周分为等份，要注意的是 4 个对角处圆弧等份是相等，就是保证 4 个组的三角形数目相同，三角形的形状尽可能相同，图例中大都将圆周分为 12 等份，然后与角顶连接，这样三角形就分成了 4 组，并且每组都是相同的，每组中 3 个三角形，其中两个全等，整个来说实际三角形中，分成了两种即有 8 个三角形划成了一类，有 4 个三角形划成了另一类，还有四边的 4 个等腰三角形其底边和腰的实长（其中腰长是 8 个三角形的一个边长）都知道或可以求出，所以可以不单独求取，然后用三角形法画出实长图，就是把接头的高作为一个直角边把等分线在水平视图上的投影作为另一直角边，它们的斜边就是三角形一边的实长，实长画好后，便开始作展开图，作展开时先画出其中的等腰三角形，然后依次把三角形拼联到等腰三角形上，拼的方法是以角顶为圆心，以三角形边的实长为半径作弧，再以等腰三角形的角顶为圆心，以圆周等份为半径作弧，两圆弧相交得交点，这个点如果分别与两个角顶连接即得一个展开后的三角形，以此类推就可得出 3 个点即一组三角形，再拼联 3 个等腰三角形和另外 3 组三角形，光滑连接各点便可画出展开图，这里要十分注意它们之间的共有线或共有点，不可搞错位置。当然在这些图例中，有个别的部分不尽相同，展开时应作应对的处理，一般来说没有太大的困难。

　　现以图 7 - 10（a）为例演示作图过程，先要把台顶圆周分 12 等份并分 4 组与四边形底角顶作连线，形成 4 组三角形，每组 3 个三角形做实长图，延长主视图上下端面，目的是取其高 H 作为一个直角边，再取水平视图 a 角的三角形边长投影 $a-1$（$a-4$）和 $a-2$（$a-3$）为另一直角边，连接斜边即得其实长，见视图右侧实长图，展开的做法是，取直线 $AB = a-b = L$，以实长 $a-1$ 腰长，做等腰三角形 $A1B$，再以 1 为圆心，以顶圆两等分点之间弧长为半径作弧与以 B 为圆心以 $a-2$ 的实长为半径所做的弧相交得交点 2，同样以 2 为圆心以顶圆等分点间距弧长为半径作弧与以 B 为圆心以 $a-3$ 为半径所做的弧相交得交点 3，同样方法做出 4 点，顺序光滑连接各点，便可得一个角锥弧面的展开图，以此类推再做出其他部分展开，便可得一完整的展开图。图 7 - 10（c）是天圆地方斜罩，从图中可以看出以下几个问题：一是罩的下端是正方形，上端是圆形，水平视图上反映的是实

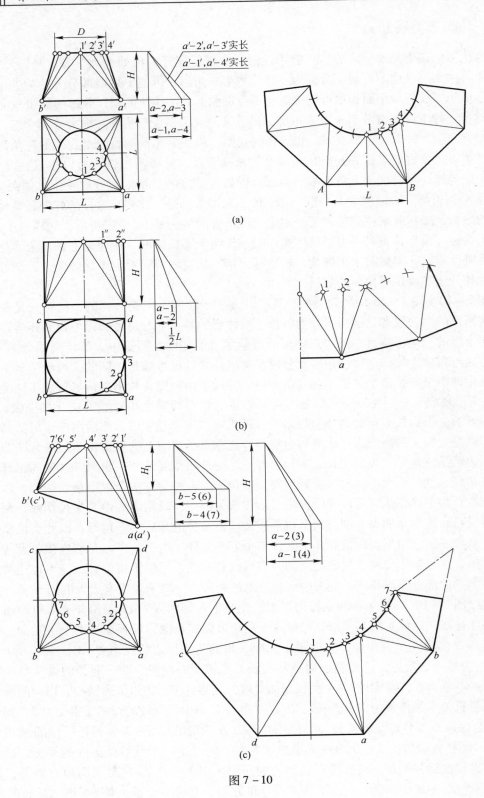

图 7 - 10

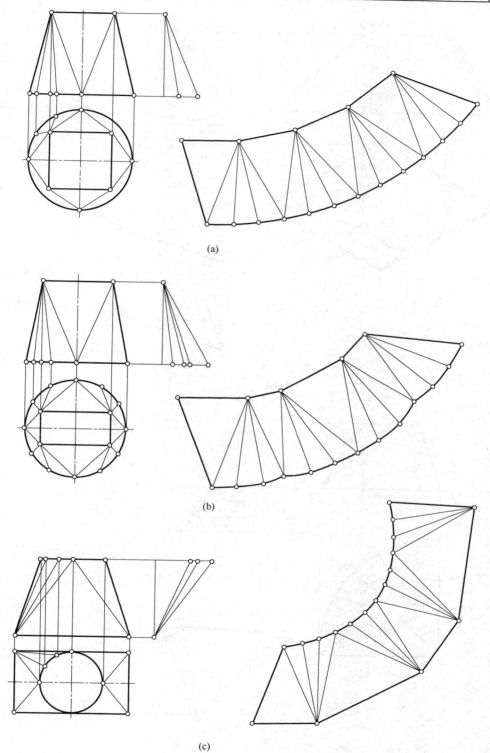

图 7 - 11

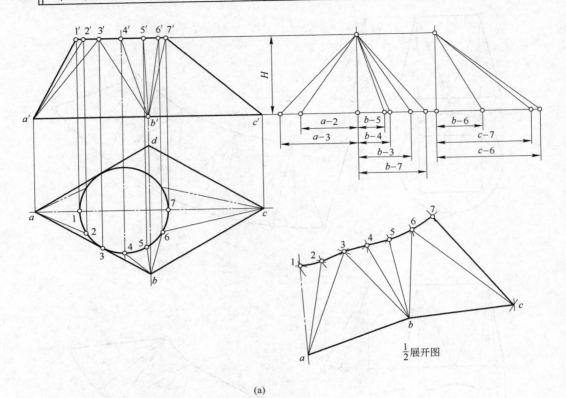

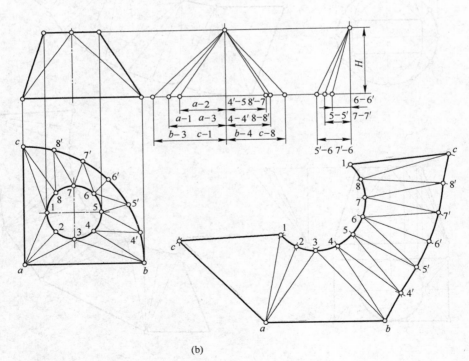

(a)

$\frac{1}{2}$展开图

(b)

图 7 – 12

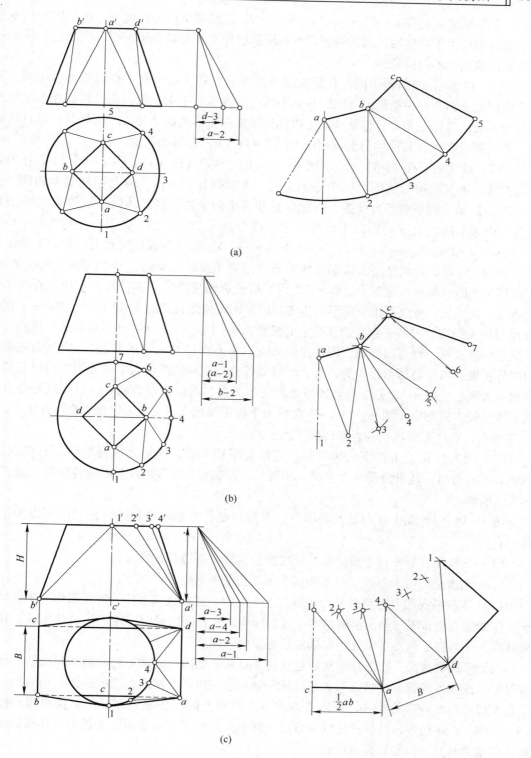

图 7-13

形；二是反映实长的有 $a-d$、$b-c$、$a-b$、$c-d$；三是两侧面的高度不一样；四是在水平图上四方形是上下对称的。因为两侧高不一样所以作实长图时分了两组，但作法一样，展开方法同前例，不再讲解。

图 7-10（b）与前例相同，只是顶圆与底方形外切，这里有一点需要加以说明，因外切所以在正面视图中所画的等腰三角形平面，因为垂直于水平投影面，所以在水平视图中是看不见的等腰三角形，但从视图可以知道等腰三角形的底边是 L，高 H 是可以直接画出，不需要求实长，其他均与上例相同。图 7-11（c）也属此类型。

图 7-11（a）、图 7-11（b）、图 7-12（b）、图 7-13（a）、图 7-13（b）在形式上有变化，但其结构与前例均属于一个类型，所以展开的方法步骤与前例基本相同。图 7-12（a）是上圆下菱形的接头，圆顶偏置并切于两个边，其具体做法是顶圆圆周分 12 等份，因为本接头上下对称以下均作一半，得分点 1、2、…、7 各点，分别连接 $a-1$、$a-2$、$a-3$ 和 $b-3$、$b-4$、$b-5$、$b-6$、$c-6$、$c-7$，这些连线反映到正面视图上就出现了一系列三角形，也就是把圆弧部分按等分点分成了弧形三角形，其中 $a3b$ 三角形和 $b6c$ 三角形是平面三角形，除 $1'-a'$ 和 $c'-7'$ 因平行投影面反映的是实长外，其他所有三角形的边都不是实长，所以要用三角形法作实长图如正面视图右侧的实长图，三角形一个直角边 H 与接头同高，另一个直角边就是它的投影长 $a-2$、…、$c-6$，连接出斜边，该斜边便分别是所求实长。现可以作展开图，先画 $a3b$ 三角形（已知三边的实长），以此为基础然后向外扩展，以三角形角顶 3 为圆心，以圆周等分点之间的弧长为半径作圆弧与三角形角顶 a 为圆心，以 $a-2$ 实长为半径作弧相交于 2 点，再以 2 点为圆心，以圆周等分点的弧长为半径作弧与以 a 圆心，以 $a-1$ 实长为半径作弧相交于 1 点，以此类推可作出 4、5、6、7 各点，顺序光滑连接各点即得展开图。

图 7-13（c）是上圆下长方的罩，它没有特别之处，作展开前需要认真看清视图，图中 $a1b$ 三角形（还有对称一个全等三角形），是等腰三角形并且上部向外倾斜，展开图作法同前例。

图 7-14（a）为上接口是倾斜圆形，下接口是长方形的变接头，从视图可以确定的条件有：

（1）下口长方形平行于投影面，反映的是实形，各边长是实长；

（2）侧面是由两个等腰三角形和两个不等边三角形组成；

（3）从水平视图上三角形分为四组并上下对称，根据这些条件，展开图作一半就可以了，作图的方法步骤与前面讲解基本一致，即作出实长图以确定三角形边长的实长，在作展开时先作等腰三角形，以此为基础然后逐步向两侧展开。

马蹄形圆管接头，在三角形法中是比较常见和典型的，通常先将底圆和顶圆的圆周分成等份，连接各等份，将马蹄形表面分成一系列小三角形，然后根据投影图，用直角三角形法求出三角形各边的实长，用实长作出各三角形并顺序拼联各三角形，便可得到展开图。如图 7-14 所示，此例中除端面分点之间的弧长已知，其余两边实长都需作实长图求取，因量大易乱所以需要特别注意。

除直角三角形法求实长之外，还可以用前面讲过的梯形法求实长，见图 7-15。梯形法就是用某一切平面作为基准，然后以各分点连线两端点到该基准的高度，画出梯形，其

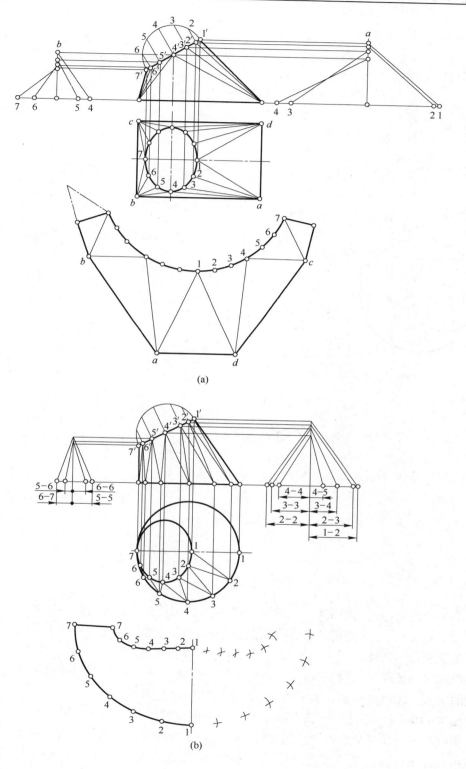

(a)

(b)

图 7－14

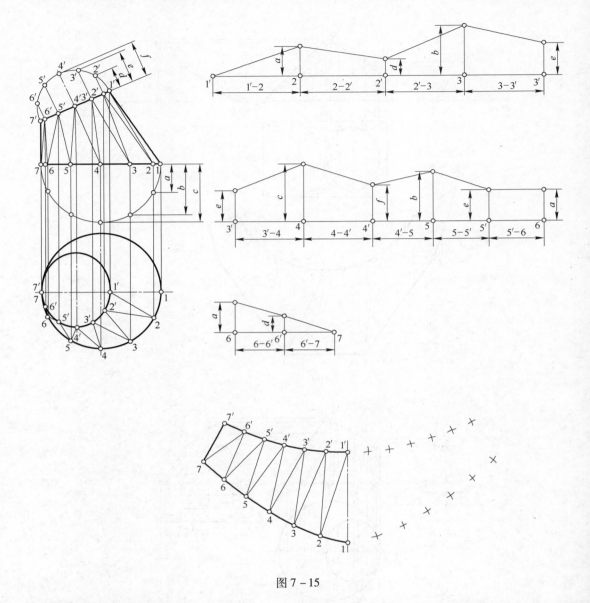

图 7-15

梯形的斜腰便是各连线的实长，如图 7-15 右侧是实长图，基准线是马蹄形的中心线，图中 a、b、c 和 e、f、g 分别是各连线端点到基准线的高度，从视图中除 $1-1'$、$7-7'$ 因平行于投影面是实长外，$1'-2$、$2-2'$、…、$6-7'$ 各连线都倾斜于投影，反映的不是实长，但可以用已知条件（a、b、…、g，各连线的长度等）作出梯形，而梯形的斜腰长度便是连线的实长，知道这些实长便可用前面的方法作出展开图。

图 7-18（a）是顶圆下长方形接管，和类似接管结构上基本一样，只是圆顶是偏置的，所以在小三角形分组时无法做到统一，只好分为四组不同的三角形，同时四个大的平面三角形都不一样且是不等边三角形，其中 $a1d$ 三角形与 $a-d$ 面在一个平面内，所以在水平视图中看不出来，实长图分四组完成，其展开的方法与步骤和前例是一样的。

图 7 - 16、图 7 - 17、图 7 - 18（b）、图 7 - 20、图 7 - 21（b）、图 7 - 23、图 7 - 25 都同属一个类型，作法基本相同，不再一一解说。现以图 7 - 18（b）顶圆细长圆底台为例作展开，此例结构是上下、左右相对称所以只要做出一角（即四分之一）的展开图即可，本例做了一半，首先三等分顶圆（注意从切点开始），分点 1′、2′、3′、4′，同时将底圆（同样从切点开始）也分三等份，分点 1、2、3、4，分别连接 1 - 2′、2′ - 2、2 - 3′、3′ - 3、3 - 4′，这些连线便是准备作直角三角形的一个直角边，连接 a - 4′便出现一个 a45 三角形，正面视图上反映的是倒三角形，再把这些线投影到正面视图上，此时正面视图上也出现了一系列三角形，然后作实长图，从正面视图中向右延长上下端面，两端面线之间的距离（也即台高）便是准备作直角三角形的另一直角边，作垂线并与水平线相交，在交点两侧分别取另一直角边的长度 2′ - 1、2′ - 2、3′ - 2、3′ - 3、4′ - 3、4′ - 4，同时作 a45 三角形的实长图（最右侧实长图），连接两直角边即是斜边，该斜边便是所求的实长，图中 1′ - 1 线平行于投影在正面视图上反映的是实长，不需要再求实长，作展开图的条件已满足，可以画展开图。先画出 a4′5′三角形（两边都已求出再加上 4′ - 5′的弧长），以此为基准向两侧扩展，画水平线并截取 a - 4，以 a 为圆心，以 a - 4′为半径作弧与以 4 为圆心，以 4 - 4 为半径作弧相交得交点 4，以 4′为圆心以 4′ - 3 为半径作弧与以 4 为圆心以 4 - 3 弧长为半径作弧得交点 3，以 3 为圆心，以 3 - 3′为半径作弧与以 3′为圆心以 3′ - 2 弧长为半径作弧得交点 2，用同样的方法可以求出 1、2、…、5、b 等点，先连接画出三角形再光滑顺序连接各点便得到展开图。

图 7 - 19（b）是上圆下方的过渡管，从视图中看出不可展部分是上圆和底角处的圆弧部分，如果分四组小三角形时，则形成了四个圆弧区和四个等腰三角形，只要求出小三角形边长的实长作出展开图，再拼接上等腰三角形，便可得到展开图，整个作图过程并不复杂和困难。

图 7 - 20 是上圆下椭圆的过渡管，类似的管还有 7 - 21（b），整个作图过程与前面讲的是一样的，这里要注意的是椭圆等分时有时分不准确会影响展开图的准确程度，所以分等份时要格外仔细一些。

图 7 - 22 和图 7 - 24 接管，主要想提供用梯形法求实长的做法，具体做法是给梯形的两个腰找一个基准，比如图 7 - 22 中把水平视图中的 1 - 7 中心线作为基准圆和椭圆上等分点到此基准垂直距离便是梯形腰的长度，这些长度在正面视图上反映的分别是 a、b、c 和 d、e、f 的尺寸，有了这些便可用梯形法作出实长，先作水平线截取 1 - 2 的长度，过截点 2 做垂线取 a 的高度并连接 1 点得三角形，该三角形表示 1 点在基准线上，2 点距离基准线为 a，再取 2 - 2 的距离作垂线，取 2 高为 d 连接两垂线的端点，此连线即是 2 - 2 的实长，再取 2 - 3 并过 3 点作垂线取高为 b，连接两垂线端点，此连线即是 2 - 3 的实长，以此类推便可求出三角形一个直角边的实长，有了这些实长，做展开就比较容易了。

图 7 - 23 是上圆下细长孔的结管，因左右对称，为清楚起见，本来可以把三角形集中在一边，先分成左、右两部分，这样做不影响展开的效果。图 7 - 25 是通管，两管的展开图分开做展开。

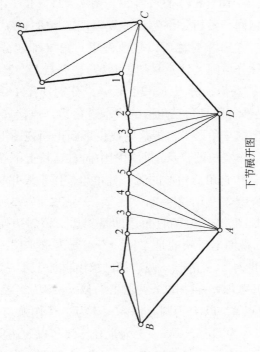

B-1
辅助线实长

上节展开图

下节展开图

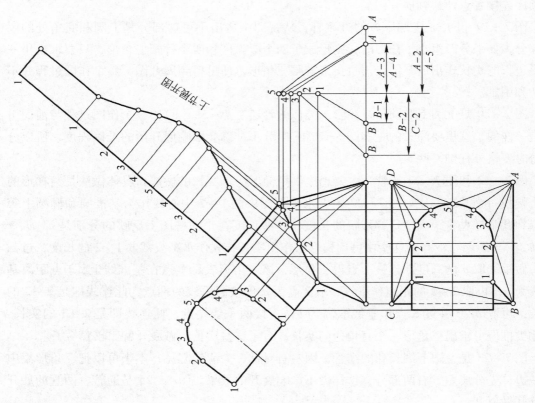

图7-16

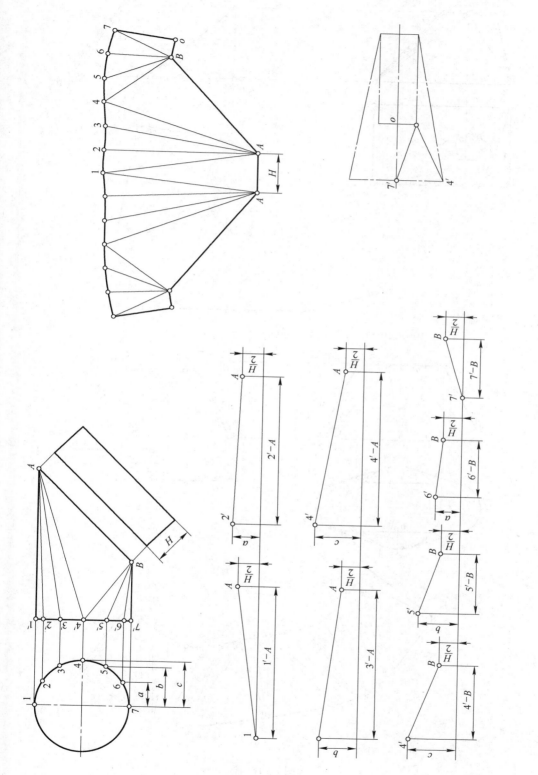

图7-17

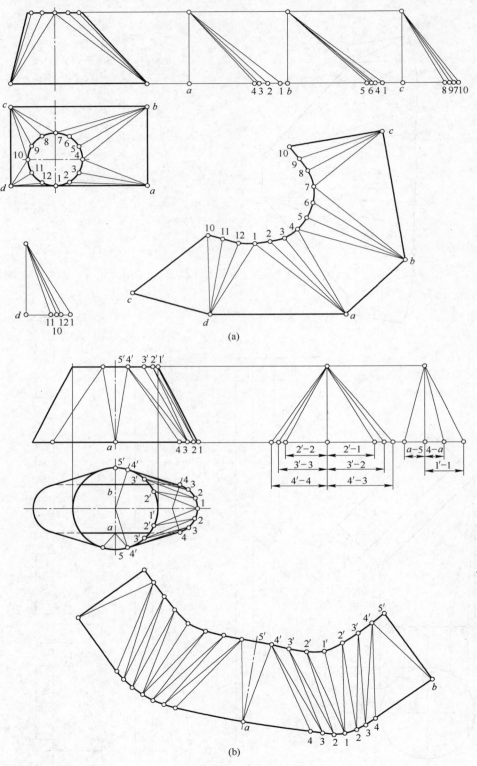

(a)

(b)

图 7−18

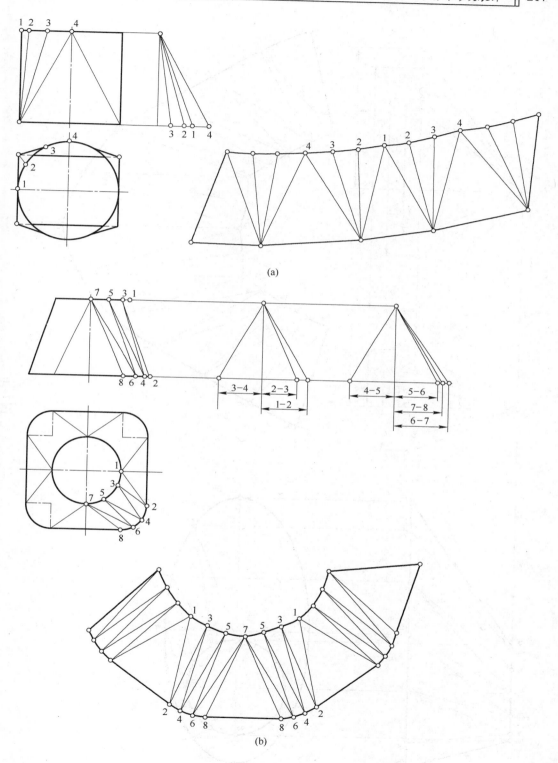

图 7-19

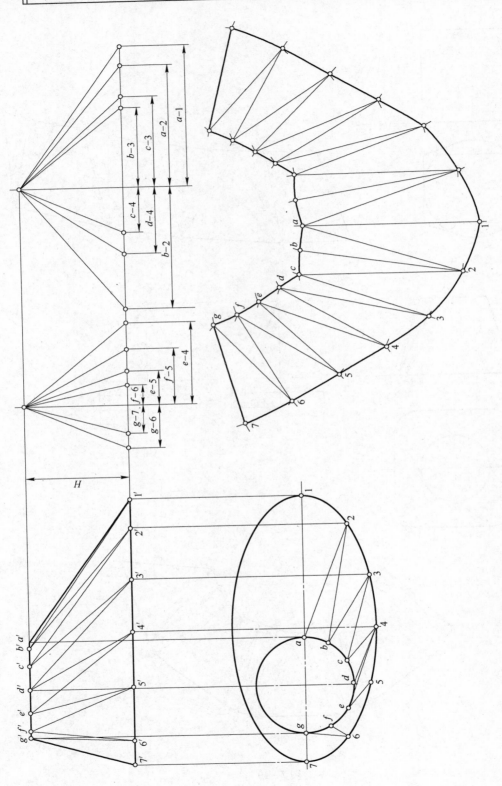

图7-20

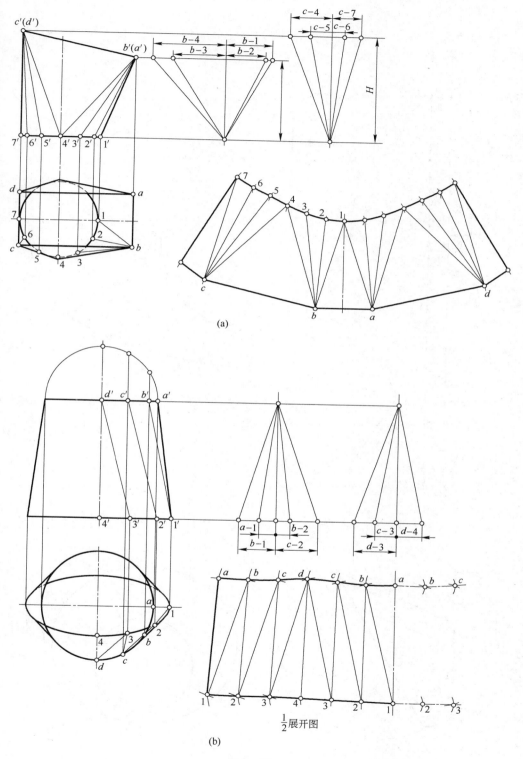

(a)

(b)

图 7-21

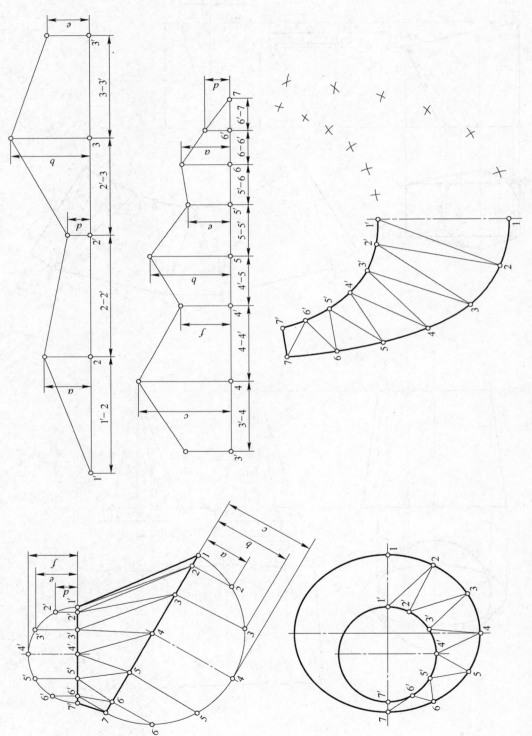

图7-22

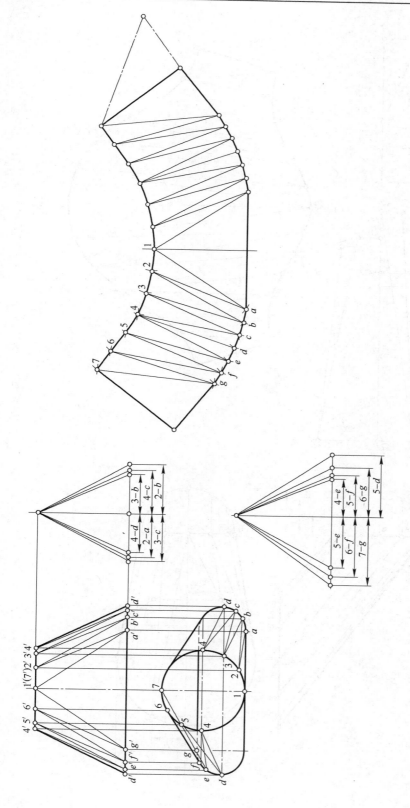

图 7-23

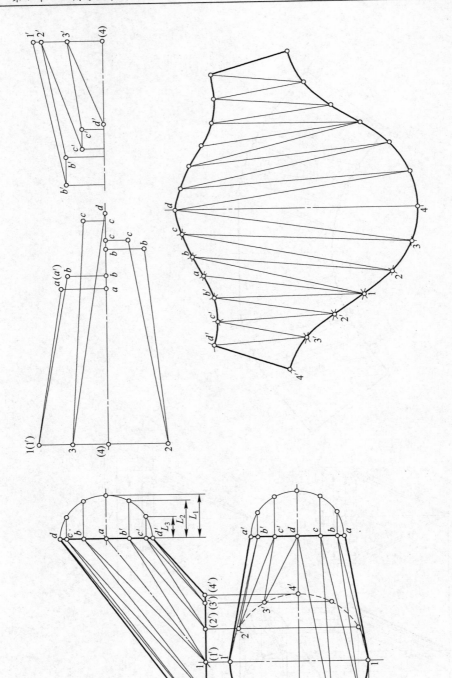

图7-24

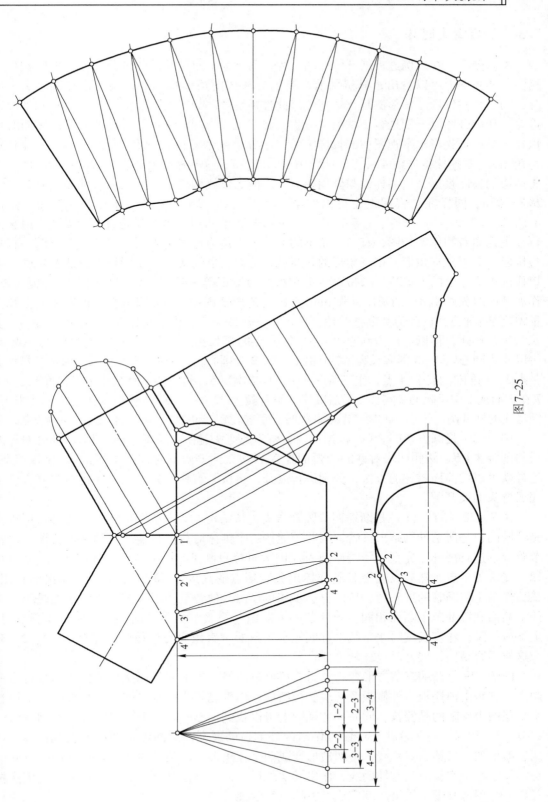

图7-25

7.3 多节弯头展开

现以图 7-26 为例进行展开的作图过程，图例为上矩下长圆的两节漏斗，中间接口为椭圆，从视图上可以看出，显然用前面讲的方法作图很困难，费很大劲也只能解决一部分，而这种构件用三角形法是比较适合。此件是由两部分组成，即上面的矩形斗和下面锥形斗，作展开图时分别进行。从图面分析，漏斗是以 $m-n$ 线上下对称的，所以作图时可以作一半，首先将水平视图中的投影圆的一半分为 6 个等份，分点 1、2、…、7，并分别与角顶 A、B 连接得连线 $A-1$、$A-2$、$B-6$、$B-7$，这些连线实际就是直角三角形的一个直角边的长度投影，这些连线与圆周等分点之间的弧线构成了数个三角形 $A1m$、$A12$、…、$B67$、$B7n$，同样在主视图上也可以作出 $A'-1'$、$A'-2'$、…、$B'-6'$、$B'-7'$ 和三角形 $A'1'm'$、$A'1'2'$、…、$B'6'7'$、$B'7'n'$（三角形分成了两组，整个矩形斗是四组），用它们再在主视图右侧作实长图，直角三角形的另一个直角边可从主视图上引出，并与前一直角边构成一个直角三角形，该三角形的斜边就是我们所求的实长。用同样的方法和步骤，可以作出锥形斗上的 $1'a'2'$、$a'2'b'$、…、$6'f'5'$、$7'q'6'$ 等三角形，作实长图求得斜边实长。作展开图时先画出 Am 的长度并作 $Am1$ 直角三角形（图中 $m-1$ 因平行于投影面从主视图反映出是实长），以此为基础把其他三角形依次拼联上去，作法是以 A 点为圆心以 $A-2$ 实长为半径作弧，再以 1 点为圆心以 $1-2$ 等分点的弧长为半径作弧与 $A-2$ 的弧交一点 2，再以 A 为圆心以 $A-3$ 的实长为半径作弧，与以 2 为圆心以 $2-3$ 的等分弧长为半径作弧交一点 3，用同样办法得 4 点，作三角形 $A4B$，再依次得 5、6、7 点，然后作 $Bn7$ 三角形，$n-7$ 在正面视图中反映的是实长，最后顺序光滑连接 1、2、…、6、7 各点，就完成了（半个）矩形斗的展开图。锥形斗的展开图以此处理，可能比矩形斗复杂一些，但方法是一样的。

图 7-27 是圆方 90°弯头，根据视图分析，此弯头是由三角形平面 A Ⅰ B、部分对称两块斜圆锥 4 Ⅰ B、两侧两块对称的圆弧面 Ⅳ Ⅳ Ⅶ 和背面 c 两侧对称的两平面 BC Ⅳ Ⅳ 组成，这样就可以按前面讲述的方法，分别进行展开，再按共有线、共有点顺序进行拼联，就可完成弯头的展开图。

图 7-28（a）、（b）是渐缩四节圆管弯头，从结构上看每节管虽然是圆锥形，但锥度是不同的，是所谓的马蹄形锥管，因此不能按一个锥体对待，只能按三角形的方法，对每节管分别进行展开。先把上下端面圆周（因为对称只画了半圆周）分等份 1、2、…、11、12，连接等份点，然后以端面为基准标出分点端点的高度 a、b、…、e、f，作出实长图，最后作第Ⅰ节圆管的展开图，按此方法步骤可作出其他各节的展开图。要注意的是第Ⅰ节的上断面和第Ⅱ节下断面相同，第Ⅱ节的上断面与第Ⅲ节的下断面相同，所以作分点时，上下应一致，作实长图时水平线上截取各小三角的一直角边时应按顺序排列 $1-2$、$2-3$、…这样不容易错，展开时也比较方便。

图 7-29 是渐缩三节方形弯管，为看得比较清楚，水平视面用接口几何图形重合方法画出，它是由内侧板、外侧板及两块侧板组成，内外侧板各段都是梯形，梯形的上下底在水平视图中反映的是实长，同时在主视图上可以找到梯形的高即 $1-2$、$2-3$、$3-4$ 和 $1-2$、$2-3$、$3-4$，有了这些条件便可作出内外侧板的展开图。两侧是四边形组成，只要在四边形中加一条辅助对角线，使四边形变成两个三角形，三角形中两个边在视图中反映的是实长，不是实长的只有辅助线，作出其实长后，便可以按共有线、共有点的顺序依次把三角形搬到展开图上，最后就完成了方形弯管的展开图。

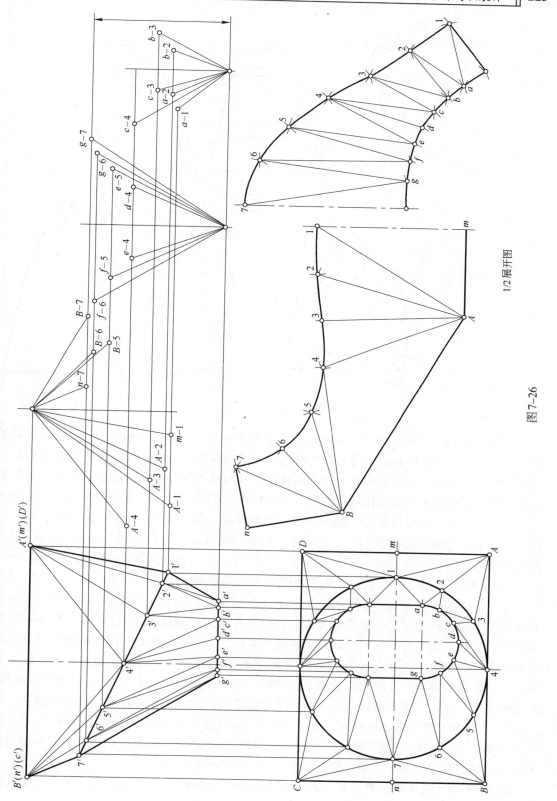

1/2展开图

图7-26

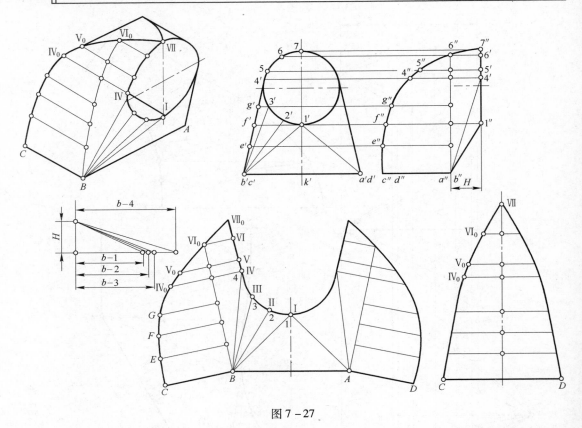

图7－27

图7－30（a）、图7－30（b）是圆形三节渐缩弯管，实际上它们由三节马蹄形圆管组成，就每一节来说作展开应该没有大的难度，三节组合为弯管后，每节之间的接交面是一致的，所以在圆周等分时应保持一致方便作图，同时圆周等分点到基准面（即接交面）的距离两者也是相应相等的，作展开图时分节进行，先把第一节上、下端面圆周分12等份，并把等份编上号，编号时最好一端为单数一端为双数，即1、3、…、11、13和0、2、…、10、12各点，这样在作实长图时，比较方便也不容易乱，同时在作展开取实长时很方便，再按顺序连接两端等分点得一组小三角形，并分别标注上分点到基准面的高度 a、b、…、e、f，然后作实长图，画一水平线截取视图上小三角形的边长1－2、2－3、…、10－11、11－12，过分点作垂直线并分别截取 d、a、e、…、b、d、a 的高度，连接各垂直线端点，其连线即梯形的斜腰便是所求实长，最后作展开图，画一垂线截取长度为1－0即视图中最外侧的一条素线，因平行于投影面反映的是实长，再以0为圆心，以上端面等分点之间的弧长为半径作弧，以1为圆心，以1－2的实长为半径作弧，两弧相交得2点；以1为圆心，以下端面等分点之间的弧长为半径作弧，以2为圆心，以2－3的实长为半径作弧，两弧相交得3点；以2为圆心，以上端面等分点之间的弧长为半径作弧，以3为圆心，以3－4的实长为半径作弧，两弧相交得4点；以此类推可得到6、8、10、12和5、7、9、11、13各点，分别顺序光滑连接0、2、…、12和1、3、…、13便得到展开图，本例只作了一半。其余两节管和上一节管作法步骤完全一样，不再讲解。

图7－31（a）、图7－31（b）是上部断面椭圆下部圆形渐缩六节弯管，从视图上看除

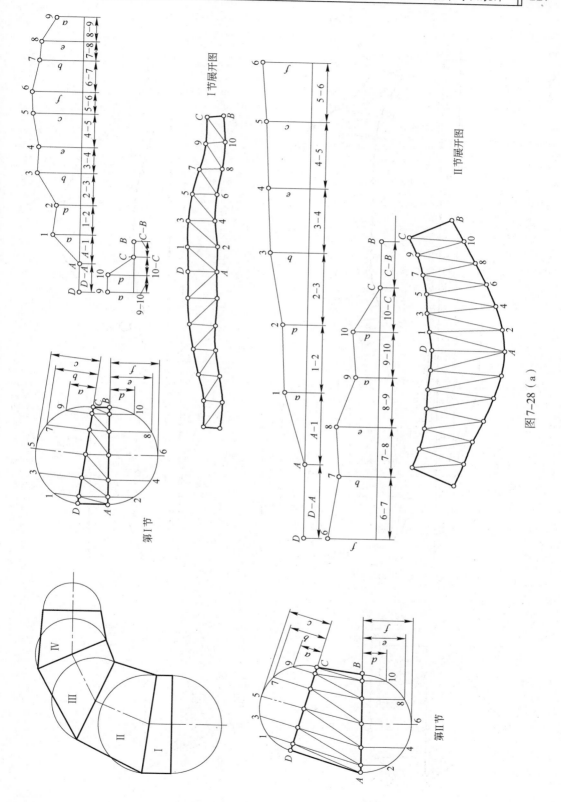

图7-28（a）

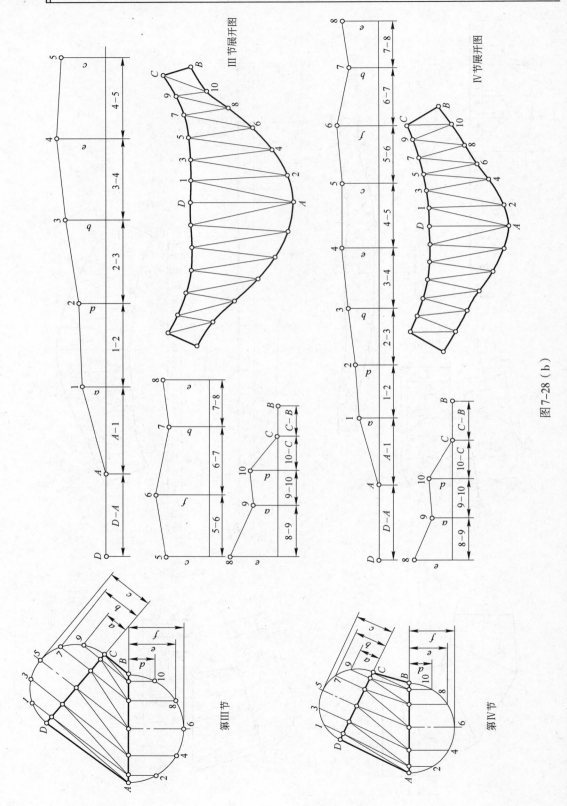

III节展开图

IV节展开图

第III节

第IV节

图7-28（b）

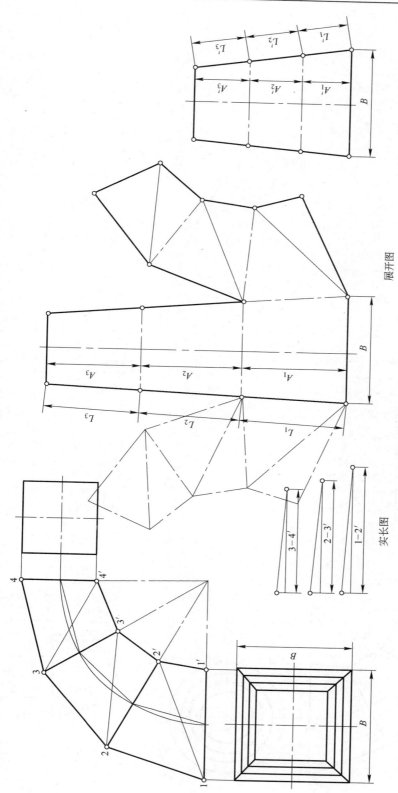

展开图

实长图

图7-29

梯形高（A_1、A_2、A_3、A_1'、A_2'、A_3'）及梯形腰（L_1、L_2、L_3、L_1'、L_2'、L_3'）在外侧板及内侧板展开图上都是实长。

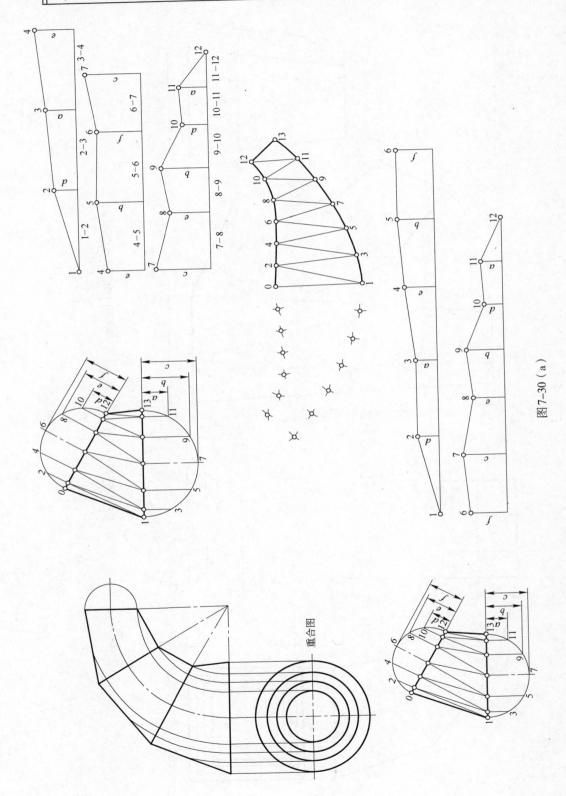

图 7-30（a）

重合图

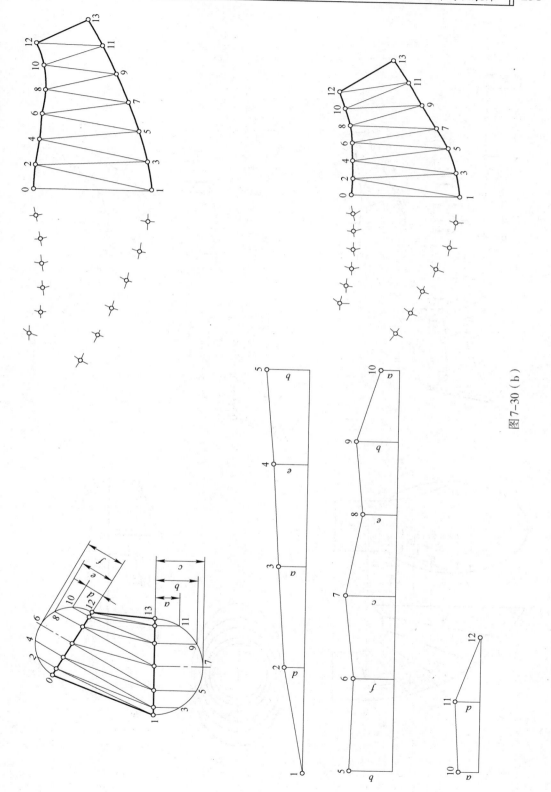

图7-30（b）

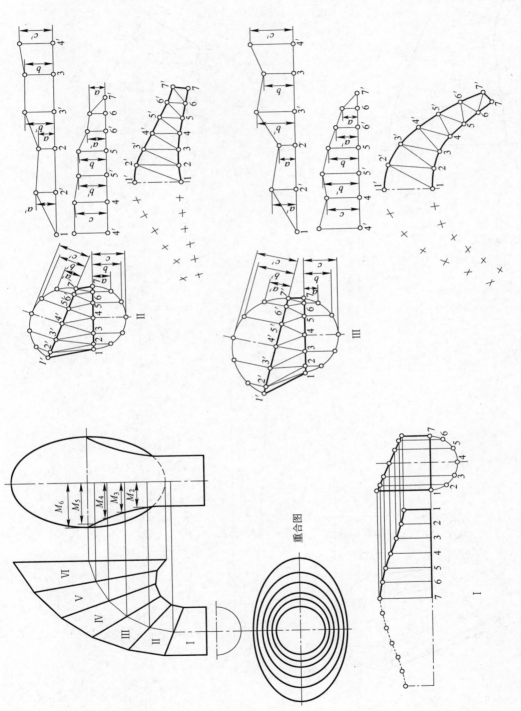

图 7-31（a）

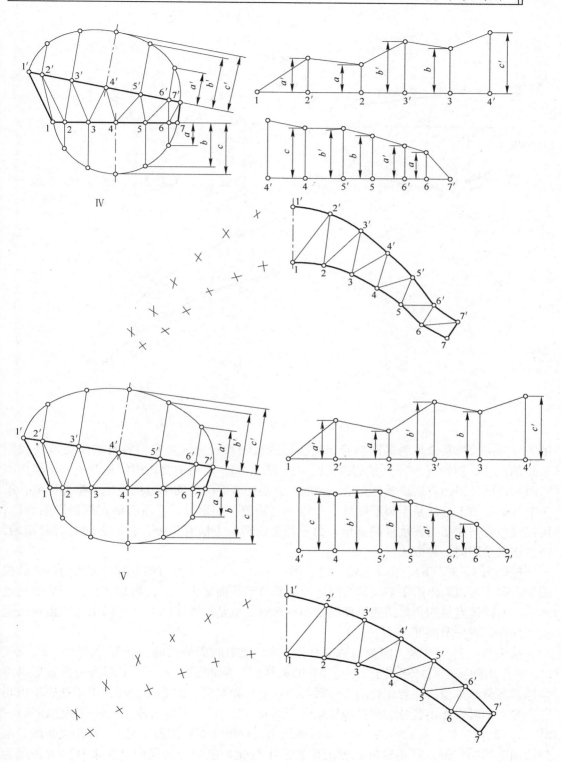

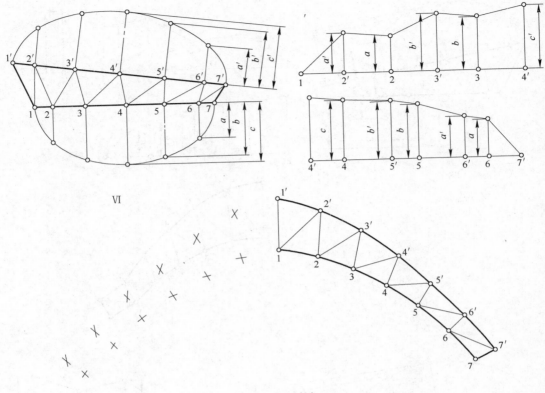

VI

图 7 – 31 （b）

第Ⅰ节是圆管外其余均为椭圆形管，椭圆形的长轴长短分别是它们各自的接交线（投影长）的尺寸，短轴（半径）是侧面视图中的 $M_1 - M_6$，此结构要比前例复杂一些，但作实长图和作展开图的方法步骤是完全一致的，只是把节等两端的半圆周换成了半椭圆周，第Ⅰ节和第Ⅱ节下端面是半圆形除外，所以不再讲解，如果设计者没有确定椭圆形的画法，可以参照几何作图的方法画椭圆形，由于作椭圆形的方法有几种，它们之间是有差别的，所以建议采用同一种方法。

现以图 7 – 32 （a）、图 7 – 32 （b）、图 7 – 32 （c）三节方口渐变圆口弯头为例，从视图重合图中可以看出第Ⅰ节上口为圆形，第Ⅲ节下平面是正方形，边是实长，第Ⅱ节是过渡管，共同特点是四角呈圆弧形即倒锥的一部分，也是不可展部分，所以采用三角形法是唯一选择，现分节展开。

第Ⅰ节：上口圆形（因为对称只作一半），把半圆周分四等份，等分点 1′、2′、…、5′，并作出到基准面（相当于 11 – 5 – 6 的截平面）间的距离 e、f，下端为圆角方形口将角圆弧各分两等份，注意此处的等份数必须和上口相对应，即等份相同，否则就连不出小三角形，同时也作出各分点到基准线间的距离 a、b、c，上下端面各分点分别顺序连接1 – 2′、2′ – 2、2 – 3′、…、5 – 4′、4′ – 6 得四组小三角形（有两组看不见），再作实长图，本例选用梯形法作图，只是梯形放置的位置有了变化，横向变为竖向，作垂直线截长度为 2 – 2′投影长（相当于直角三角形的一边），过截点作垂线并分别取 b、e（相当于直角三角形的另一直角边），连接端点 2、2′即是 2 – 2′的实长，同样在垂线上截长度为 3 – 3′投影

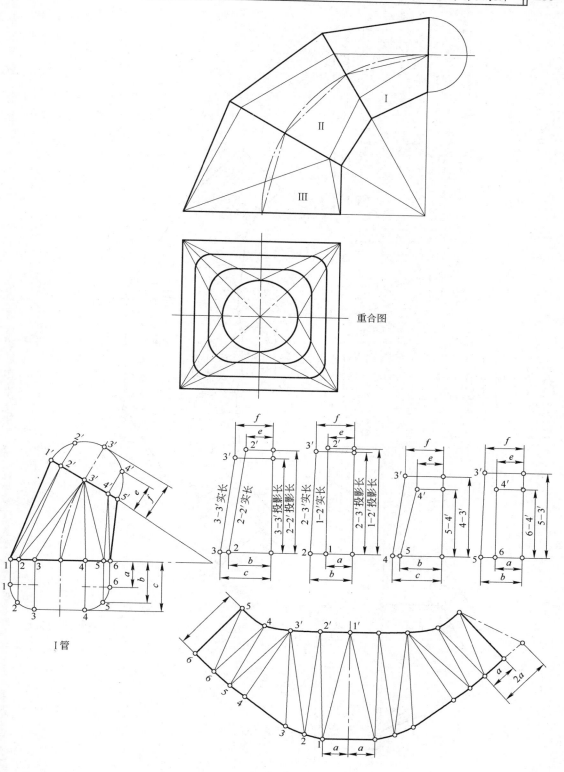

重合图

I管

图 7-32 (a)

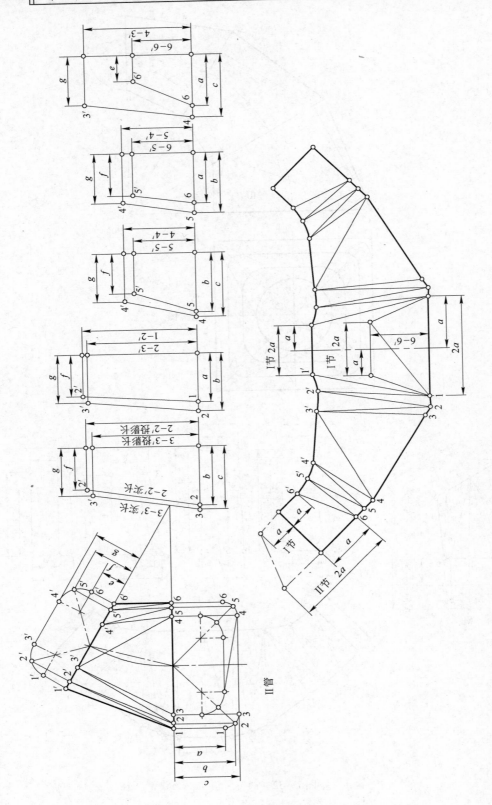

图7-32（b）

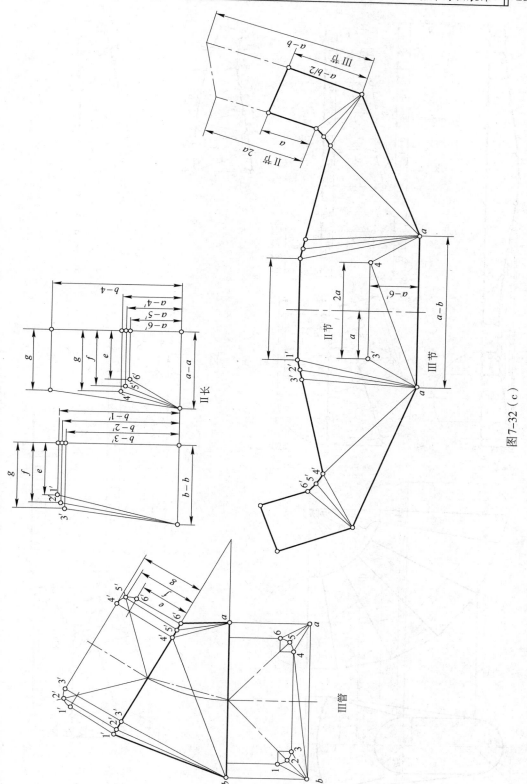

图 7-32（c）

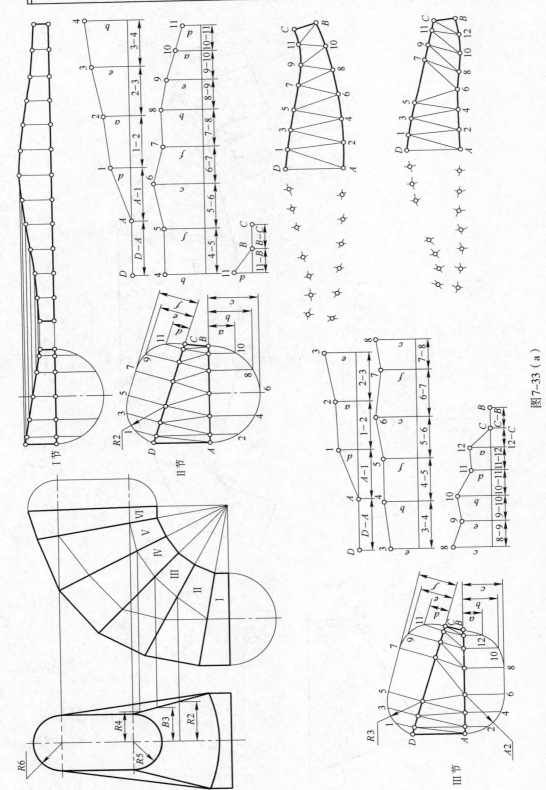

I节

II节

III节

图7-33 (a)

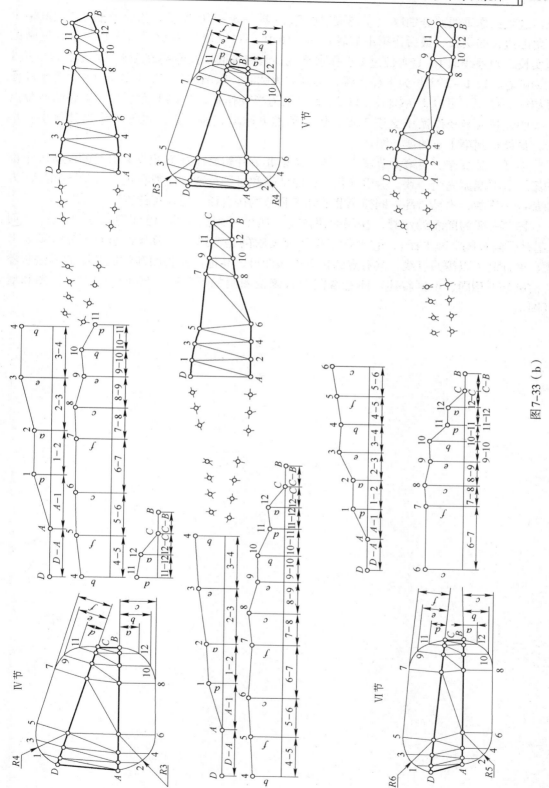

图7-33（b）

长，过截点作垂线并分别取 c、f 连接端点 3、3′ 即是 3 – 3′ 的实长，依此类推可求出其他小三角形边长的实长，最后作第 Ⅰ 节展开图，图中 1 – 1′ 和 5′ – 6 因平行于投影面，反映的是实长，画垂线取 1 – 1′ 实长过 1 点作水平线，两侧各取 a 长连接成等腰三角形，以底边 1 点为圆心，以 1 – 2 实长为半径作弧，与以 1′ 为圆心，以圆的分点之间弧长 1 – 2′ 为半径作弧相交一点 2′，再以 2′ 为圆心，以 2 – 2′ 实长为半径作弧，与以 1 为圆心，以底端面分点 1 – 2 的弧长为半径作弧相交于 2 点，依此类推可作出其他各点，也就可作出其他小三角形，最终得到第 Ⅰ 节的展开图。

第 Ⅱ、Ⅲ 节作法与第 Ⅰ 节基本一样，从第 Ⅱ 节开始要注意第 Ⅱ 节上端面的形状大小都和第 Ⅰ 节下端面完全一致，为引导我们思路清晰和过程清楚，一般在选择等份数和标注方面都取一样的，不易错乱，同样第 Ⅱ 节和第 Ⅲ 节的接合面，也采用此方法。

图 7 – 33 为渐缩的弯管，在侧面视图上，图中所画细实线内面积表示该处是一平面（还有后面对称全等平面），它平行于投影面反映的是实形，在做节管端面等分时不要考虑，展开时可以按共有线、共有点的位置照搬即可，其他作实长图和作展开图的方法步骤与前例基本相同，不再叙述。注意视图中右侧视图画的不准确，但不影响作实长图和展开图。

第 8 章

圆 球 展 开

一半圆周的直径与转轴重合，绕转轴回转，半圆的圆周即构成了圆球的表面，由于球面素线是曲线，所以球面不论在纵向或横向都是弯曲的，显然双向弯曲的表面是不可能摊平在平面上的，因此是不可展表面。

圆球表面上的任意一点，到球心的距离是定数即球的半径，圆球表面上的任意一段弧线其曲率半径就是球半径，圆球被任意方向的平面截断，其截面都是圆，如果被一组平行平面截断，其截面则是一组同心圆，截面圆的大小则取决于截平面与球心的距离，离球心越近截面圆的直径越大，最大截面圆是平面通过球心所形成的截面圆，其直径是圆球直径，当截平面平行于某一投影面时交线在该投影面的投影是实形，因该截面垂直于其他两个投影面，投影反映的是直线段其长度是截面圆的直径。参照图 8 - 1。

不可展曲面只能采用近似的方法展开，可假想把不可展曲面划分成若干小块面积，使每个小块面积的平面尽可能地接近于可展曲面，然后把这些小平面按共有线、共有点的顺序拼联在一起，就可以得到近似展开的不可展曲面，外观上看很"像"不可展曲面。在施工中一般从结构上多采用筒形瓣片或多级锥台和多块组装成球形壳体，对于球形这个几何体来说，其所谓的两极和赤道都是变化不定的，其上面的带、瓣、块都可能是处在两极或者在赤道上或其他任何位置上，只有给定了一个坐标后，才能确定它们的位置，才能进行展开。

如图 8 - 2 所示，如果将圆球沿经线截开形成柳叶形（图中在经线方向分为 12 等份，即 12 片全等柳叶形），把柳叶分开下来便得了柳叶的近似展开图，展开图的具体作法，先画一条水平直线并取长度为球的最大圆周长（πD = 圆周长），将周长分 12 等份，每等份为 $\pi D/12$。为清楚起见先取其中一片展开，作水平线的垂直平分线 4 - 4，取其长度为 1/2 周长，并将其分为 6 等份（每等份为 $\pi D/12$），就相当在经、纬互换位后再把圆周分了 12 等份，形成的纬线，得分点 4、3、…、3、4，过分点作 4 - 4 的垂直线，以 4 - 4 为对称线向两侧取二分之一 a、b、c 的弧长于垂直线上得交点 4、3、…、c、4，顺序光滑连接各点便得一片的展开图，按同样的方法即可得圆球完整的近似展开图。

多级锥台分带展开，将圆球横向（纬度）分割为若干横带，由于各带上下两端直径不同，所以也称其锥台，分割的多少要综合各种情况和可能来确定，如设计要求、尺寸大小、精度要求、工艺水平、材料材质等等，但有一条不变，即分带后的切面弦长在条件允许的情况下尽可能接近弧的长度，视每节横带接近正圆锥，并用正圆锥台展开。具体做法为，先将圆周分为 12 等份，也就是将圆球分成了六个圆锥，连接 4、3 两点并延长与垂直中心线相交，交点 o，o - 4 的长度即为 $o3443$ 圆锥台的素线长 a 且是实长，同样 b 是 $p2332$ 圆锥台的素线也是实长，正圆锥 122 的素线是 c 也是实长，有了这些条件便可用锥台的展开办法作出展开图。

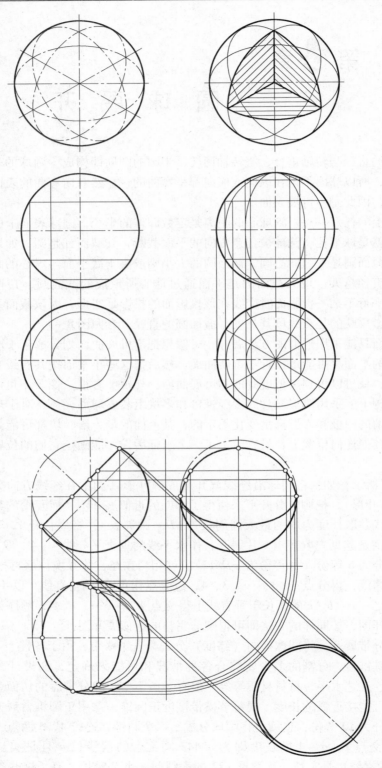

图 8 － 1

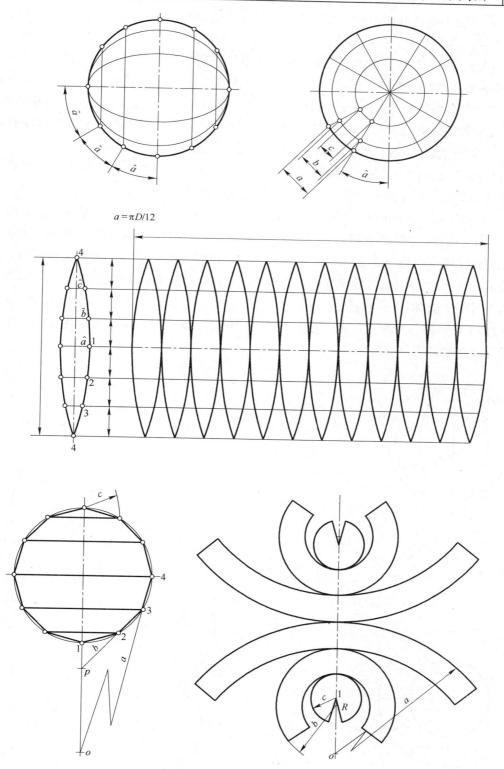

$a = \pi D/12$

图 8 - 2

图 8-3 是分瓣部分球带的近似展开，本例将圆球分为 12 瓣，现取 12 瓣中一瓣的一部分（K 块）来做展开，先把球瓣投影的弧长 1′-5′ 分为 4 等份，分点为 1′、2′、3′、4′、5′。过各分点作 $o-1$ 的垂直线，与水平视图中球瓣边线（球的经线）相交得交点 1、2、3、4、5 并画出此瓣的弧线（球的纬线），展开时取直线等于 $A-1$ 的弧长，从下向上取弧的等分点之间的弧长并画弧线，然后以 A 为圆心，以到各等分点间的距离为半径作圆弧，并在圆弧对称线两侧截取水平视图上球一瓣弧长的一半，最后顺序光滑连接各弧线的端点，便可得到此瓣块的展开图（没有考虑补料问题）。图 8-4 与此例基本相同。

图 8-5 作法相同，只是在取展开图中 R 的方法有所变动，从图 8-5 上右的展开原理小图 H 可以看出，圆球面上取两点 1、2，分别过两点做球体的横截面，得到 1′、2′ 两点。连接 1-1′ 和 2-2′ 就增加了两个球体的横截面，如果过上面各点做球体的切线与球心连线成 90°，则与垂直中心线相交得 o_1、o_2 点。此时 $1o_11′$ 和 $2o_22′$ 便构成了两个锥体，用展开锥体的方法便可得到两个锥的扇面形状。扇面半径即为锥体腰的长度。该方法绘制的弧线是很准确的。因此，本例就是过球瓣投影曲线等分点作曲面的切线与中心线交 $o_1 \sim o_5$ 各点和 $R_1 \sim R_5$ 各半径，具体作法同前例，顶盖一般取半径 R_6。作垂线，以 o 为圆心，以 R_1、…、R_5 分别为半径作同心圆弧，并相应截取水平视图中相对应弧长，顺序光滑连接圆弧端点便得该瓣块的展开图。

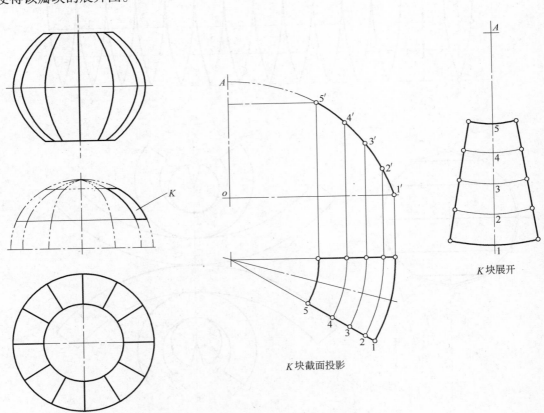

K 块展开

K 块截面投影

图 8-3

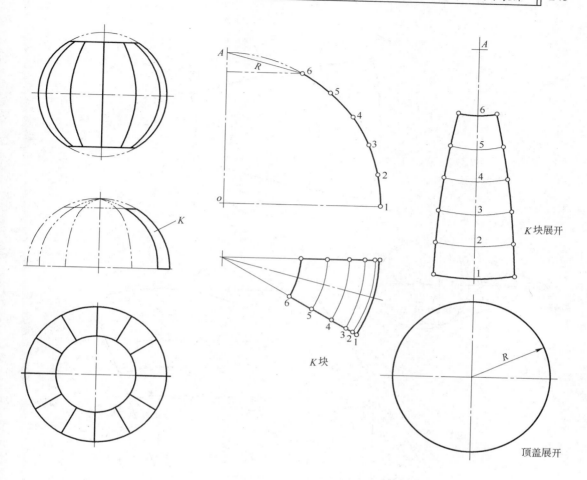

图 8 – 4

经过上面的分析和展开，我们初步有以下几点体会，现在提出来进一步分析和理解。

（1）在球面上所确定的 12 条经线是全等的，在赤道上两经线之间的弧长是相等的，并且等于 1/12 的赤道圆周长，当然弦长也是相等的，在同一纬度上两经线之间弧（弦）长都是相等的。

（2）如果圆球保持不动，并向左侧作球面投影，则把左侧球面的赤道线圆周长也分成了 12 个等份，每个弧长也等于 1/12 的赤道周长；再把水平中心线两边相对应的点连接起来，就形成了球面的纬线，随着纬度的变化，其所处纬度的圆周长也在变化，如果把纬线看做是球的截面的话，则截面圆周上出现三个不同的 1/12 的弧即 $\pi D_a/12$；$\pi D_b/12$；$\pi D_c/12$。而我们前面所作的，不就是在经线上（1/2 赤道圆周长）把纬线按其截面三个不同的 1/12 的弧长移置到经线的相应位置上，光滑连接纬线端点得一瓣柳叶片的展开图，它确实是近似于一瓣柳叶球面，按照这个道理，在球面上选取任何一块面积不论它是什么形状，只要在上面画出"经纬"线并把线之间的弧长能确定下来，就可以作出该块球面的近似展开图。

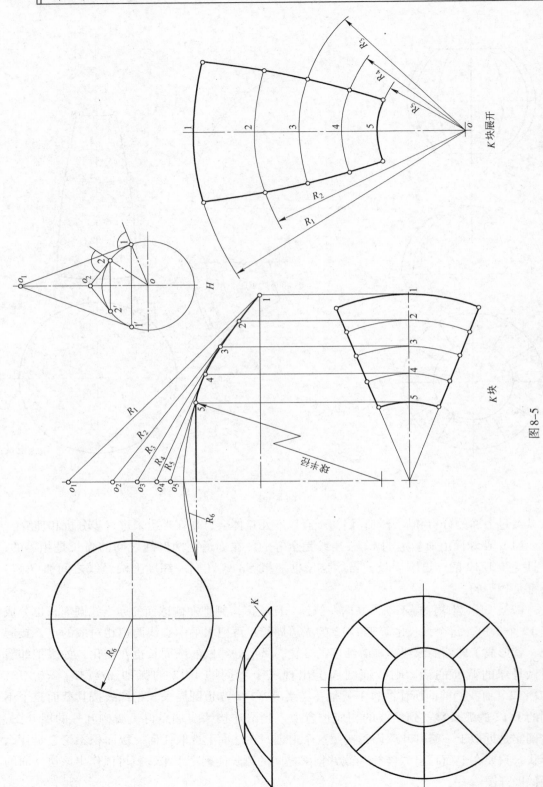

图 8-5

K 块展开

K 块

前面对圆球表面的展开作了一些分析，现在换一个角度再作进一步分析。

首先观察一个圆球，它不论放在什么地方总是浑然一体，可以任意移动和旋转，但球形的大小不会改变，如果在球形表面上画一个点、一条线（直线或曲线）、一块平面或曲面，它们的位置都随着球的变化而变化，因此是不确定的，所以无法作所谓的表面展开，为了将球体表面上的一块面积展开，必须首先把整个球体固定下来，也就说球体不能有自由度，使它按我们所设定的规则变化，办法就是给球体设立一个坐标系，然后用前面讲过的投影原理作球体的三视图，将球表面上的点、线、面的位置和大小确定下来。这里要提一下，球面是不可展的，下面用近似的展开法，要求尽可能的接近实形。

图 8-6 是圆球的三视图，R 为球半径，其三视图均为圆形，此时，视图已置于 x、y、z 的坐标系中，已经没有自由度了，虽然各视图都是同样大小的圆，但视图是分别由正面、上面、左侧三个不同方向作的投影，所以它们反映的是不同方向的视图，也就是说它们反映的是圆球的不同表面。

为了展开，将水平视图中的圆周分为 12 等份，并过中心把相应点用细实线连接起来，这 6 条连线就是在球面上选定的 6 条素线，这些素线如果反映在正面视图上，由于素线与正投影有夹角，除 1-7 平行投影面反映的是实形圆外，2-8、3-9、5-11、6-12 均倾斜于投影面呈椭圆形，图 8-6 下图是 2-8、3-9 椭圆形的截面图，素线 4-10 垂直于投影面呈现的是一直线段，其长度就是圆的直径。同样的原因在侧视图也反映出圆形、椭圆形和直线段，圆球直径为 $2R$，各等分点之间的弧长为 $2R\pi/12 = 0.52R$，即最大圆也称赤道圆，从正面视图（也可以侧面视图）上可以看出，如果把 1-7 线当作截平面的投影线平行向上移动其截面圆的直径逐渐减小，直到顶点（也称北极），直径等于零。

为了便于分析，现将正面视图中左上角的 1/4 圆周分为 3 等份，并过等分点作横截面，横截面与素线 1-7、2-8、3-9、4-10 相交，过各交点分别作出立面图（有阴影部分也相当于把切断部分抽走一样），并向水平视图作投影便可显示出 R_b、R_c 的位置和大小，知道了 R_b 和 R_c 的大小尺寸，就可以分别算出其圆周（$2R_b\pi$）和每等分间的弧长（$2R_b\pi/12$），当然 R_b 和 R_c 通过解直角三角形的方法计算出来，从图中看 obb' 构成一直角三角形，角 bob' 为 60°，图中 $R_b = b - b'$，$R_b \div R = \sin 60° = 0.866R$，同样直角三角形 occ' 中角 coc' 为 30°，$R_c \div R = \sin 30°$，$R_c = 0.5R$，其中 R 是设计者给定的，那么每个截面圆周的等分点之间的弧长，也可以求得。如果作球体的纵向截面，其结果和作横截面是一样的，所以可以说球体上的任何一段弧长或一段直线都可以求出其实长，当然操作起来可能比较麻烦，因此是不可取的，但在理论上并不存在问题。

现以侧面视图中弧形方块 1、3、5、7 为例作展开图，见图 8-7 左上图，弧形方块的四个角顶的顶点是特殊点 1、3、5、7，其中，1-3（5-7）和 3-5（1-7）是弧线，其实长是相等的（正方形），按照前面所分析的方法首先要求出 3 弧线截面圆的直径，再求出 1-3 弧线占该截面圆周的长度，这个长度说起来简单，但做起来比较麻烦。一般来说展开时先画出对称中心线并画一正方形，正方形的边长是 1-3 的实长，正方形的四个角顶是 1、3、5、7 四个特殊点，再在中心线对称取 2-6 和 4-8，其长度是图 8-6 上图中弧形方块中心线弧线的实长，2、4、6、8 也是特殊点，然后在中心线对称两线间作出等距离平行线并相交，各交点便是中间点，顺序光滑连接各点便得方块展开图，当然理论上似乎比较容易，但求弧的实长是比较烦琐的，实际上球体表面的条、块大小和排列是有一定规律可循的，上面主要表述了其原理和过程。图 8-7 左下图是表示球体上长方形块展开的作法。

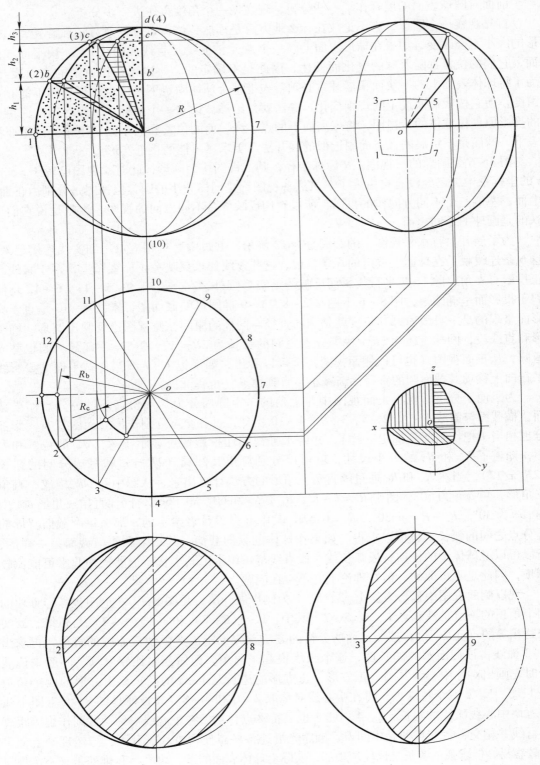

图 8-6

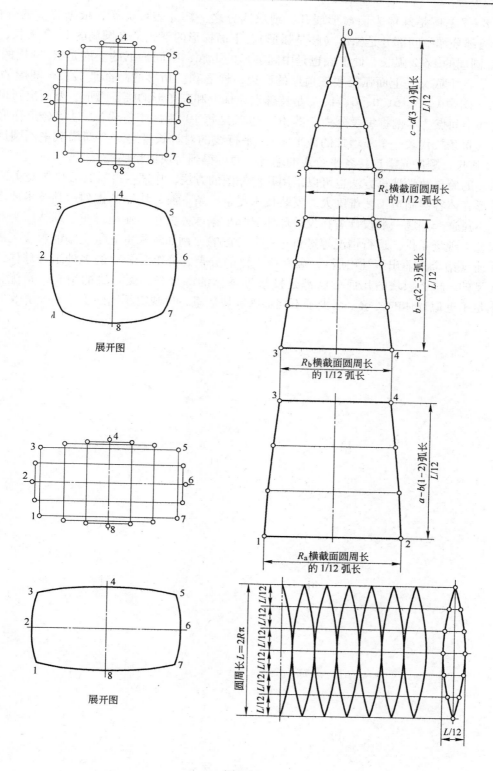

展开图

展开图

图 8-7

图 8-7 右图是球体表面瓣形展开，现取四分之一瓣牙表面分析，根据之前的分析，接近赤道部分和中间部分是梯形（腰是弧形），下面梯形的下底是 R 圆周的 1/12 弧长，上底是 R_b 圆周的 1/12 弧长，此上底也是中间梯形的下底，中间梯形的上底是 R_c 圆周的 1/12 弧长，此上底又是上面弧等腰三角形的底边，梯形和三角形的高都是 1/12R 圆周的 1/12 弧长，图中 1、3、5、0、6、4、2 是特殊点，梯形和三角形的腰是弧形，要画出弧形就需要增加中间点。本例将每段分为 3 等份（也就是每 10° 为一个等份），过等分点作底的平行线（每条线代表一个新增加的截平面），平行线的对称长度是每个新增截平面圆周长的 1/12 弧长，顺序光滑连接各平行线的端点，便可得到每块钣块的展开图。

前述的简单数学计算方法也可以采用几何作图的方法，作图后度量其弧长再变实长。

球形壳体容器制造工艺难度大，安装技术复杂，条、瓣、块分割排列，其技术要求也很高，不过这个问题一般设计者在设计球体时都根据球体大小，使用材质，球体压力和其他如工艺、现场条件、运行情况等进行过充分考虑的，例如汤永贵先生主编的钣金工展开计算手册（冶金工业出版社出版），第六章提供的分带、分瓣、分块的多种组合球体结构是很典型的，球体钣块的几何形状都是按接近球体的综合条、瓣、块的组合，是优化设计，满足了近似球体的要求，减少了不同形状钣块数量，反映出不同的工艺和经济效果。

第 9 章

螺 旋 面 展 开

要学习和掌握螺旋面的展开，首先要了解螺旋线的形成与展开，图 9 - 1 （a） 就表示的是螺旋线，当一个直角三角形（右图）它的两个直角边分别是 πD（某一直径为 D 的圆柱圆周长）和 H（螺旋的一个导程），围绕圆柱转一圈后，该直角三角形的斜边在圆柱上所留下的痕迹便称为螺旋线，也可以这样理解在视图上看螺旋线是一曲线，展开后则是一条直线。

根据前面所讲螺旋线的形成过程，螺旋线的具体做法是，将水平视图上圆柱的圆周分为等份，本例为 12 等份，同时将一个导程 H 也分为 12 等份，导程 H 的大小是由设计者确定的，过各等分点作水平平行线与由水平视图上各等分点向上所引垂线相应相交，得交点 1、2、…、12、1 各点，顺序光滑连接各点即可得到螺旋线（看不见的部分用虚线表示），螺旋线中任何一个要素（比如圆柱直径、导程大小）发生变化，其螺旋线也随之发生变化，所以不可随意变化。右面直角三角形的斜边便是螺旋线的展开长度。

这里需要特别提出，当直角三角形围绕直径为 D 的圆柱旋转时，从 1 点转到 2 点时，2 点的位置已经比 1 点升高了一个 h，即导程 H 的十二分之一，我们在水平视图所看到的 1 - 2 的弧长，不是实长而是由 1 - 2 弧长和 h 两个直角边所构成的直角三角形的斜边的投影，其实长就是直角三角形的斜边长，当旋转到 3 点时，同样道理 3 点比 2 点也升高了一个 h，水平视图中的 2 - 3 弧长也只是一段投影长度，实长则是由 2 - 3 的弧长和 h 为直角边构成的直角三角形的斜边长，直到旋转一周后 1 点升高到 H，即完成了一个导程时，其实长便是以圆柱周长和一个导程为两直角边所构成的直角三角形的斜边长，从螺旋线展开图上看就两分点之间的每段斜边就是每段之间的实长，这个概念在展开上十分重要，要认真理解和掌握。

螺旋线最典型的体现当属我们经常见到的螺丝和丝杠之类，如图 9 - 1 （b） 所示，图的左面是三角形螺纹，右面是矩形丝杠，两者互相没有什么关系，是两种完全不同的零件，当然还有很多特殊用途的螺旋结构，以及工业上常用的接口变化的各式接头，品种繁多式样各异，所以展开时需要认真对待。

就螺纹来说螺旋的一个导程就是一个螺距，如果一个截平面平行于螺丝的轴线，则不论截切位置在什么地方，其相应位置的螺距是不变的。

在绘制螺旋线和展开螺旋面时，各种线条非常多且相互交错，不论是作图或者是视图，都比较困难，还常常搞错，往往要求对每条线每个点（分点、交点等）都进行编号或作其他记号，目的就是避免搞混这些点或线之间的关系，但这样一来，便使得图面更加混乱，所以在编写和绘图时尽可能减少采用同一编号的重复使用，这样图面比较清晰，看得比较清楚，所以下面所有图面都采用同一编号，希望读者结合各视图相互对照，仔细阅读找到它们之间的关系。

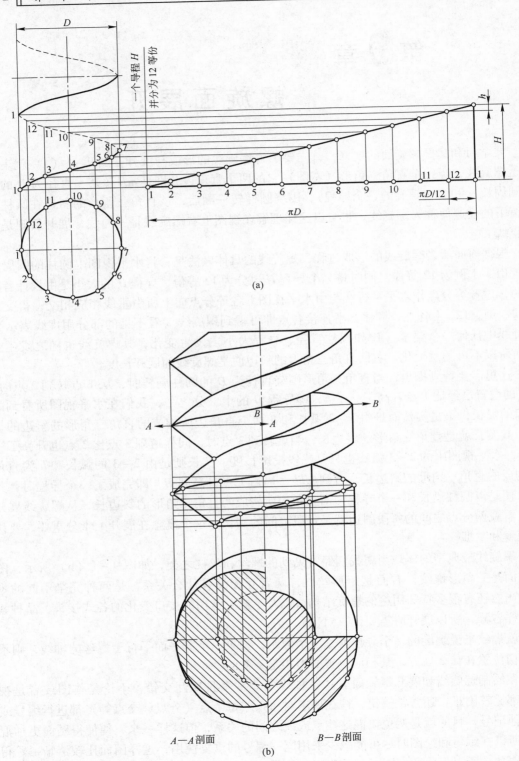

(a)

(b)

图 9 – 1

图 9-2 是一螺旋面板，既然是面板当然就有内侧和外侧之分，在水平视图中的小圆圆周是内侧，大圆圆周是外侧，从图中可看出该螺旋面板刚好旋转了一周，内侧螺旋线绕小圆圆柱旋转了一周，外侧螺旋线绕大圆圆柱旋转了一周，即完成了一个导程。该螺旋面板的具体做法是，同时把水平视图中内、外侧圆周分为等份，本例同为 12 等份（当然把内、外侧圆周分为不同等份也是可以的，但这样势必造成很多麻烦，且实在没有必要，所以一般都用同样的等份）也就是选定了 12 条素线，内侧等分点为 a、b、$\cdots$、p，外侧等分点为 1、2、$\cdots$、12，然后把导程 H 也对应内、外侧等分也分为 12 等份，并过等分点作水平平行线与由水平视图中过各等分点，向上所引铅垂线相应相交，在正面视图上得交点 a、b、$\cdots$、p、a 和 1、2、$\cdots$、12、1 各点，分别顺序光滑连接各点，并分别连接两螺旋线两端的端，便可得到正面视图上螺旋面板在正面视图上的投影图，因为线条较多，容易交错无法得到准确的螺旋线，更谈不上准确的螺旋面板，只要一点错误则全盘都乱，除了仔细认真以外，最简单的办法就是一条作完后，认真查对无误后，再作另一条。

现在有几个问题需要进一步分析，第一从视图中可以看出该面板的宽是一致的，因内、外侧板的都处于同一个圆心，投影是同心圆，圆周均为 12 等份的均匀分布，所以内、外侧板同处于等分线上的连线均是相等的，如 $1-a=2-b=3-c=\cdots=12-p=a-1$ 等，这些连线且都处在同一高度上并且平行于水平投影面，反映的是实长，无须再求实长；第二内侧或者是外侧它们在圆周上各等分点之间的弧长，反映的不是实长，这一点在前例中已作了分析，应该不是问题，展开时则需要求出实长，所以也画了实长图，图中画了 $1-2$ 和 $a-b$ 的实长图，也是因为内、外侧圆周的等分一样，内侧等分点之间的弧长均是一样，且逐点之的位置高差都是 h，所以不需要逐个都求，同样外侧也是一样，因此求得 $1-2$ 和 $a-b$ 就可以了，这样从水平视图上得到与 $1ab2$ 完全相同的 12 个梯形，如果把这些梯形按共有线、共有点的位置逐个拼联起来，不就得到了一个完整的展开么？这肯定是错误的，因为它给人一个很大的错觉，它的最大和最根本的问题是，不论内侧或外侧各等分点均不在一个平面上，而是逐个提高了一个 h 距离，直到旋转一周后，最前面一点到最后一点的高差是一个导程 H；第三为了顺利作展开图，我们在各梯内作了一个辅助连线如 $1-b$、$2-c$、$\cdots$、$12-a$ 等，而构成了两组全等的三角形，便可利用前面讲过的三角形法进行展开，但由于这些三角形不在同一平面内，反映的只是投影结果而不是实形，三角形中两个边已经求出，如果求出第三边辅助线的实长，就可以作出该三角形的实形，把这些实形按照共有线、共有点的位置拼联起来，就可以得到面板的展开图，这个辅助线的实长用实长图 1 也可以求出 $1-b$ 的实长，因为所有辅助线均相等，求一条即可，示意图 9-3 表明了上述各点之间的相互关系，可按图示进行对照分析加深理解。

螺旋面板的展开就是把一系列三角形拼联在一起，其方法步骤是取一线段为面板宽度 $a-1$（图中的垂直线段）等于螺旋面板的宽度，以此为基准向外展开，以 a 为圆心以 $a-b$ 的实长为半径作为弧，再以 1 为圆心以 $1-b$ 的实长为半径作弧，相交得交点 b，完成了第一个三角形，以 b 为圆心以 $b-2$ 为半径作弧与以 1 为圆心以 $1-2$ 的实长为半径所作弧相交得交点 2，完成了第二个三角形，以 b 为圆心以 $b-c$ 实长为半径作弧与以 2 为圆心以 $2-c$ 实长为半径所作弧相交得交点 c，以此类推完成最后一个三角形 $12-1-a$，顺序光滑连接各点，便完成了整个螺旋面板的展开图。

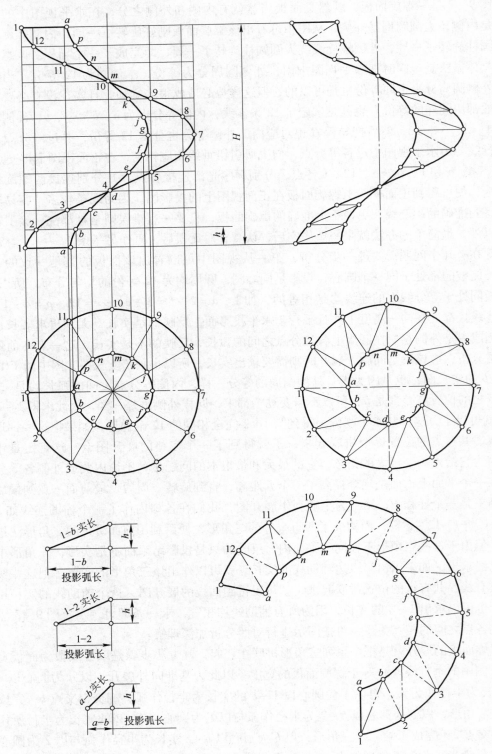

图 9 - 2

图9-4是螺旋输送机（绞龙）的叶片，是前例螺旋面板实际应用最广的实例，从视图中可以看出，其导程为1.5H，内侧螺旋线是绕一直径为d的圆柱旋转，也就是说整个螺旋面板绕d圆柱旋转，螺旋面板的宽度一致，先作出正面视图，其方法是，将内、外圆周12等分，等分点内圆为a、b、…、n、p，外圆为1、2、…、12，再将一个导程也分为12等份，过等分点作水平平行线与由水平视图上过等分点所引垂线相应相交，在正面视图上得交点1、2、…、12和a、b、…、p，这些点便分别是内、外螺旋线上的点，分别顺序光滑连接各点便得到两条螺旋线，并分别连接两螺旋线两端的端点，还有1/2导程的螺旋线作法相同，到此就完成

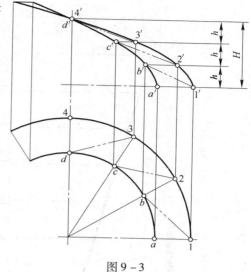

图9-3

了正面视图的绘制。为便于理解在右侧画出了两条螺旋线的展开图，图中每等分线之间斜边，便是水平视图中等分点之间弧长的实长。

作面板展开图时，先求出必需的线条实长，在水平视图中相应连接各分点a-1、b-2、…、p-12，这些连线处面板的宽度都是相等的，连线所构成的12个梯形也是全等的，梯形中内、外等分点之间的弧长，可在螺旋线展开图上找到，可直接采用，为用三角形法展开，需在梯形增加一条辅助线a-2，现在唯一不知的实长就是这条（实际是12条）辅助线的实长，所以作了实长图，面板展开作法是，取线段a-1为面板宽度，以1为圆心以外圆等分弧长的实长为半径作弧与以a为圆心以a-2辅助线的实长为半径所作弧相交得交点2，以a为圆心以内圆等分弧的实长为半径作弧与以2点为圆心以面板宽度a-1为半径作弧相交得交点b，这样就得到了第一个梯形的展开图，以此类推便可画出所有梯形，便可得到一个导程的面板展开图，用同样的方法可以作出后面螺旋面板的展开图。

图9-5是一螺旋宽带，实际上它和前例基本相同，它们的区别在于一个是平置的带板一个是竖立的板带，此例既然竖立板带有一定的宽度，在形成螺旋时（螺旋线作图方法同图9-1），必然有两条螺旋线，它们之间的距离就是板带的宽度，也就像螺丝的螺距一定不变的一样，这种螺旋板带展开时可按螺旋线展开的方法进行，展开后是两条平行的直线（直角三角形的斜边），要注意两线之间的距离。

图9-6是一螺旋形溜槽，此例和两前例基本相同，是前两例的组合，只是在螺旋面板两侧增加了两条竖挡板即螺旋带板，应该说难度增加不大，但对看懂视图却增加了不少难度，要画出螺旋线按前面讲过方法去作应该不是很难，要注意的是外侧，圆周上过各等分点向上所引垂线只能与外侧板相交，内侧板圆周上过各等分点向上所引垂线只能与内侧板相交，因为四条螺旋线相互交错，很难说清楚它们之间的关系，唯一的办法是先认准一条，先画一条研究一条，并可用不同粗细的线条描绘或用不同颜色标注，然后再画出另一条，这样就不会搞错，两带板之间是面板，当视图在拐弯时就可能不知走向了，此时看准一带板的下沿顺下走就不会错了，这个结构就同我们平时见到的旋转楼梯一样。

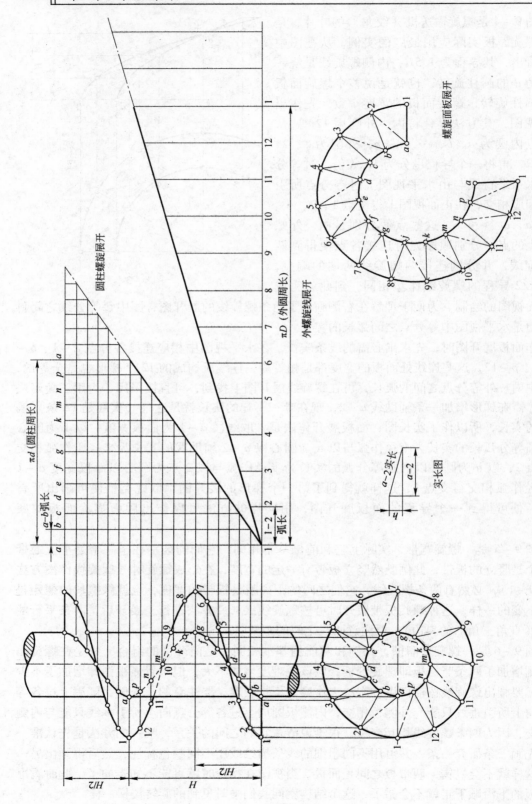

圆柱螺旋展开

螺旋面板展开

外螺旋线展开

实长图

图9-4

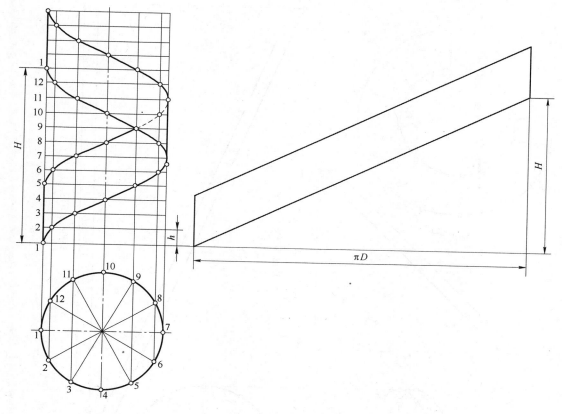

图 9 – 5

展开时可按前例所讲的螺旋面板和螺旋带板展开方法步骤作图，先求实长，再作展开，螺旋面板两侧边上的编号应该和螺旋带板下沿的编号是一致的。

图 9 – 7 是半个导程的螺旋管，它的结构就是标准的三角形螺栓的半个螺距，两管口同方向向前，平行于正投影面，管口反映的是实形，尺寸是实长，根据螺旋的形成原理，该段螺旋管在水平投影面上的投影是一同心的两个半圆周，在作正面视图时，先将同心半圆周分为 6 个等份，同时将半个导程也分为 6 个等份（本例为便于理解和作图将管口高占两个等份），过圆周等分点向上作垂线与导程等分水平平行线相应相交得交点，外侧 1、2、…、7 和内侧 a、b、…、g，这些点便是螺旋线上的点，顺序光滑连接各点即得螺旋线在正面视图上的投影，将螺旋线端点三点连接成三角形，便完成了正面视图的绘制。此处比较容易出的问题是连接时由于交点太多容易搞混，所以建议一条一条分别交点，分别连接，先作一条再作下一条，同时要查对正面视图中 $a – a$ 应与 $b – b$、$c – c$、…、$g – g$ 分别相等的，若有误差就需查看交点是否有错。

从作图的过程可知：（1）所绘制的三条线即棱边都是螺旋线；（2）三角形管的立面是一条宽度相同的宽带；（3）三角形管的另外两个倾斜面可配合水平视图看出是全等的。

三角管的展开图分两部分完成，作立面宽带的展开的方法与展开螺旋线相同，先画过正面视图中 a 点的水平线，截取内侧圆周长并分为 6 等份（每等份即为等分间的弧长），过分点作垂线与导程等分水平线相应相交得交点，这些交点即是宽带上下边线上的各点，

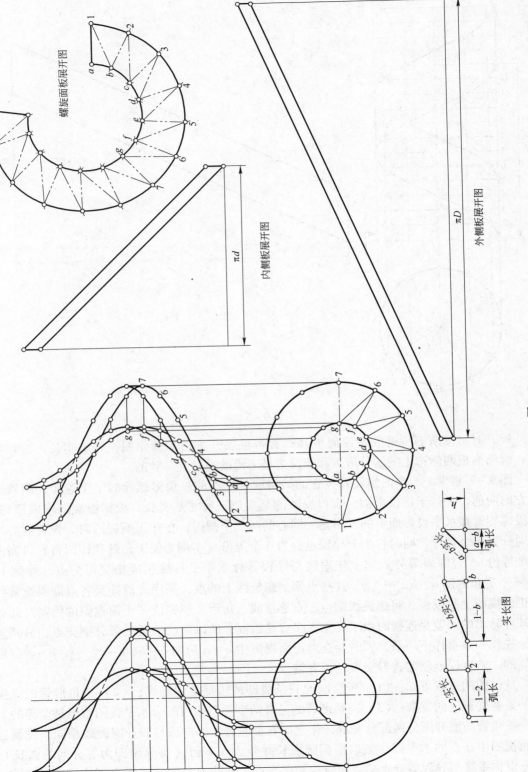

螺旋面板展开图

内侧板展开图

外侧板展开图

实长图

图9-6

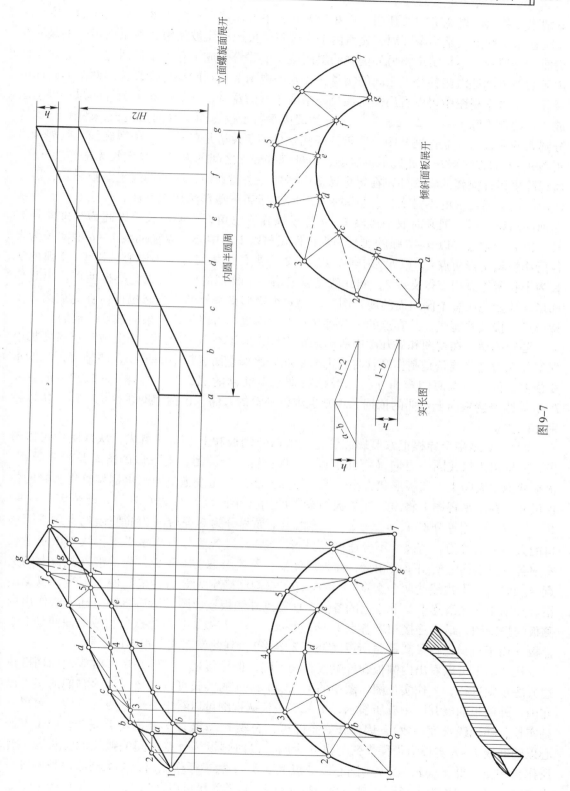

立面螺旋面展开

倾斜面板展开

实长图

图 9-7

分别连接各点即得宽带的展开图。从宽带展开图中得知整个斜线长度是螺旋线的长度，它反映在水平视图上是半个圆周，显然由于它倾斜于投影面而被缩短，在正面视图上是一螺旋面，反映的也不是实形，另外展开的斜面被 6 个等份分成了 6 个平行四边形，其每个四边形的斜边就是内侧各分点之间的实长，在水平视图上看到的都是投影长。两个倾斜面的展开，从水平视图中可以看出倾斜面是一条变了形的宽带，它是由 6 个全等的弧形梯形组成，在梯形中除 $1-a$、$2-b$、$\cdots$、$7-g$ 线段因平行于投影面反映的是实长，还有 $a-b$ 等分圆弧的实长可在立面展开图上取得，外侧就是一条棱边是单独的一条螺旋线，其展开可用图 9-1 的方法展开，此处不再讲解，但外侧等分点之间的弧长不是实长无法作展开图，所以除求得外侧弧的实长外，在每个梯形中增加一条辅助线，此辅助线也是投影长，因它倾斜于投影面反映的不是实长，也需求实长，然后用三角形法作展开图，作实长图，方法与前面所讲一样，展开时取一线段 $1-a$ 等于螺旋管三角管口的边长，以此为基准向外展开，以 a 为中心，以 $a-b$ 弧的实长为半径作弧与以 1 为中心，以辅助线 $1-b$ 的实长为半径所作弧相交得交点 b，以 b 为中心，以 $b-2$ 为半径作弧与以 1 为中心，以 $1-2$ 弧的实长为半径所作弧相交得交点 2，到此就完成了第一个梯形的展开，以此类推便可作出其他梯形，从而完成整个倾斜面的展开图。因为 6 个梯形是全等的，当然也可以在完成第 7 个梯形后，按其共有线、共有点的位置拼联 6 个梯形也是可以的，结果应该是一致的。

题外的话，在视图和展开图中所画的很多线，应该在全部展开工作完成后仍然要加以保留，因为这些线条是制作弯管时弯折的基准。比如立面宽带中的垂线，便是弯折时的重要依据，依线为准两侧弯曲才行，否则很难弯出准确的螺旋线，同样 $1-2$、$2-b$、$\cdots$、$7-g$ 等线是侧板向上弯曲的依据，否则也难以平整的弯曲，包括辅助线也是一样，所以特别加以注意。

图 9-8 是半个导程正方形螺旋管，它由内外侧板和上下面板组成，从视图中可以看出，方形出入口在同一方向（都向前面），并且是半个圆形，上下口的落差是半个导程，水平视图中表明上下盖板形状大小全等。作图方法是，先按施工图画出螺旋管进出口的位置尺寸，在水平视图上将内、外侧板的投影圆周（半圆周）分为 6 等份，外侧等分点 1、2、$\cdots$、7，内侧等分点 a、b、$\cdots$、g，再将半个导程分为 6 等份（为简便起见本例按矩形口的大小分的等份，若尺寸不合适可以另行决定），过各等分点作水平平行线与由水平视图中各等分点向上所引垂线相交，此处应注意，不要考虑上下盖板，先找准外侧板上的交点（同时有上下边线的两个交点），待所有交点均已确定无疑后，最好做上记号，以免出错。分别顺序光滑连上、下边上的各点，便得到外侧板投影图，然后再按上述方法作出内侧板的投影图，最后连接相应各点 $1-a$、$2-b$、$\cdots$、$7-g$，这些连线所构成的面便是上下盖板（由于进口已占了 2 等份所又补了 2 等份），到此就完成了视图的绘制。

从视图上可以看出内侧板和外侧板直径不同，但导程是一样的，展开时应用前面已讲述方法步骤进行，先作实长图，图中的 $1-2$ 和 $a-b$ 的实长可以不要，因为它们的实长已在内、外侧板的展开图中有所显示，上、下盖板从视图可以看出是全等的（宽度一致尺寸是实长，辅助线长度一致），因此作一个即可，先取 $1-a$ 线段为基准向上展开，以 1 对圆心以辅助线 $1-b$ 实长为半径作弧与以 a 为圆心以内侧板等分点之间的弧长的实长为半径所作弧相交，得交点 b，以 b 为圆心以盖板宽度 $b-2$ 为半径作弧与以 1 为圆心以外侧等分点之间的弧长实长为半径所作弧相交，得交点 2，以此类推可以得到 3、$\cdots$、7 和 b、$\cdots$、g

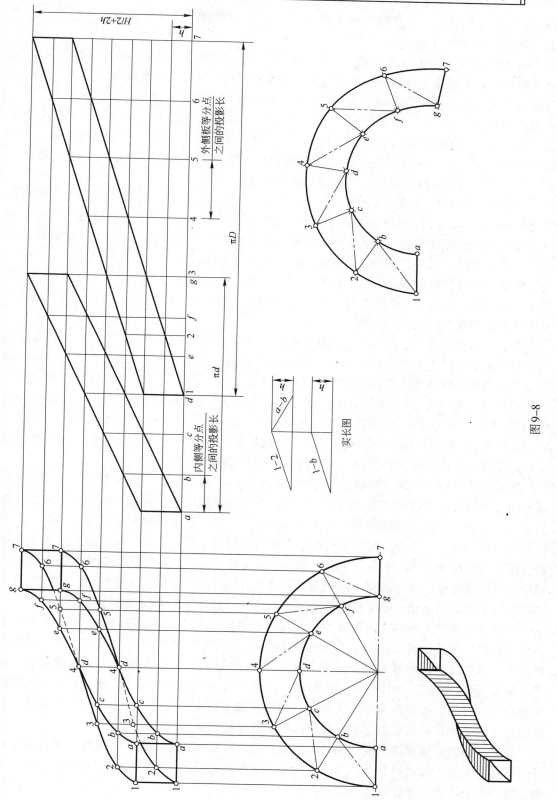

图 9-8

各点，这些点便是上、下盖板边缘上的各点，最后分别顺序光滑连接内侧外侧各点即得上、下盖板的展开图。

图9-9是半个导程矩形螺旋管，其结构与前例完全相同，从视图中可以看出它由内、外侧板和上、下盖板组成，矩形口向前方，为半个导程，从水平视图可看出上、下盖板是一样的，先作出正面视图，将水平视图中内、外侧板的（投影）半圆周分为6等份，等分点内侧为 a、b、$\cdots$、g，外侧为 1、2、$\cdots$、7，同样地正面视图上半个导程也分为6个等份，设定矩形口的宽度占一个等份，过等分点作水平平行线与由水平视图中各等分点所引垂线相应相交，得一系列交点这些交点分别是4条螺旋线上的点，分别顺序光滑连接各点，便得到4条螺旋线，也即是矩形管的4条棱边。

先作内、外侧板的展开图，内、外侧板的上、下边是完整的 1/2 螺旋线，可用螺旋线展开的方法展开，如图9-9的右图，从展开图上可看出两点：一是水平线与垂线相交的交点都在展开的螺旋线上，因为这些点本来就是螺旋线上的点，它必然在展开后的螺旋线上，否则展开就有误差，需重新检查调整；二是半圆周周长与半个导程分别构成了两个直角三角形，展开的螺旋线是直角三角形的斜边，也证明展开是准确的，每个分点之间也构成了小的直角三角形，其斜边当然是各分点之间弧长的实长，这些小斜边累加到一起也就是内、外侧板螺旋线展开的长度。

上、下盖板展开时，把内、外侧板上各分点对应连接后，形成了6个小梯形，盖板就是这些小梯形拼联起来的，用三角形法作盖板展开图，需在梯形中增加一条辅助对角线，但这条辅助线是倾斜于水平投影面的，反映的不是实长，需作实长图，这样就可用三角形法作展开图。取一线段 $a-1$ 即盖板宽度，以 a 为圆心以 $a-b$ 弧长的实长为半径作弧与以 1 为圆心以 $1-b$ 实长为半径所作弧相交得交点 b，以 1 为圆心以 $1-2$ 弧实长为半径作弧与 b 为圆心以盖板宽半径所作弧相交得交点 2，到此就完成了一梯形的展开，以此类推，就可以完成其他梯形的展开，得到矩形管的上、下盖板的展开图。

图9-10是渐缩矩形变方形的螺旋管，半个导程，两口向前，从水平视图中可以看出渐缩的变化过程，作图方法基本同前，将内、外侧板半圆周各分为6等份，由于内、外侧板不是同一圆心，所以相应点不在同一半径连线上，将半个导程也相应分为6等份，再加管上管口所占的一个等份，过等分点作水平平行线与由水平视图上各等分点相应相交在正面视图上分别得交点 1、2、$\cdots$、7 和 a、b、$\cdots$、g 各点，这些点便是螺旋线上的点，分别顺序光滑连接各点，便可得到4条螺旋线，该螺旋线即是渐缩管的4个棱边，因为交点太多顺连时非常容易出错，除了仔细盯着各点顺序外，最好编上号码或作上不同的符号，一条一条的顺着连以免搞混，内侧板的投影圆周分成6个等份，都围绕同一圆心，等分点之间的弧长投影等长，其实长可在内侧板展开图上直接量取，当然也可另作实长图，同样外侧板等分点之间弧长也是相等的，实长也可在外侧板展开图中采用，从水平视图上看出上、下盖板是一样的，为用三角形法画盖板的展开图所增画的辅助线，随着螺旋管的渐缩而变化是不等的，需要作每段的实长图，同样盖板宽度 $1-a$、$2-c$、$\cdots$、$g-7$ 也随管的渐缩也逐渐变小，不过它们都平行投影面反映的都是实长。

作展开图的方法步骤与前几例基本相同，内、外侧板宽度一致，可用螺旋线的方法展开，并加上宽度，即得展开图，上、下盖板用三角形法展开，其三角形的各边实长均已知道，可用前例方法步骤作出盖板展开图。

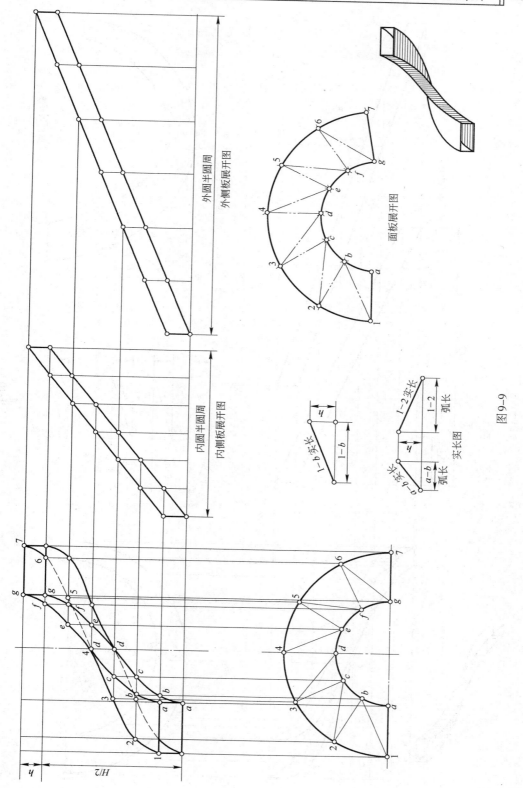

外圆半圆周

外侧板展开图

内圆半圆周

内侧板展开图

面板展开图

实长图

图 9-9

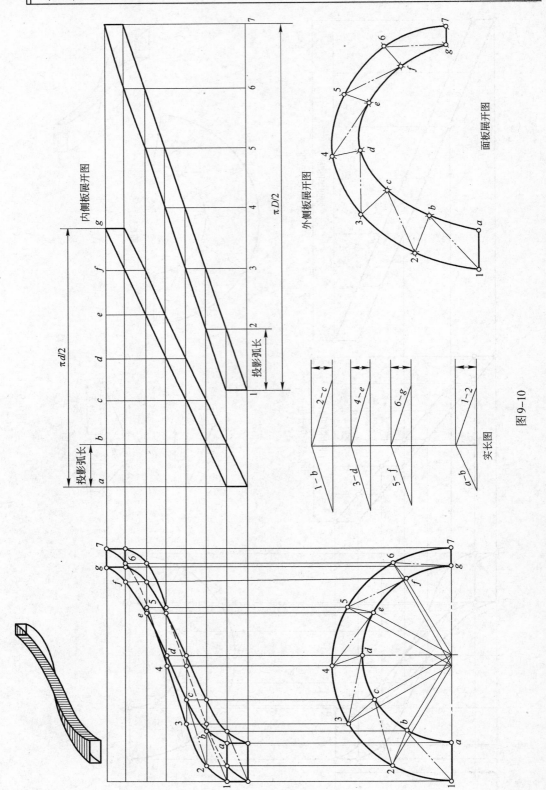

内侧板展开图

外侧板展开图

面板展开图

实长图

πd/2

πD/2

投影弧长

投影弧长

图9-10

图 9-11 是矩形螺旋管进出口向前并错开 90°，本例和上例基本相同，由于上端立口占据两个等份距离所以等分又增加两格，作图方法步骤与前例相同，即从水平视图中过各等分点向上引垂直平行线与相应导程等分线相交，但当做到内侧板 f 点和外侧板 6 点时，相交点在上口的下边沿等分线上，距离 g 点 7 点差两个等份，从图上看下一步作螺旋线时曲线显得很突然，有不顺畅的感觉，为解决此问题，在下一格中取半格即使 e 到 f 点和 5 到 6 点之间的距离，由原来的一格变为一格半，就相当于把 f 点和 6 点提高了半格，这样螺旋线就顺畅多了，没有了"死弯"的感觉，然后把这些点分别按顺序光滑连接即得到 4 条螺旋线路，这 4 条螺旋线便是渐缩矩形管的 4 条棱边，到此就完成了正面视图的绘制。

内、外侧板的展开是螺旋线的展开，比较简单，取直线长等于内侧板投影圆的一半圆周即 $\pi d/2$ 并分为 6 等份，分点 a、b、…、g，过分点作垂线与导程等分平行线相应相交，交点便是内侧板边沿上的点直线连接即可，这里要注意的是在作正面视图时 e-f、f-g 时把 f 点提高了半格，因此在展开图中也应提高半格，因此在内侧板上边沿上在 e 点处显示一个拐点，这样 f 点和 g 点均升高了半格。同样的理由和方法也可作出外侧板的展开图。

从视图中可以看出内侧板是 d 直径的半圆周并分为 6 个等份，每个等份的实长可以作实长图，也可以在内侧板展开图上直接采用，注意 e-f、f-g 之间的实长与其他等分点之间的实长是不一样的，同样外侧板是直径 D 的半圆周并分为 6 个等份，每个等份弧长的实长，可以作实长图也可以直接在外侧板展开图上采用，同样 5-6、6-7 的实长与其他等分点之间的实长是不一样的。在水平视图可以看出上、下盖板是一样的，只展开一面即可，对盖板来说管子是渐缩的，所以所增加的辅助线都是不等长的，因此得作出实长图，盖板的宽度因平行投影面是实长，有了这些条件便可画出盖板的展开图，取直线 1-a 以此为基础向上扩展，以 1 为圆心以 1-b 实长为半径作弧与以 a 为圆心以 a-b 的实长为半径所作弧相交，得交点 b，以 1 为圆心以 1-2 的实长为半径作弧与以 b 为圆心以 b-2 为半径所作弧相交，得交点 2，再以 2 为圆心以 2-c 的实长为半径作弧与以 b 为圆心以 b-c 实长为半径所作弧相交，得交点 c，以 2 为圆心以 2-3 的实长为半径作弧与 c 为圆心以 c-3 为半径所作弧相交，得交点 3，以此类推便可得到 4、…、7 和 d、…、g 各点顺序光滑分别连接各点，便得到上、下盖板的展开图。

图 9-12 是方变矩渐缩螺旋管，螺旋管是一个导程，进出口相错 180°，从水平视图可以清楚地看出，渐缩是由三个不同的圆心和半径过渡而形成，下半个圆是同心圆，在此半圆内方管截面没有变化，后半圆是渐缩变截面的，上、下盖板是全等的。

正面视图的画法是将内侧板圆周和外侧板圆周分为 12 个等份（注意编上号码），要注意圆周不是同一个圆心，并把内、外圈各相应等分点连接起来，显示出渐缩盖板的宽度，作出梯形对角辅助线，以备展开时应用。在正面视图上作垂直线与内、外侧板圆周等分点相对应也分为 12 个等份（注意编上号码），为作图方便其进出口各占 4 个等份（如果两端尺寸不可能同时被等分分割，则可以一端按等分分割，另一端能分几等份就分几等份，不足等分余额将在接近等分点处再作技术处理），过等分点作水平平行线，这些水平的等分平行线与由水平视图各等分点向上所引垂线相应相交，所得交点便是各螺旋线上的点，分别顺序光滑连接各点便得到 4 条螺旋线，这 4 条螺旋线便是渐缩管的 4 个棱边。由于交点很多容易连错，避免出错的办法就是紧盯各条螺旋线的号码，还可以在每个交点上作上不同的符号如圈、点、扛、差等，作完一条再进行下一条，一般不会搞乱，到此就完成了正面视图绘制。

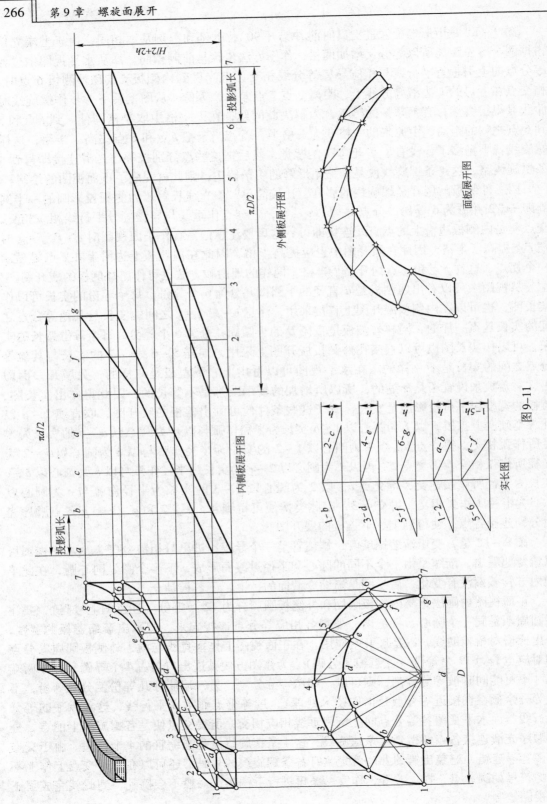

外侧板展开图

内侧板展开图

面板展开图

实长图

图 9-11

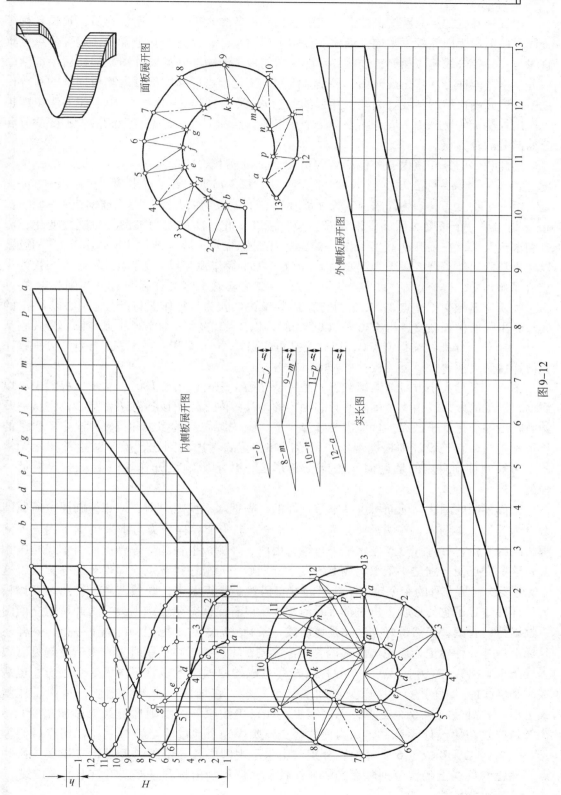

面板展开图

外侧板展开图

内侧板展开图

实长图

7-j
9-m
11-p
12-a

1-b
8-m
10-n
12-a

图9-12

　　侧板展开，如果只看侧板的话，实际它就是一条螺旋带，展开比较容易，延长导程等分线，取前半为内侧板下半周未渐缩部分的半圆周长度，并分为 6 个等份，过等分点作垂直线与导程等分线相应相交，连接各点即为内侧板未渐缩部分的展开图，同样后半部渐缩部分，也用同样方法作出展开图，只是垂线间距离是上半部渐缩部分内侧板周长的 6 等份之一，展开图边沿的斜线（直角三角形的斜边），是等分圆弧的实长，用上述方法步骤也可作出外侧板的展开图，展开图上有两个拐点即 g 点和 7 点，这是整个渐缩管不变部分和渐缩部分的分界点。

　　到此我们已经知道内、外侧板各等分点之间的实长，$1-2$、…、$6-7$ 是一组一个长度，$a-b$、…、$e-f$ 是一组一个长度；$7-8$、…、$12-13$ 是一组一个长度；$g-j$、…、$p-a$ 是一组一个长度；其余均需求出实长才能作上、下盖板的展开图，对角辅助线 $1-b$、…、$6-g$ 是一组一个长度，后面是渐缩管盖板宽度在变化，所以对角辅助线也随之变化，需分别求出实长，在展开前画实长图。盖板展开图作法是，取一线段 $1-a$ 等于下口宽度，以此为基础向外扩展，以 1 为圆心以 $1-b$ 实长为半径作弧与以 a 为圆心以 $a-b$ 实长为半径所作弧相交，得交点 b；以 1 点为圆心以 $1-2$ 的实长为半径作弧与以 b 为圆心以 $2-b$ 为半径所作弧相交得交点 2；以 2 为圆心以 $2-c$ 的实长为半径作弧与以 b 为圆心以 $b-c$ 的实长为半径所作弧相交，得交点 c；以 2 为圆心以 $2-3$ 的实长为半径作弧与以 c 为圆心从 $c-2$ 为半径所作弧相交得交点 3，以此类推可作出 d、…、k 和 4、…、13 各点，分别顺序光滑连接各点便得上、下盖板的展开图。

　　图 $9-13$ 是大小方口渐缩螺旋管，是一个导程，进出口相错 $180°$，从水平视图中可以看出，渐缩的效果是由 4 个不同的圆心确定的，其中内、外侧板各有两个圆心，它从一开始就在渐缩变化管子截面。这里需要解释一下，图"圆心"的多少和位置，决定了管子的外形和走向，它是设计师根据现场使用情况和位置要考虑的问题，展开时这种变化无常的不可展制件均采用的是近似作法即三角形法，并不影响展开作业。上、下盖板是一样的。

　　正面视图的画法与前面所讲基本是一样的，先把水平视图中内、外侧板圆周按所属圆心分为等份，本例内、外侧板均分为 12 个等份，把一个导程分为与水平视图上内、外侧板相同的等份，并过等分点作水平平行线与由内、外侧板上各部分等分点所引垂线相应相交，这些交点便分别是 4 条螺旋线上的点，分别顺序光滑连接各点，即得 4 条螺旋线，这 4 条螺旋线就是方管的 4 个棱边。这里的难点仍然是交点太多，线条密集，作图难度比较大，即使作出了它的形状，也是很难看清楚，所以看懂视图要费点工夫，为此特附立面图一幅以帮助看图，当然最好办法还是螺旋线一条画完后，注上标记，再画下一条，同样还是标上另外一种标记，以免搞混（因为画法相同，本例编者在绘制时为看得清楚起见有很多线条未画出），本例上口在一个导程之外（造成的原因是下管口多占了 3 个等份，也造成了螺旋线的过渡问题），所以又增加了一个等份，在增加一个等份之后，从内、外侧板上沿拐弯处还各有 5 个交点，无法画出，如果仍按原等份画则螺旋线势必超出管口 3 个等份，这与原设计不符，因此为把这些交点顺序光滑地过渡至管口上，在拐点后的等份，一分为二，变成了 6 个等份，分别与由水平视图中各等份所引垂线相应相交，这些点当然是螺旋线上的，分别顺序光滑连接各点，便可画出顺利过渡到管口上的螺旋线。

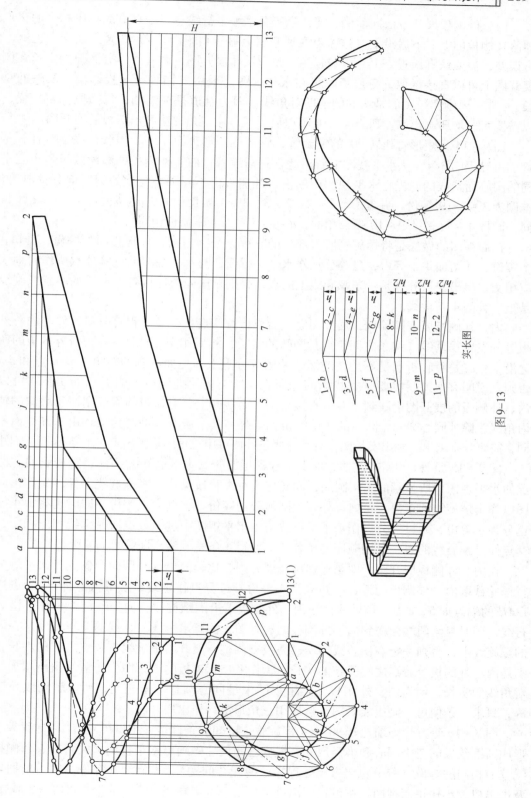

实长图

图9-13

内、外侧板展开方法同前例，要注意等分水平平行线与等分垂直线相应相交的交点必须落在侧板的上、下边沿上（这一点在展开图上显示得很清楚），如果不在交点上就一定有误差，需要认真检查。上、下盖板用三角形法作展开图，内、外等分圆弧的实长在侧板展开图上可以直接量取，每段板宽可在水平视图上采用（因平行于投影面，反映的是实长），唯一要画实长图的是增加的辅助对角线，因为管道是渐缩的，每一段都不一样，所以需要每段均要画出来。所有实长有了以后，就可用三角形法画出盖板的展开图。

图 9 - 14 是矩形管扭转 90°的螺旋管，管两端矩形大小不一，但管口高度一样，整个管子占导程的 3/4，从水平视图上看出此管是渐缩管，内、外侧板的渐缩效果是由三个不同的圆心而造成的，先将水平视图中的内、外侧板由不同圆心完成的圆周部分都成等份，本例为 3 + 6 = 9 等份，并编号，1 - 2、2 - 3、3 - 4 弧长相同，$a - b$、$b - c$、$c - d$ 弧长相同，同样 4 - 5、…、9 - 10 弧长相同，$d - e$、…、$k - m$ 弧长相同。

正面视图的做法是将螺旋管所占部分的导程，分为与内、外板相同的等份，管口占 4 个等份，并增加 4 个等份，过等分点作水平平行线，与水平视图上过等分点所作的垂线相应相交，得出交点分别是 4 条螺旋线上的点，分别顺序光滑连接各点形成的 4 条螺旋线便是矩形管的 4 条棱线。

内、外侧板展开同前例，展开图完成后要检查两点：一是导程等分平行线与内、外侧板等分点所作垂线（线条之间距离是圆弧的实长）相应相交点是否落在内、外侧板的两个边沿上；二是看转折点是不是在渐缩开始的等分点上，比如本例的转折点是 d 点和 4 点，否则就说明有误差，需要复查找出问题所在。所有内、外侧板上的弧长的实长均可以在内、外侧板的展开图上找到，并可直接采用，为展开上、下盖板的展开图，所增加的辅助内角线，除外同心圆的无渐缩的 3 个等份相等外，其余所有辅助对角线均由于渐缩而不相同，需要分别求出，画出实长图，有了这些条件便可用三角形法画出上、下盖板的展开图。

图 9 - 15 是管口相错 90°的方形 1/4 导程螺旋管，本例已知的条件是螺旋管的弯曲情况如水平视图中所显示的 1/4 圆周，和导程大小及管口尺寸，根据这些条件，先作正面视图以确定螺旋线的走势，将内、外侧板圆弧分为等份，本例为 4 等份，同时也将 1/4 导程也分为 4 等份，并过等分点作水平平行线与由水平视图中过等分点所作垂线相应相交，得交点便是螺旋线的点，分别顺序连接各点，便得 4 条螺旋线，即管子的 4 个棱边。

作内、外侧板展开图，即是作螺旋线展开图，比较简单，分别向两侧延长水平等分平行线并截取内、外侧板的弧长，并分为 4 等份，过分点作垂线，从最低点即 1、a 点连接 $1/4H$ 的端点即 5、e 点，该连线便是内、外侧板下沿的螺旋线，向上移两等份作下沿的平行线，同时封闭两端便得到内、外侧板的展开图，注意水平线与垂线的交点，一定在展开的螺旋线上，否则一定有误差或错误，需检查调整。展开的螺旋线上两点之间的斜长，分别是内、外侧板等分点之间弧长的实长，为作上、下盖板的展开图，还需求出所增加辅助对角线的实长，因为内、外侧板在水平视图中是同心圆且等份相同，所以辅助线长度相等，只求一条便可，画出实长图，然后用三角形法，作出展开图。

图 9 - 16 是方形渐缩扭转 90° 1/4 螺旋管，已知的条件是大小口尺寸、1/4 导程大小及形成渐缩效果的三个圆心和半径尺寸，根据已知尺寸先画出水平视图，并将内、外侧板弧线分为相同的等份（等分也要考虑导程等分的配合问题），本例为 6 等份，然后根据导程及进出口大小作正面视图，按位置画出进出口，把 1/4 导程分为 6 等份，过等分点作水平

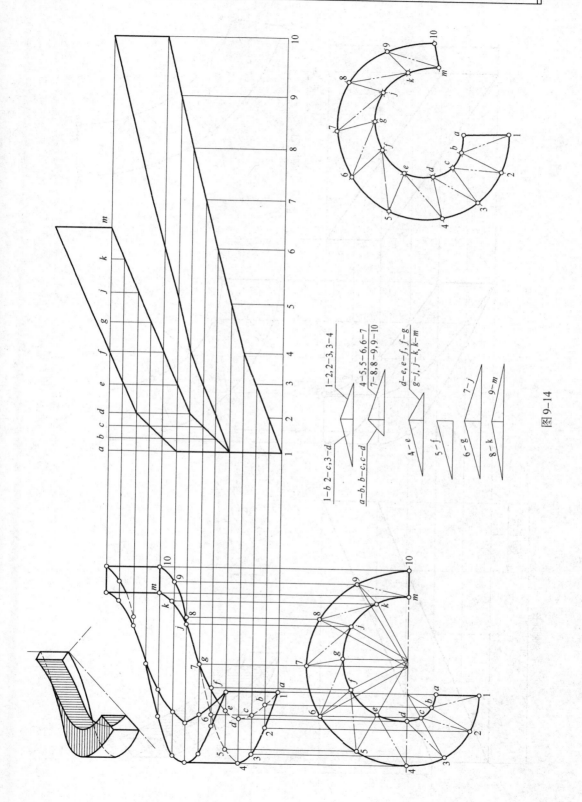

图 9-14

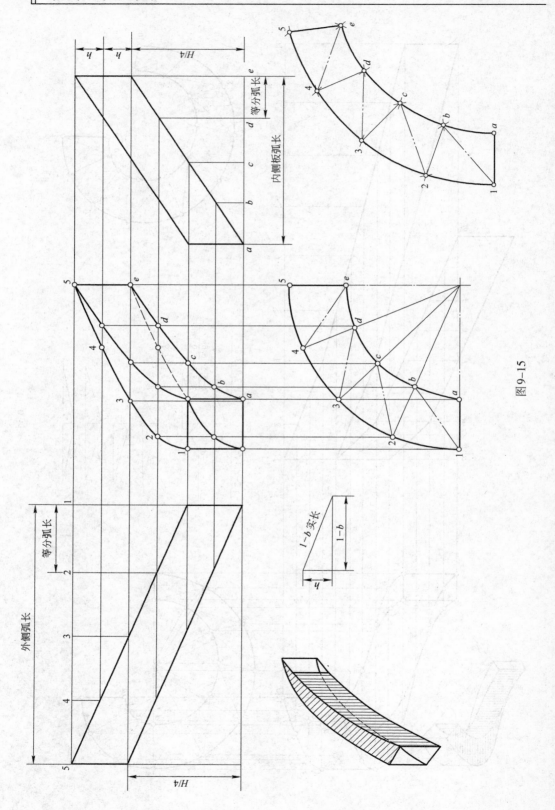

图9-15

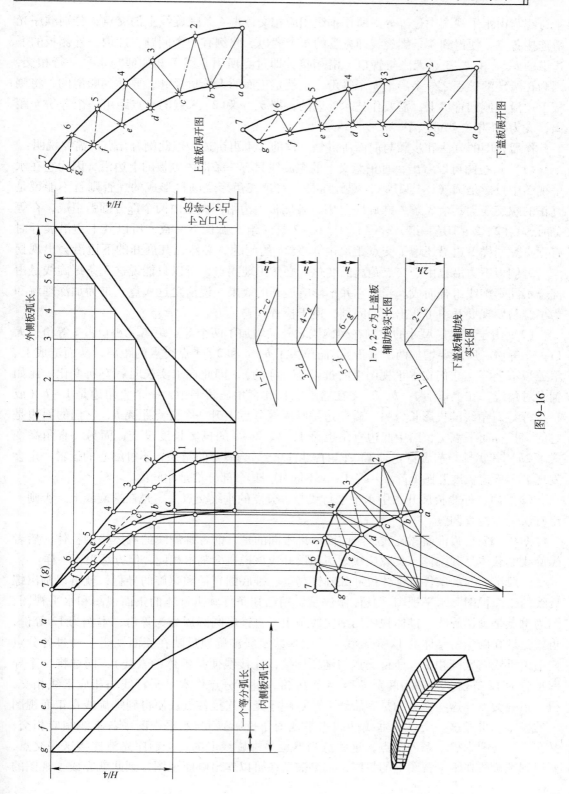

上盖板展开图

下盖板展开图

外侧板弧长

内侧板弧长

一个等分弧长

1-b、2-c为上盖板
辅助线实长图

下盖板辅助线
实长图

图9-16

平行线与由水平视图中过等分点所作垂线相应相交，得 4 条螺旋线上的交点，分别顺序光滑连接各点，便得到 4 条螺旋线即方管的 4 个棱边。此例有一个问题，即内、外侧板的下边沿的 b、c 和 2、3 点无法与管口下沿相接，即过点所引垂线不知如何与水平平行相交，因为在给定的导程之外多出了 3 个等份，也就是正面的大管口尺寸，要达到顺滑的，将侧板下边沿过渡到管口上，需要作技术处理的，把 b、c 和 2、3 点的交点距由一个等份 h 距离，变为 $2h$ 相交就可以了。

作展开图的方法和步骤与前面所讲是一样的，不再讲述，但此例有几点还需要说明：

（1）从视图可以看出，真正意义上的螺旋线只有一条即内侧板的上边沿，因为它在水平视图中投影是圆（1/4 圆周），螺旋线是一直角三角形绕圆柱形成的，否则就不能说是真正的螺旋线。其余 3 条 "螺旋线" 中，外侧板上边沿圆弧是由两个部分圆弧组成，在等分时，1 – 2、2 – 3 是一组，3 – 4、…、6 – 7 是一组，弧长不一致，所以其上边沿展开时有拐点。同样下边沿还增了交点距离由 h 变 $2h$ 的问题，必然在其展开的下边沿会出现拐点，内侧板下边沿也由于交点距离的变化，必然出现拐点，所以只能说这 3 条螺旋线是由部分不同螺旋线组合而成。当然它并不影响展开的效果，说清楚这一点，是为加深理解和为了容易发现展开中可能出现的问题，便于检查调整。

（2）由于大小口尺寸的差别在螺旋线之外又增加了两个等点距离（小口占 1 等份，大口占 3 等份，所以要增加两个等份），而拉大了 b、c 和 2、3 点交点的距离，从而造成上、下盖板不全等（它们在水平视图上的投影是一样的），因此在求实长时就有所变化。比如辅助对角线，在上盖上 1 – b、2 – c 在它求实长的直角三角形中，一个直角边是 1 – b（或 2 – c 等）对角线的投影长，另一直角边是圆周等分点上升一个分点距离 h，它们的斜边是它的实长；而下盖实长图中底边直角也是 1 – b、2 – c 的投影长度没变，而另一直角高变成了 $2h$，其实长与前者肯定是不一样的，所以会影响展开的结果，不过细心的读者一定会发现上、下盖板展开图上除 a – c、1 – 3 不同外，其余部分都是相同的。

（3）内、外侧板展开图中水平平行线与等分点的垂线交点一定是在螺旋线上，否则一定有误，需检查调整。

图 9 – 17 是圆锥面螺旋线，与前面所讲不同的是，前者螺旋线的载体是圆柱体，后者螺旋线的载体是圆锥体，其螺旋线画法和展开应该说概念基本相同，但方法很不一样。

一般讲已知的条件有锥体尺寸如圆锥高度、锥底圆直径和螺旋的导程，就可以画出螺旋线的正面视图和水平视图。具体做法是，用已知条件画出锥体的正面视图和水平视图，因为重点是画螺旋线，锥体视图用细实线画出，将锥底圆圆周分为等份，本例为 12 等份，也就是说新确定了锥体的 12 条素线，并把这些素线准确地反映在正面视图上（过各分点向上引垂线与底圆相交，所得交点与锥顶连接，连接线便是锥体的素线），同样将一个导程也分为 12 等份，本例为两个导程 24 个等份，过等分点作水平平行线与相应素线相交，得一系列交点，这些交点均是螺旋线上的点顺序光滑连接各点，便得到螺旋线在正面视图上的投影，再过这些交点作垂线（向水平视图作投影），与水平视图中各素线相应相交，又在水平视图中得一系列交点，这些点当然也是螺旋线上的点，顺序光滑连接这些交点，便得到螺旋线在水平视图上的投影，如果需要还可以作出侧面视图，到此就完成了视图的绘制。

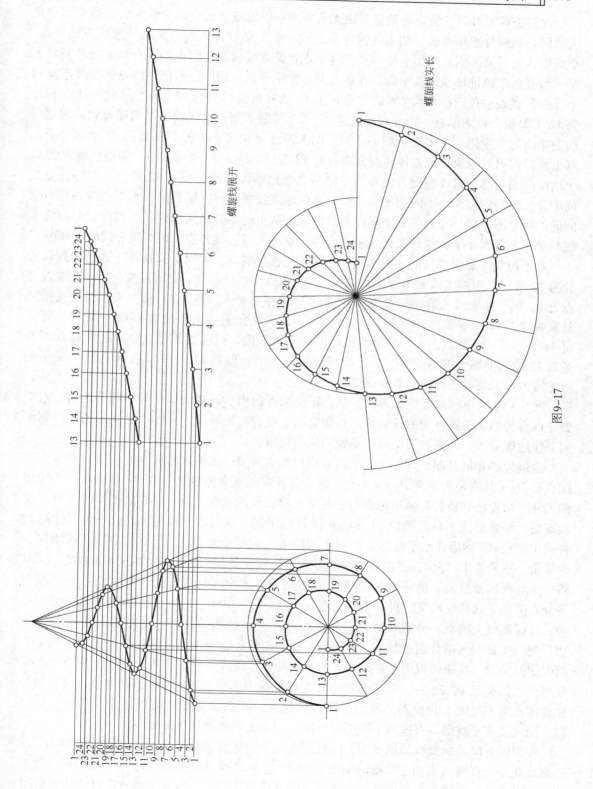

图 9-17

在讲锥体展开时，曾讲过圆锥是由无数条素线所组成，也可以理解为由小到大的同心圆圆片累积而成，如果在锥体表面设一点的话，可认为它是某一素线上的一点，也可以认为是某一圆片圆周上的一点，这个点也是素线和圆片圆周的共有点，每片圆片也是一个垂直于圆锥轴线的截平面，在展开时按辅助平面应用，在本例中把圆锥底圆分为12个等份，就表示我们在无数个素线中选定了12条有典型意义的12条素线，把一个导程分为12个等份，就表示在一个导程内设定了12个辅助平面，这些辅助平面随着辅助圆直径的变化而发生变化，由大逐步变小，为了图面清晰，在水平视图中没有把12个辅助平面画出来，但可以想象当把锥体底圆圆周分为12等份，选定12条素线时，所有被确定的12个辅助圆圆周都与素线相交，也相当于把所有辅助圆圆周都分成了12等份，但等分点之间的弧长因辅助圆大小不同而不同，所以在作螺旋线展开时，见右图在水平直线各分点之间的距离也不一样，它们的大小实际就是各辅助圆上的等分之间的弧长，然后过分点作垂线与导程等分水平平行线相交得一系列交点，顺序光滑连接各点，便得螺旋线的展开图。

右下图是螺旋线实长的一种画法，画法是把锥体展开，取扇形弧长等于底圆的周长并分为12等份，用细实线画出素线，素线的顺序是1、2、…、1，扇形圆弧与第一条素线交点为1，第二条素线比第一条素线短1/12的导程即一个 h，得点2，第三条素线又比第二条素线短1/12的导程即一个 h，得点3，每一条素线比前一条素线短1/12的导程，便可得4、5、…、13各点，下一个导程也可以这样做下去，而选用了第二个导程的起点辅助截面13的辅助圆作锥底，按上一个导程使用的方法，得到13、…、24、1各点，顺序光滑连接各点，便得展开的平面螺旋线。

图9-18是单圆锥面螺旋面板，锥面螺旋面板的内、外螺旋线的导程相等为 H，内螺旋是以直径为 d 的圆柱上的螺旋线，外螺旋线上端直径为 d，下端直径为 D 的圆锥台侧锥面上作的螺旋线，两螺旋线组成了单锥面螺旋面板。

绘制视图和展开图，现给定的条件有圆柱的直径 d、圆锥台的底圆直径 D、圆锥台顶圆直径 D_1（其直径大小是 $D_1 = d +$ 上口螺旋面板宽度）和锥台的高度 H，H 也是一个导程的尺寸，根据已知条件先画出圆锥台，并延长锥台两侧素线，成一完整的正圆锥（有了正圆锥后，外螺旋线上口直径 D_1 实际由 d 和 H 所限制，就可以不再考虑，以下再没使用），再画出圆柱 d，然后作水平投影，在水平视图上出现两个直径为 d、D 同心圆，将圆周分为等份，本例为12等份，过圆心连接等分点，连线便是我们选定的12条圆锥素线，同时将一个导程即锥台高，也分为12等份，过等分点作水平平行线与由水平视图中，过圆周等分点所作垂线相应相交，得一系列交点 a、b、…、p 和1、2、…、12，这些点便分别是内、外螺旋线上的点，分别顺序光滑连接各点，便是两条螺旋线，也是螺旋面板的两个边，把两螺旋线两端分别连起来，就得到了螺旋面板在正面视图上的投影，也就完成了正面视图的绘制，从正面视图上螺旋线上的各点向下作垂线，分别与水平视图上相应的各素线相交，得交点1、2、…、12。这些点也是螺旋线上的点，顺序光滑连接各点，便得到外螺旋线在水平视图上的投影，再加上圆柱的投影，就完成了螺旋面板在水平视图上的投影，完成了水平视图，有这两个视图就可以了，不需要再增加其他视图。

在视图右侧是螺旋线的展开图，内螺旋线由于圆柱直径是不变的，其截面圆相等，所以螺旋线是一直线（直角三角形的斜边），其中包含12个小三角形，小三角形的斜边便是圆柱圆周等分点之间弧长的实长，外螺旋线的载体是锥体，它的每个横截面直径是不相同

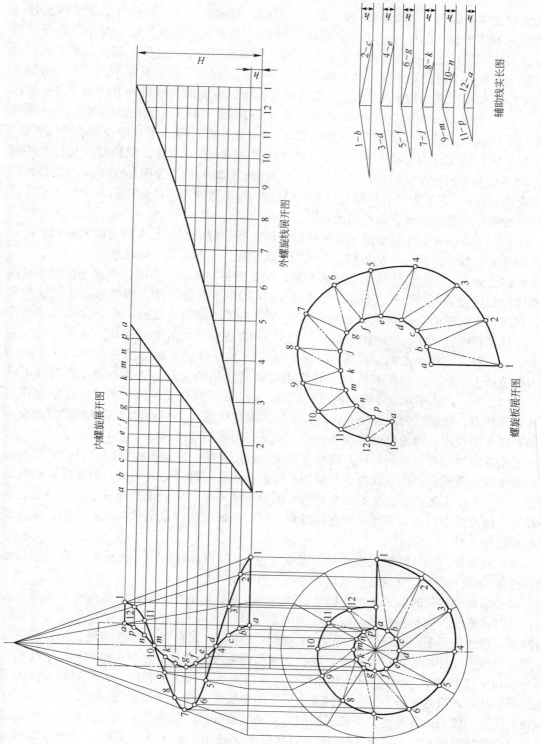

内螺旋展开图

外螺旋线展开图

辅助线实长图

螺旋板展开图

图 9-18

的，所以作法相同，结果是不一样的，展开的螺旋线是一曲线，从水平视图上可以看出，螺旋线在锥体底圆 12 等分之间的弧长是不一样的，是由大变小，所展开的水平线上各点之间的（和水平视图上各分点之间）距离（弧长）是不相等的也是由大变小，展开的螺旋线是实长，两点之间的弧长便也是实长。为了作螺旋面板的展开图，需要在水平视图的各梯形中增加一个辅助对角线，这些梯形的大小不一，辅助对角线长度不一，并且两端点高度不一，差一个 h，所以需求出实长，画出实长图，螺旋面板的展开方法是，取一线段等于 $a-1$，然后以 a 为圆心以 $a-b$ 弧的实长为半径作弧与以 1 为圆心以辅助线 $1-b$ 实长为半径所作弧相交得交点 b，以 1 为圆心以 $1-2$（是指螺旋线水平视图中两点之间弧长，以下均相同）的实长为半径作弧与以 b 为圆心水平视图中 $b-2$（是螺旋线在此位置的宽度）的实长为半径所作弧相交得 2 点，以 b 点为圆心作弧与以 2 为圆心以 $2-c$ 为半径所作弧相交得交点 c，以 2 为圆心作弧与以 c 为圆心以 $c-3$ 宽度为半径所作弧相交得 3 点，以此类推便可作出完整的螺旋面板的展开图。

图 9-19 和图 9-20 是锥形螺旋回转机叶片，就是螺旋面板，本例与前例相同，是单圆锥面螺旋面板，前例为一个导程，本例为三个导程，中间圆柱是回转轴。

根据已知条件用细实线画出圆锥体和圆柱的正面视图和水平视图，将水平视图中锥底圆和圆柱圆周分为 12 等份，过圆心连接等分点得 12 条圆锥素线，用投影方法把这些素线，反映在正面视图上，画法就是过各等分点向锥底作垂线与底圆相交，交点与锥顶连接，连线就是圆锥素线，同时把每个导程也分为 12 等份，并过等分点作水平平行线与锥体素线相应相交，得一系列交点 1、2、…、12、1 是外侧螺旋线上的和 a、b、…、p、a 是内螺旋线上的点，注意在其他两个导程也得到同数量的交点，这些点都是螺旋线上的点，1、2、…、1 是外侧螺旋线上的点，a、b、…、a 是圆柱螺旋线上的点，分别顺序光滑连接这些点，便得到两条螺旋线，连接下端两螺旋线起点，便可得到完整的螺旋面板在正面视图上的投影，再画出圆柱投影，便完成了正面视图的绘制。

水平视图的画法，中间圆柱及圆柱螺旋线的投影是圆，外螺旋线的画法是过正面视图上外螺旋线上各点向下作垂线与水平视图中圆锥各素线（即等分点与圆心的连线）相应相交得 1、2、…、1 各点，注意是三个导程，因为作法完全一样，没有标编号，这些点是水平视图上螺旋线上的点，顺序光滑连接各点，便得到螺旋线在水平视图上的投影，就完成了水平视图的绘制。

螺旋线展开，圆柱螺旋线展开是一直线（直角三角形的斜边），图中的小直角三角形的斜边便是圆柱圆周等分点之间弧长的实长，可直接采用。

求外螺旋线实长时需要作出正圆锥的展开图，具体画法如图 9-20 所示，以锥顶为圆心，以圆锥素线长为半径作弧，取弧长为圆锥底圆的圆周长并分为 12 个等份，过等点连接锥顶，连线就是前面选定的 12 条素线，素线成扇形，扇形就是圆锥的展开图，以锥顶为圆心以锥顶到导程等分点与外侧素线相交各点的距离为半径，分别作弧与相应素线相交得一系列交点 1、2、…、12、1，后面两个导程的画法与此完全相同，也得到同样多的交点，分别顺序光滑连接各点，便得到三个导程的螺旋线实长，当然也就得到了水平视图中两条素线之间弧长的实长，这里要说明的是螺旋线展开后，螺旋线实长是条曲线，作面板展开时如果直接采用肯定是有误差的，但其误差比较小，而按实长采用，一般可以不考虑，若要求精确度高还需作实长图，方法同前例。

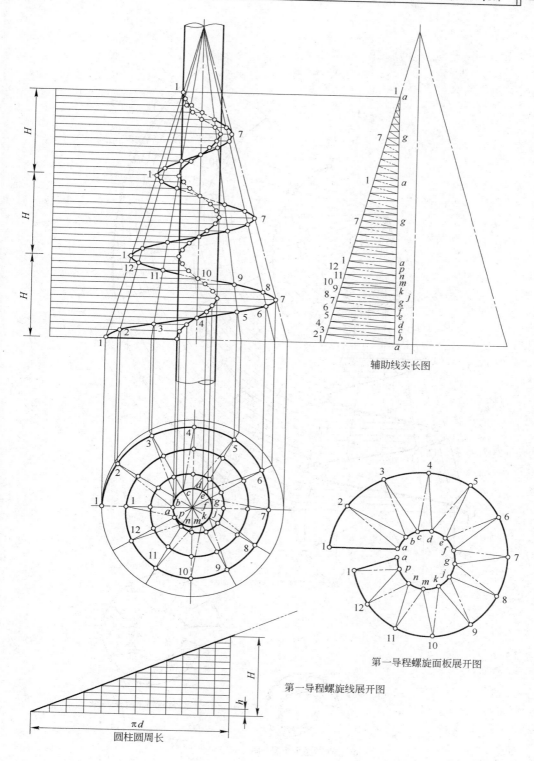

辅助线实长图

第一导程螺旋面板展开图

第一导程螺旋线展开图

圆柱圆周长

图 9 - 19

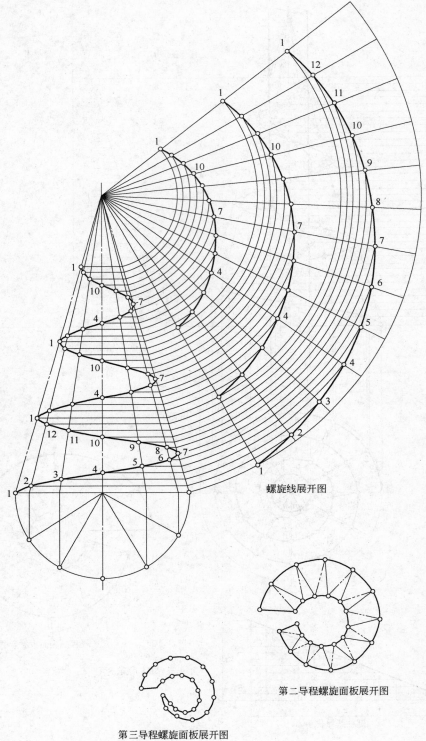

螺旋线展开图

第二导程螺旋面板展开图

第三导程螺旋面板展开图

图 9－20

用三角形法作面板的展开图时，需在水平视图中由内、外圆弧和素线所构成的各个梯形中分别增加一条辅助对角线（图中用双点划线表示，因为梯形重叠线条太多，第二、第三两个导程中各梯形的辅助对角线没有画出，它们连线的起点都是从水平视图中第二、第三螺旋线的 1 点开始），这一系列辅助线的两端点不在同一平面上，需要求出实长，从水平视图中可以看出所有辅助线，一端是圆柱的圆周等分点上，一端在水平视图上螺旋线投影和素线的交点上，所以照录正面视图，画出如正面视图右面的实长图，图中点划线便是实长，这样梯形中的三角形三个边全都求出了实长，可以做螺旋线面板的展开图，具体做法是，取一线段长等于 $1-a$ 即第一导程下端螺旋面板的宽度，以 1 为圆心以 $1-2$ 弧的实长为半径作弧与以 a 为圆心以 $a-2$ 实长为半径所作弧相交得交点 2，以 b 为圆心以 $a-b$ 弧实长为半径作弧与以 2 为圆心以 $b-2$ 为半径所作弧相交得交点 b，此处的 $b-2$ 是该处两螺旋线之间的宽度，线段两端点在同一高度，并平行于水平投影面反映的是实长，以 2 为圆心以 $2-3$ 实长为半径作弧与以 b 为圆心以 $b-3$ 实长为半径所作弧相交得交点 3，以 b 点为圆心以 $b-c$ 实长为半径作弧与以 3 为半径以 $3-c$ 为半径所作弧相交得 c 点，以此类推便得 4、…、1 和 d、…、a 各点，分别顺序光滑连接各点便可得到螺旋面板的展开图。用同样的方法步骤可以做出第二导程和第三导程的螺旋面板的展开图。

图 9-21 是双锥面螺旋面板，内、外两圆锥同轴且相似，同一导程，两条锥面螺旋线所形成的螺旋面板称双锥面螺旋面板。

根据已知条件作出各视图，已知两锥体的高度和底圆尺寸、螺旋的导程和内、外上口的大小等。先将底圆分为 12 等份，过圆心连接等分点，其连线便是 12 条（也可以说是 24 条）圆锥素线在水平视图上的投影，相应将导程也分为 12 个等份，过等分点作水平平行线，也是圆锥的辅助横截面。

正面视图的画法是把水平视图中各条素线投影到正面视图上，即各圆周等分点向上做垂线与锥底相交，过交点与锥顶连接，这些连线便是锥体素线在正面视图上的投影，各素线与导程等分水平线相应相交得一系列交点 1、2、…、12、1 和 a、b、…、p、a 各点，这些点就是螺旋线上的点，分别顺序光滑连接各点便得到内、外两条螺旋线在正面视图上的投影，分别连接螺旋线两端点即得螺旋面板在正面视图上的投影，即完成了正面视图的绘制。

水平视图的画法是过正面视图中螺旋线上各点，向下作垂线（也就是向水平投影面作投影）与水平视图中相应素线相交，得一系列交点 1、2、…、12、1 和 a、b、…、p、a 各点，分别顺序光滑连接各点，便得两螺旋线在水平视图上的投影，连线封闭螺旋线两端，便得到双锥面螺旋面板的投影，也就完成了水平视图的绘制。

做螺旋线展开图，内螺旋线展开，取一水平直线，并按水平视图中内螺旋线各点之间的弧长进行截分，过分点作垂线与导程等分水平平行线相应相交，这些交点对应 a、b、…、p、a 各分点，顺序光滑连接各交点便得内螺旋线的展开图，用同样的方法也可作出外螺旋线的展开图，与上不同的是，在水平线截取的分点是水平视图上外螺旋线上各点之间的弧长，展开的螺旋线两点之间的弧长是实长。

展开螺旋面板要用三角形法，所以要在水平视图中由内、外螺旋分点之间的弧长和圆锥素线构成的小梯形中增加一条辅助对角线，在这个梯形中内、外弧长的实长可在展开的螺旋线上采用，考虑到弧线长是量不准的也作了实长图，两段素线在同一水平上，平行于投

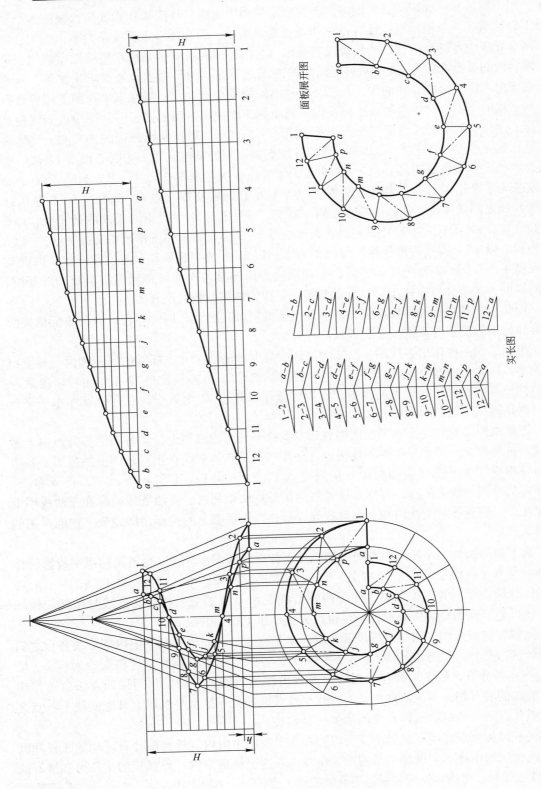

面板展开图

实长图

图9-21

影面反映的是实长，唯一需求实长就是增加的辅助线，它的两端点高度相差 h，所以特画出了实长图。有了这些条件便可作面板展开图，首先取线 $a-1$ 为基准再向外展开，以 a 为圆心以 $a-b$ 弧实长为半径作弧与以 1 为圆心以辅助线 $1-b$ 的实长为半径所作弧相交得交点 b，以 b 点为圆心以 $b-2$ 为半径作弧与以 1 为圆心以 $1-2$ 弧的实长为半径所作弧相交得交点 2，到此便完成了第一个小梯形的展开实形，以此类推可顺序作出其余 11 个小梯形的展开图，然后顺序光滑连接梯形上、下底的端点，也就完成了螺旋面板的展开图。

图 9-22 是一斜圆柱螺旋面被一个圆柱面截断以后，在该圆柱面外部所剩下部分的投影图（视图），此例与前面所讲的例子，有很大差别，但螺旋面的实质并没有变化，只是在画视图和展开的方法上略有变化。

先讲斜螺旋面的作图方法，画一垂直轴线并作两个同轴圆柱面（正面视图），其水平视图为两个同心圆，从视图中可以看出，两圆柱面上的螺旋线的导程（即螺距）虽起点不同，但导程相等，为作出螺旋线，首先把一个导程 H 分为等份，本例为 12 等份并标注等份编号 1、2、…、13，相应把水平同心圆（即螺旋线在水平视图的投影）也分为 12 个等份，也标注等份编号 1、2、…、13 和 1′、2′、…、13′，并相应连接，也就是说我们确定了螺旋线上的 12 条素线，第二步在正面上过各等分点作圆柱轴线垂直平行线，第三步过水平视图中各等分点，向上引垂线（即平行于圆柱轴线），与相应的水平平行线相交（注意两螺旋线起点不同，相互差半个导程即 $1/2H$），得交点 1、2、…、13 和 1′、2′、…、13′，这些点便是螺旋线上各条素线的端点，最后顺序光滑连接各点，便得到两条所求的螺旋线，注意看见部分用粗实线画出，看不见部分用虚线画出，并分别连接螺线端点 1-1、6-13 和 12-13 便得到了斜螺旋面在正面视图上的投影图（后面螺旋面也依此办理），为看得更清楚一些，把螺旋面上的各条素线用细实线也画出来。

斜螺旋面的展开，与前面所讲的各种螺旋面不同，斜螺旋面是倾斜的，在视图中所能看到的线条都不是实长，因此作展开有其特别之处。但它毕竟还是由两条螺旋线组成，所以用螺旋线形成的过程，再反过来作出螺旋线的实长，具体作法为：第一步作外螺旋线的展开，取一水平直线段 1-13，其长度为外螺旋线在水平视图上的投影圆的圆周长，并将其分为 12 个等份，等分点为 1、2、…、13，过各等分点作垂线，取过 13 点所作垂线长为 H 即螺旋线的一个导程（螺距），连接 H 的端点 13-1，便形成了 1-13-(13)-1 的一个直角三角形，该直角三角形的斜边便是该螺旋线的实长，等分点之间的斜边长是螺旋线等分间弧的实长，第二步是作内螺旋线的展开，此处特别要注意两点，一是内螺旋线的起点高度不同，它比外螺旋线起点低半个导程（螺距），二是两螺旋线的素线重合点在 4-4′ 和 10-10′ 上（可在视图中看到），再按照上面提示的两点，过内螺旋线上（正面视图上）1、4、7 和 10 点作水平线与外螺旋线等分点垂线相交于 4、10 两点，连接 4-4′ 和 10-10′ 便是我们原来设定的两条相重合的（共用）素线，然后在该素线两侧截取内螺旋线在水平视图上投影圆圆周上分点间的弧长得 1、2、…、7 和 7、8、…、13 各点，过各点作垂线，7、13 垂线长取半个导程（螺距），连接 1-7 和 7-13 便得到两个全等的直角三角形 1-7-7-1 和 7-13-13-7，其直角三角形的斜边分别是内螺旋线前半段（半个导程）和后半段（半个导程）的实长，最后把两螺旋线的端点 1-1′、7-7′ 和 7-7′、13-13′ 连接起来便得到斜螺旋面的展开图，再把各条连接内、外螺旋线的相应各素线连接起来，就看得更清楚一些。这样就得到了斜螺旋面的展开图。

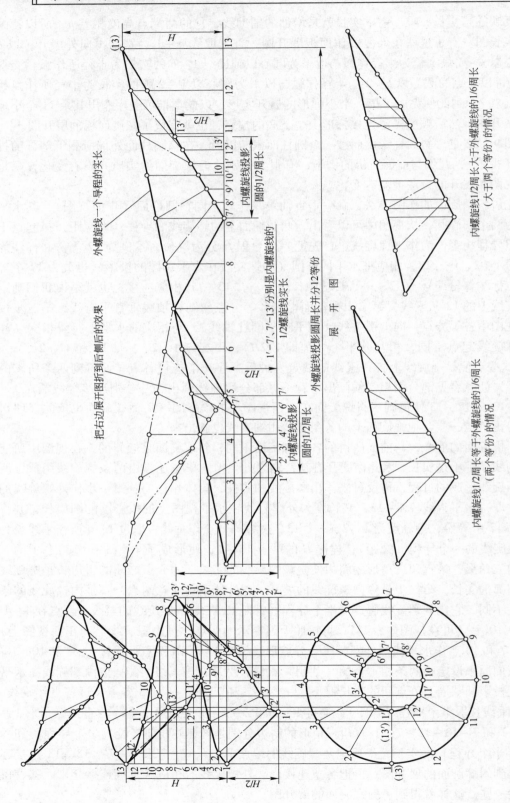

图 9-22

外螺旋线一个导程的实长

把右边展开图折到后侧的效果

展开图

1′－7′、7′－13′分别是内螺旋线的1/2螺旋线实长

外螺旋线投影圆周长并分12等份

内螺旋线投影圆的1/2周长

内螺旋线1/2周长大于外螺旋线的1/6周长
（大于两个等份）的情况

内螺旋线1/2周长等于外螺旋线的1/6周长
（两个等份）的情况

从展开图中可以看出，在一个导程内的展开图实际上是由两片完全相等两部分组成，即 $1-1'-5-7-1$ 和 $7-9-13'-13-7$ 的两个全等的独立的四边形组成，如果是两个导程则由 4 个四边形组成，以此类推可作出很多四边形，为了大家便于理解，特将后半导程的展开图翻折到前半导程展开图的后面（图中用点划线表示），就可以想象出展开图按各素线位置弯曲后的效果，内、外螺旋线顺序光滑连接，并想象去投影的话，则完全和视图中的正面视图相一致。

本例中有一问题需要说明一下，图中的内、外圆柱的直径大小，是由设计者根据需要设定的，展开时可以不考虑，但展开时一定要十分注意等分线的位置，特别是螺旋面上我们选定的各素线的位置，这些位置关系实际就决定着两螺旋线的起点走向，所以十分重要，如果外圆柱直径不变，内圆直径变化，展开虽有变化但总的来说并不影响我们作展开图，展开图中内圆柱的圆周长，设定小于外圆柱圆周长的 1/6 的展开结果，下面的两个图，一个是内圆柱的圆周长，设定等于外圆柱圆周长的 1/6，一个是内圆柱的圆周长，设定大于外圆柱圆周长的 1/6，可以对照分析。

第 **10** 章

异口过渡短接管

在工业行业中为解决两个不同口径、不同形状、不同空间位置的管道比较顺畅的连接在一起，过渡短管的应用十分广泛，在前面几节中已涉及了一些，但由于此类接管十分繁杂，不仅工程图比较难画也比较难看懂，作展开就更加困难，所以单列一章进行分析。

图 10 - 1 是一个上、下端面平行于同一投影面正棱锥接头，是一个由四个全等的正梯形组成的棱锥管，图中已给的条件是：上、下正方形的边长 $a - b$ 和 1 - 2 以及棱锥管的高 H，同时正方形的边长也就是梯形的上、下底的尺寸，因为它们都平行于投影面，所以反映的是实长，如果知道梯形的高 h，那么画出正梯形的实形就很简单了，而在水平视图中，可以看出由于四个正梯形都倾斜于投影面，所反映出的梯形是变了形的，同时梯形高 h' 也变了形，不能采用，而水平视图中梯形的高 h' 在正视图中是平行投影面的反映的是实长，即主视图中已变形梯形腰投影 1 - a 或 4 - d 就是梯形的高，这样就可以采用已知的上底、下底和梯形的高，准确画出正梯形的实形，因为四个梯形是全等的，所以用共有线、共有点的概念，把四个梯形连接在一起，便可得到短接管的展开图。

如果在水平视图的右下方增加一个投影面作锥管的投影，则可求得锥管梯形的腰的实长 1 - a 或 3 - c。

如果想直接按几何作图的方法画出梯形，特别是第二个梯形拼接时，则需要增加一条辅助对角线如 1 - d，并求出其实长，见实长图，这样做就是把梯形分为两个三角形，便于绘图。具体做法是，画直线 1 - 2 为下底尺寸，以 1 为圆心以 1 - a 腰长为半径作弧与以 2 为圆心以辅助线实长为半径作弧相交得 a，连接 1 - 2 和 2 - a 便得三角形 12a，再以 2 为圆心以 2 - b 腰长为半径作弧与 a 为圆心以上底 a - b 为半径作弧得交点 b，连接 a - b 和 2 - b 便得第一个梯形，按此法可依次画出后面的三个，拼连在一起的梯形即是锥管的展开图。

图 10 - 2 是在上例的基础上有所变化，首先准确做出三视图，从图中可以看出，该棱锥管也是由四个梯形组成，只是放置在方盒（投影象限）的一侧角内，其中左侧面和底面两个梯形是紧贴在投影面上的，也就是说它们都平行投影面，所以反映的是实形，其余右侧面和上平面两个梯形均倾斜于各自的投影面，反映的不是实形，这在三视图上看得十分清楚，正面视图和左侧视图反映的是实形，其余两梯形虽然变了形，但它们却是全等的直角梯形，这两个梯形的高的投影，在水平视图上反映的是 a - b 线段，它是变了形的，而在正面视图上反映的是 a - b 线段（也就是前面两个梯形的斜腰长）反映的是实长，知道了直角梯形的上、下底和高画出梯形就很容易了，作展开时先把左侧和底面两个的实形画出，并过其斜腰的两个端点作斜腰的垂直线，在垂线上分别截梯形的上、下底的长度，并将两截点相连，便可得到该锥管的展开图。

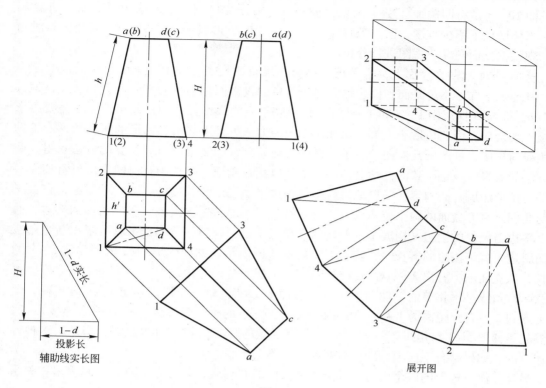

图 10－1

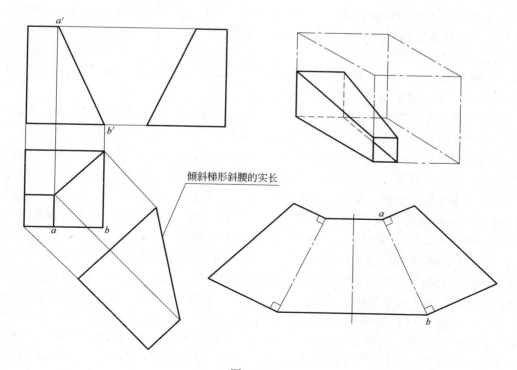

图 10－2

图 10－3 是将四棱锥管按对角线方向布置，此时的四棱锥管已不是正锥，而是四棱斜锥，当然增加了不少难度，已知条件是：大、小正四方形口的尺寸 H、h，以及倾斜时角度。现根据立面图及三视图进行分析。

梯形 $1ad4$ 紧贴在底面上，它平行于投影面反映的是实形，上、下底及腰的尺寸是实长，其他三个梯形不论是面和棱边均倾斜于各自的投影面，反映的不是实形和实长，但其中 $1ab2$ 和 $4dc3$ 梯形中 $1-a$ 和 $4-d$ 腰，是和底平面的梯形腰分别是共用的，不需要再求实长，其余均需用三角形法求解。用几何作图的方法可求出其余各梯形的腰长和梯形辅助对角线的长度，见图中几何图，有了这样的几何基础，当然也可以用计算的方法求得，两种方法的效果应该是一致的，学会两种方法可以相互验证。实长的几何图作法可看前面讲过的三角形法展开的内容，简单地说就是某棱边（就是一段长度的线段）的投影，在投影上与我们设定方盒面的两个棱边构成了一个直角三角形，先求出该直角三角形的斜边，而这个斜边与倾斜的棱边又构成了一个新的直角三角形，利用三角形关系就可求出新直角三角的斜边也就该棱边的实长。作实长方法如实长图所示，如作梯形 $2bc3$ 的对角线 $2-c$ 的实长，从立面图中看出 $2-c$ 对角线与梯形 $1ad4$ 相重合，对角线 $1-d$ 和 $2-c$ 相对应，要注意两对角线是不相等的，现利用水平投影面上 $1Bd$ 直角三角形来作出 $2-c$ 对角线，图中 1 点到 2 点直角距离为 $1-2$，另一端的 d 点距 c 点的直角距离为 $d-c$，那么连接 $c-2$，当然就是梯形 $2bc3$ 对角线 $2-c$ 的实长，其余要做的腰实长和对角线的实长都是用这种方法作出的，如果结合立面图仔细分析对照一般不会出错。

另外要注意梯形的四个棱边，都是相邻两面的共有线、共有点，要充分利用这种关系和用好这种关系。

展开时先画出实形梯形 $1ad4$，然后用共有线、共有点的概念依次拼连画其他梯形，以 1 为圆心以对角线实长 $1-b$ 为半径作弧与以 a 为圆心以 $a-b$ 为半径所作弧得交点 b，再以 b 为圆心以另一梯形腰实长 $b-2$ 为半径作弧与以 1 为圆心以 $1-2$ 为半径所作弧相交得交点 2，顺序连接各交点便得 $1ab2$ 梯形的展开图，再用同样的方法在另一边拼连作出 $4dc3$ 和 $3cb2$ 梯形，便完成了锥形短管的展开图。

上面的展开方法作起来比较繁杂并且误差较大，实际上大家可以仔细从立面图中认真分析，便可看出在 $1ab2$ 梯形中大口边长 $1-2$ 和小口边长 $a-b$（梯形的上、下底），是垂直于它们的腰 $1-a$ 的，也可以从它们在方盒中所处位置来分析，$1-2$ 和 $a-b$ 分别处在方盒的前面和后面（即前、后投影面），而 $1-a$ 腰处于底平面（水平投影面），前、后投影面是垂直于水平投影面的，所以在梯形 $1ab2$ 中上、下底 $1-2$ 和 $a-b$ 是垂直于 $1-a$ 腰的，同样的理由在 $4dc3$ 梯形中 $4-3$ 和 $d-c$ 是垂直于 $4-d$ 的，而 $1-a$ 和 $4-d$ 两腰也是 $1ad4$ 梯形的腰长，所以 $1-a$ 和 $4-d$ 分别是相邻两梯形的共有线，两端点 1、a、d、4 均是共有点，在直角梯形中我们已知道梯的上、下底长度和直角边的腰长，这样在展开时只要在已知直角边端点处，分别过端点作垂直线并分别截取上、下底的长度，再分别连接截点即可作出 $1ab2$ 和 $4dc3$ 两个梯形，最后一个梯形 $2bc3$ 中我们已知道上、下底和两个腰的长度，其中一个腰是与 $1ab2$ 梯形共用的 $b-2$。但这些条件无法画出梯形，所以要在梯形中增加一条辅助对角线，把梯形变成两个三角形，只要知道辅助对角线的实长就可以画出两个三角形，求实长方法同样可以用计算的方法，也可用几何作图的方法，本例用几何作图法画出了实长如图所示。具体作梯形的方法是以 c 为圆心以辅助线实长 $c-2$ 为半径作弧与

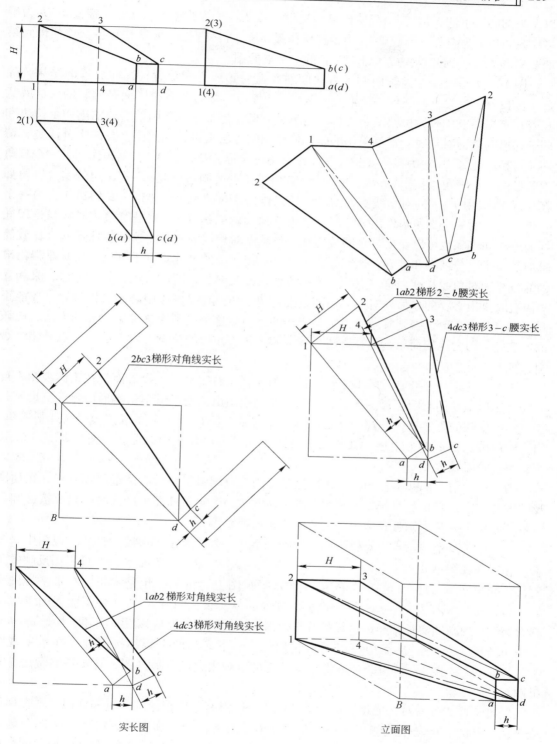

实长图   立面图

图 10-3

以 3 为圆心以下底 3－2 为半径所作弧相交得交点 2，再以 2 为圆心以另一腰长 2－b 为半径作弧与以 c 为圆心以上底 c－b 为半径所作弧相交，得交点 b，顺序连接各交点便得到第四个梯形 2bc3，到此就完成了锥形短管的全部展开图。

图 10－4 是把四方锥管向两个方向倾斜并按对角线方向放置，这样放置的结果，除进、出口外，锥管上的任何一个面或一条线（棱边），都与各自投影面是倾斜的，这就意味着在三视图上所有棱边都不是实长，面不是实形，为了作展开图就需要求出四个棱边和四个梯形的辅助对角线。本例采用的是几何作图的方法求得，几何图上标的十分清楚，请一一对照，比如 1－a 的棱边实长就是先作直角三角形 ABE，把 A－E 斜边作为另一个直角三角形的一个直角边作出 AEa 三角形，该直角三角形的斜边就是 1－a 棱边的实长，再如在梯形 1ab2 中 1－b 的对角线实长的做法是先作出 ABE 三角形，把 A－E 斜边作为另一个直角三角形的一个直角边作出 AEb，该直角三角形的斜边 A－b 就是对角线时实长，用同样的方法和步骤也可以作出其余的棱边和梯形辅助对角线的实长，这种作法看起来比较简单但却要求十分细心和准确，比如方法步骤都对但作图的尺寸角度不准确，就很难得出准确的棱线和对角线长度，这一点比计算的方法误差大多了，所以可用计算的方法，来相互对照有时是很必要的，另外对照立面图找准直角三角形在投影象限内的具体位置，才能正确画出直角三角形，否则其结果肯定是错误的，当然这个例子应该说用计算的方法，应该比较准确，因为比较简单，但在方法步骤上和直角三角形的位置上也不能有一点差错，否则计算也是错误的。

图 10－5 是一截圆管道的 1/4 圆弧长，因为管弧右侧平行正投影面，在正面视图上反映的是实形，是同心圆圆弧，弧长是实长，左侧视图虽然变了形不是实形但弧管宽度平行于投影面反映的是实宽，已知条件是：内、外圆弧半径 R、r 及管的长度 B，展开很简单，内、外侧圆弧都是一个矩形，其长度分别是内、外侧的弧长也即是内、外圆周的 1/4 长度，宽为管弧长 B。

图 10－6 与上例基本相同，所不同的是，内、外圆弧不是同心圆壁厚不一样，正面图反映的是实形，弧长是实长，侧视图反映了实宽 B，已知条件图上已注明，只要按已知条件作两矩形，一是内圆弧长宽 B，一是外圆弧长宽 B 即可。

图 10－7 是上、下接口相错 90°中间接口管由 4 个梯形接管连接，先从三视图中来分析，在正面视图中 a－b、b－c、a－d、c－d、e－f、f－g、g－h 都平行于投影面反映的是实长，同时 d－e 的长度是梯形 dff'd'（在水平视图上）的高，也是实长，在水平视图中 b－b'(a－a')、d－d'、f－f' 平行于投影面反映的是实长，同时 a－h（在正面视图上）是梯形 ahh'a' 的高的实长，经过这样的分析作出梯形的展开图，应该没有问题。梯形 ahed 与 a'h'e'd' 全等且对称，从图中可以看出它们的上、下底和两个腰都找得到（在水平视图上），所以只要求得一条辅助对角线的实长就可以画出它们的展开图，其实长的做法见右上图。

经过这样的分析对构成该短接管的各线段和图形有了比较深的了解和认识，现在回过头来作展开图。首先作外侧展开图，从水平视图中沿 b－d 和 b'－d' 线向右、向左延长（即把其宽度延伸过去），取 b－d 等于正面视图上的 c－d，画出矩形 bdd'c'，矩形的长边就是外侧面的宽度，也是中间锥管正梯形的下底长，现已知梯形的高是 d－e 的长度，上底长为 e－e'，画出梯形，再把正视图中的 e－f 长搬过来，就得到接管的外侧展开图。内

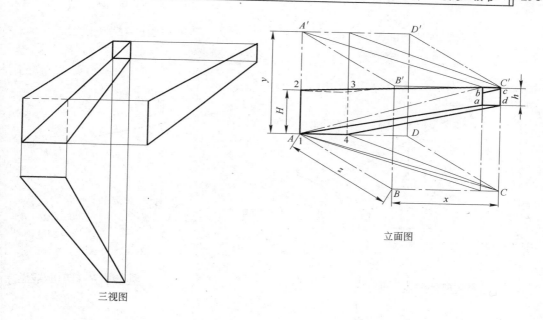

三视图

立面图

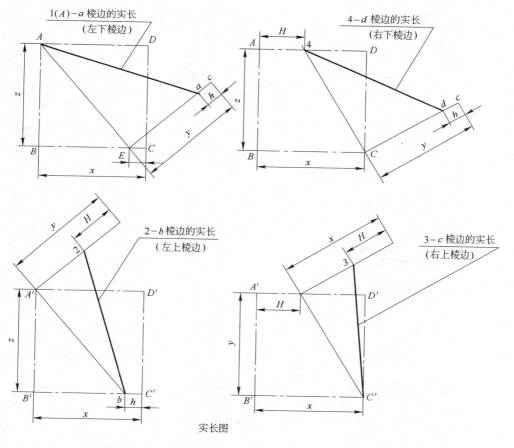

1(A)−a 棱边的实长
（左下棱边）

4−d 棱边的实长
（右下棱边）

2−b 棱边的实长
（左上棱边）

3−c 棱边的实长
（右上棱边）

实长图

图 10−4 （a）

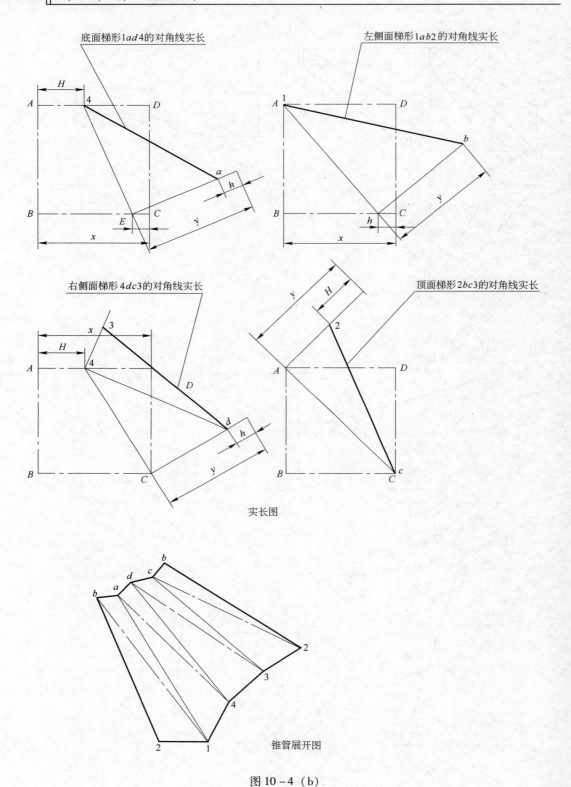

底面梯形 1*ad*4 的对角线实长

左侧面梯形 1*ab*2 的对角线实长

右侧面梯形 4*dc*3 的对角线实长

顶面梯形 2*bc*3 的对角线实长

实长图

锥管展开图

图 10 - 4 (b)

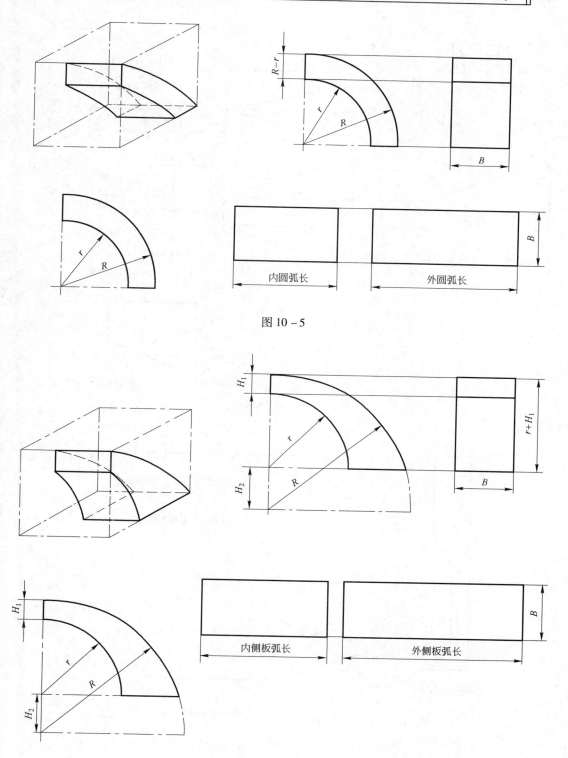

内圆弧长　外圆弧长

图 10 – 5

内侧板弧长　外侧板弧长

图 10 – 6

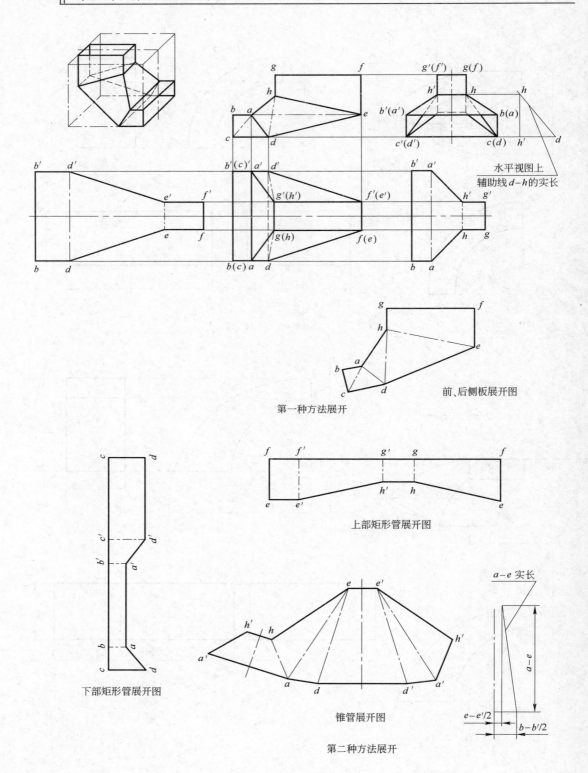

水平视图上
辅助线 d-h 的实长

第一种方法展开

前、后侧板展开图

上部矩形管展开图

下部矩形管展开图

锥管展开图

a-e 实长

a-e

e-e'/2

b-b'/2

第二种方法展开

图 10-7

侧板的长度是由 $a-b+a-h$ （内侧板正梯形的高） $+h-g$，内侧板展开时，用正视图中的 $a-b$ 作矩形，矩形的长边是正梯形 $ahh'a'$ 的下底长，$h-h'$ 是上底长，现已知梯形的高的长度，上底、下底的长度，画出梯形，再把正视图 $h-g$ 搬过来，就得接管内侧板展开图。侧面板的展开图画法，先照搬正面视图上的 $ghef$ 梯形（它平行于投影面反映的是实形），以 e 为圆心，以外侧板展开图中腰长 $d-e$ 为半径画弧与以 h 为圆心以 $h-d$ 的实长为半径作弧相交得 d 点，以 d 为圆心，以（正面视图中）$a-d$ 为半径作弧与以 h 为圆心以内侧板展开图中的腰长 $a-h$ 为半径所作弧相交得交点 a，连接 $a-h$ 和 $d-e$ 便得到展开图中段的梯形 $adeh$，以梯形的 $a-d$ 为基准用共有线、共有点概念照搬正面视图中的 $abcd$ 梯形，以 a 为圆心以正面视图中 $a-c$ 为半径作弧与 d 为圆心以 $c-d$ 为半径所作弧相交，得交点 c，以 a 为圆心以 $a-b$ 为半径作弧与以 c 为圆心以 $b-c$ 为半径所作弧相交，得交点 b，顺序连接各交点，最后得到侧面板的展开图。

如果再进一步分析就会从三视图中看出，该接管是由三个部分组成，即上部和下部是斜切矩形管，中间是与矩形管相接的梯形锥管，所以在展开时可以按这三部分逐个进行展开，上部竖直矩形管展开时，如图，可以直接按各特殊点高低位置向右引水平线，并在水平线上截取矩形各边长度，过各截点做垂直与水平线相交，按共有点位置顺序连接各点便得上部矩形斜切管的展开图，用同样的方法步骤也可做出下部斜切矩形管时展开图，视图中可以看出锥管是由 4 个梯形组成，其中两个正梯形和两个斜梯形，它们的上、下底均与矩形斜切部分相接，所以上、下底应该是共有线和共有点，因此上、下底的实长就和斜切矩形管相应边长是一致的，斜切矩形管展开后的相应边长就是各梯形相应的上、下底的实长，无需再求实长，可在图面上对照标注的编码如 $e-h$、$e-e'$、$d-d'$、…等，另外在三视图中可找到两正梯形的高，利用已知的上、下底长度和高的实长，便可做出两个正梯形，唯一比较难做的是两侧全等的斜梯形，不能直接画出，做展开时除已知的上、下底实长外，还需增加一条辅助对角线，这条辅助线把梯形分成了两个三角形，这条辅助线又是两个三角形的一条共有线，这条共有线就是正面视图中的 $a-e$ 点划线，并且求出对角线的实长，如右下角实长图，可以直接采用，这样实际上已知了两个三角形的所有边长，只要按共有线、共有点的位置作两个三角形，锥管展开时，首先画一正梯形 $dee'd'$，梯形高等于（正视图）的 $d-e$，上底 $e-e'$ 和下底 $d-d'$（水平视图），然后以 e 而圆心以 $a-e$（实长图）的实长为半径作弧与以 d 为圆心以 $a-d$ 为半径所作弧相交，得交点 a，以 a 为圆心以 $a-h$（内侧正梯形腰的实长）为半径作弧与以 e 为圆心以 $e-h$（上口矩形管斜口的边长）为半径所作弧相交得交点 h，顺序连接各交点便得出第二个梯形，内侧梯形与此对称，可按上面方法做出，$ahh'a'$ 正梯形的做法是以 a 为圆心以 $a-a'$ 下底的 $1/2$ 长为半径作弧，再以 h 为圆心以 $h-h'$ 上底的 $1/2$ 长为半径作弧，作两弧的共切线，便得内侧梯形的对称轴线，再过 a、h 作对称轴的垂线并截取上、下底的长度，连接两截点，便得内侧梯形，这些梯形就组成了两侧板展开的实形图，即展开图。

图 $10-8$ 是方口斜短管，先从视图中进行分析，该短管是由两个正梯形和两个全等的四边形组成，已知的条件是：大、小口边长的尺寸 A、B、C、E 等（因为这些边长都平行于各自的投影面，反映的都是实长），A、E 是两正梯形的上、下底，同时可以看出正梯形 $1dc2$ 的高是 H_1 和正梯形 $4ab3$ 的高是 H_2，B、E 分别是四边形的两个边的实长（在侧视图上），当我们根据这些条件，画出两个正梯形后，又可以发现两个梯形的腰，又分别是四边形的两个边的实长，经过这样的分析，除两梯形外，四边形的 4 个边也已知道，剩下的就是做展开图的方法和技巧问题了。为了做四边形还需增加一辅助对角线 n 和作实长图，求出 n 的实长，如果需要还可给 $4ab3$ 正梯形增加一辅助对角线 m，也做实长图，求出 m 的实长，本例根据已知条件画出了 $4abc$ 的实形图，图中也反映了辅助对角线 m 的实长。

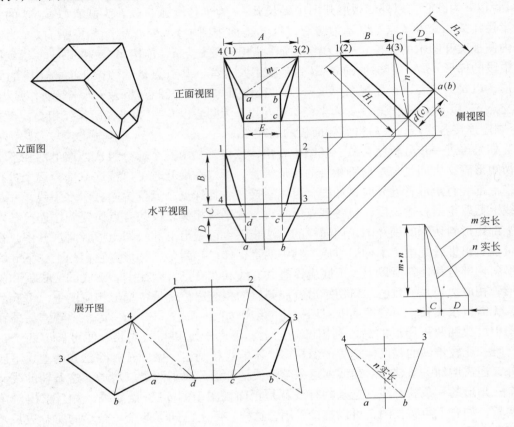

图 10 − 8

　　画展开图，用 A、E 和 H_1 尺寸画出正梯形 $1dc2$，然后按共有线、共有点在梯形两侧做四边形，以 1 为圆心以 H_2 长度为半径作弧与以 d 为圆心以 m 的实长为半径所做弧相交，得交点 4，再以 4 为圆心以正梯形 $4ab3$ 的腰长的实长为半径作弧与以 d 为圆心以 E 为半径所作弧相交，得交点 a，连接 $1 - 4 - a - d$ 便得四边形的实形，另一侧的四边可按此法做出，最后按共有线、共有点位置把另一梯形搬过来，做法是以 a 为圆心以 E 为半径作弧与以 4 为圆心以 n 实长为半径所作弧相交，得交点 b，再以 b 为圆心以 $b - 3$（梯形的腰实长）为半径作弧与以 4 为圆心以 A（梯形上底）为半径所作弧相交，得交点 3，连接 $a - b - 3 - 4$ 即完成了正梯形 $4ab3$ 的实形，到此就得到了完整的短管展开图。

　　图 10 − 9 是矩形管弯转 90° 弯管，从视图可以看出，内侧板是由一小块方形板和一梯形板及一长方板组成，外侧板是由曲线和直线板块组成，前、后侧板类似正面视图的图形。

　　做展开图时先将外侧板圆弧分为 3 等份，如正面图中 2、…、5（2 − 1 是直线段），并 5 等分直线段如正视图中 6、7、…、10。

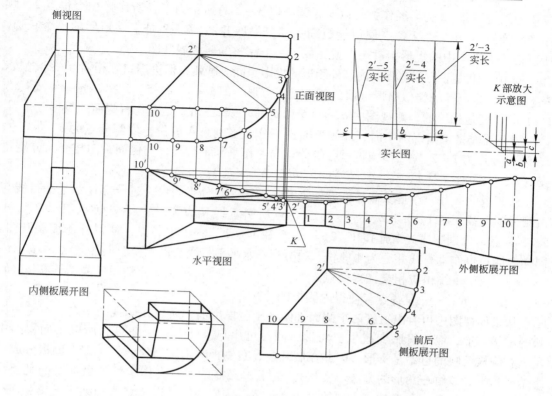

图 10 – 9

内侧板展开，从视图中看出内侧中方形和矩形面都平行于各自的投影面反映的是实形，另外正梯形的高在正面视图是一条斜线 2′–10，上、下底分别是方形和矩形的一个边长，所以先作出梯形再把方形和矩形按共有线搬过来就得内侧板展开图，简单办法是向下延长侧视图各边并截取方形、梯形、矩形的尺寸即可。

外侧板展开，向水平视图右侧引水平对称线，截取其长度为外侧板圆弧及直线的总长度，并照录各分点且编号，过分点作对称线的垂线，再过正面视图中各分点向下作垂线与水平视图相交，1′、2′、…、10′，过交点向右作水平平行线与对称线垂线相应相交（对称线两侧相对称），顺序光滑连接各交点即得外侧板展开图。

前、后侧板展开，两侧板对称全等，展开一侧即可，从水平视图中看出分点 2、5 之间的圆弧是外侧变化的，就相当于把一圆柱或部分圆柱被截平面斜切一样，它的轮廓线应该是部分椭圆形，所以需求出各分点到中心的实长，见 K 部放大示意图和实长图，而其余各分点是平面与平面的交接不存在上述问题，画展开图时先画一水平线截取正面视图中过5 分点到矩形口端，并标注分点 5、…、10 加上矩形的宽度和高度，再过分点向下作垂线顺序截取分点到水平线的长度，顺序光滑连线各垂线端点即得下侧板下面的部分展开图，然后以 10 点为圆心以梯形腰长（见内侧板展开图）为半径作弧，与以 5 为圆心以 2–5 的实长为半径所作弧相交得交点 2′，此时 10–5–2 构成了侧板的三角形部分，以 2′ 为圆心以 2–4 的实长为半径作弧与以 5 为圆心以 5–4 的弧长为半径所作弧相交得交点 4，以 2 为圆心以 2–3 的实长为半径作弧与以 4 为圆心以 4–3 的弧长为半径所作弧相交得点 3，以 2 为圆心以 2 - 2 为半径作弧与以 3 为圆心以 3 - 2 的弧长为半径所作弧相交得点 2，顺序光滑连接 5、4、3、2 各点便得侧板圆弧部分的展开图，2 - 2 是上端矩形的一个长边，所以把正面视图中的矩形搬过来，就完成了一个完整的侧板展开图。

图 10 - 10 是正方形弯管，内、外侧板的投影是同心圆弧，但进出口互相错开一个角度，左、右侧板是全等的类似扇形，顶口断面是正方形，即 1 - a、e - 5、5 - 5′、e - e′、a - a′、1 - 1′ 的长度是相等的，侧视图中 a - e - 5 和 a′ - e′ - 5′ 三角形是左、右侧面的投影。

展开前先将正面视图中内、外侧板圆弧等分，本例为 4 等份，内侧分点为 a、b、…、e；外侧分点为 1、2、…、5，再过各等分点向左作水平平行线，与侧面视图相交，分别得交点 a、b、…、e 及 1、2、…、5 和 a′、b′、…、e′ 及 1′、2′、…、5′等。

外侧板的展开，作垂线截长度为外侧圆弧的长度并分 4 等份，过分点作水平平行线与由侧视图上各交点 1、1′、2、…、5、5′ 各点所引垂线相应相交，得交点 1、1′、2、…、5、5′ 各点，分别顺序光滑连接 1、2、…、5 和 1′、2′、…、5′ 各点，便得外侧板展开图。同样内侧板也作垂直线并分为 4 等份，过分点作水平平行线与由侧视图上各交点 a、a′、b、…、e、e′ 所引垂线相应相交，得交点 a、a′、b、…、e、e′ 各点，分别顺序光滑连接 a、b、…、e 和 a′、b′、…、e′ 各点，便得内侧板展开图。

从正面视图中可看出短管四个侧面都倾斜于侧投影面，所以在侧视图中左、右侧板反映的不是实形，而且投影变成了三角形，同时进出口又错开一个角度，所以正面视图中左、右侧板反映的也不是实形，因此在展开左、右侧板时采用三角形法（即把侧板分成若干个三角形，以解三角形的方法求实长），先求出必需的实长，作实长图最重要的是要找到和确定构成直角三角形的三个边的大小和位置，为好理解现以点划线和细实线交互连接正面视图和侧视图各分点，实际上正面视图中的分点连接的点划线和侧视图中分点连线的点划线是相等的，只是投影位置不同而表现的长短不同，其中 1 - b 的连线（是点划线）与内侧面 1 - b 是重合的，经分析可用正面视图中 1 - b、2 - c、3 - d、4 - e 的投影长（如在正面视图下方所示），和侧面视图中的 1 - b、2 - c、3 - d、4 - e 分别作为两个直角边构成 4 个直角三角形，它们各自的斜边便是它们的实长（也就是各点划线的实长），见实长图。

求出了直角三角形斜边实长，内、外侧板展开图边线弧线和左、右侧板展开后的边线弧线是其共用线，长度是相等的，等分间弧长也是相等的，圆弧线实际与左、右共用的棱边，等分之间弧长可以直接采用，所以很容易作出三角形，按共有线、共有点连接各三角形即得展开图，具体步骤是，画直线长 1 - a，以 1 为圆心以 1 - b 为半径作弧与以 a 为圆心以 a - b 的弧长为半径所作弧相交得交点 b，以 b 点为圆心以 b - 2 为半径作弧与以 1 为圆心以 1 - 2 的弧长为半径所作弧相交得交点 2，以此类推作出几个三角形，分别顺序光滑连接各交点便得左、右侧板的展开图。

图 10 - 11 是直角梯形偏心弯头，从视图中看出短管右侧的侧板平行于侧投影面，侧视图虽然短管两侧面的投影重叠在一起，但投影的外轮廓则是短管右侧面板的实形，所以照录侧视图外轮廓便得短管右侧面板展开图，内侧板从视图看是一个直角梯形，其上底是管口的短边 L_3，下底是下管口的 L_1（L_3、L_1 平行于正投影面反映的是实长），梯形高是直角边，由于它倾斜于投影面反映的不是实长，而实长可在侧面视图和右侧板展开图中找到即 H_1（H_1 平行于侧投影面），展开图的做法可按已知条件，在正面视图的下方画出展开图。

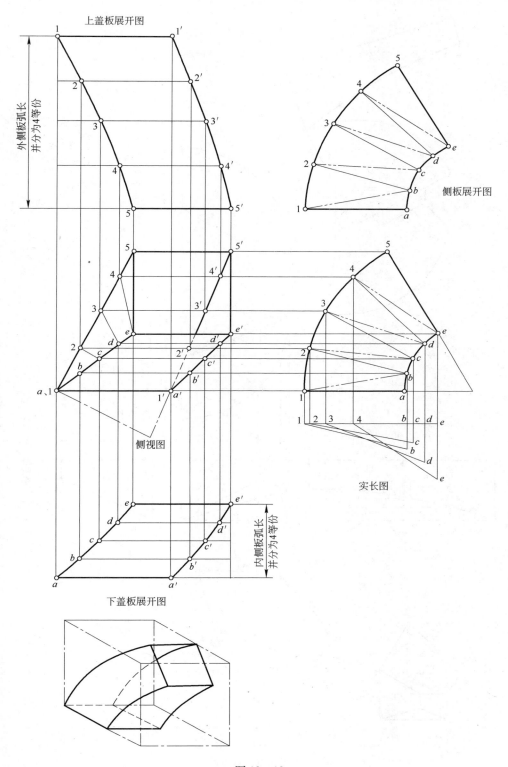

上盖板展开图

外侧板弧长并分为4等份

侧板展开图

侧视图

实长图

内侧板弧长并分为4等份

下盖板展开图

图 10－10

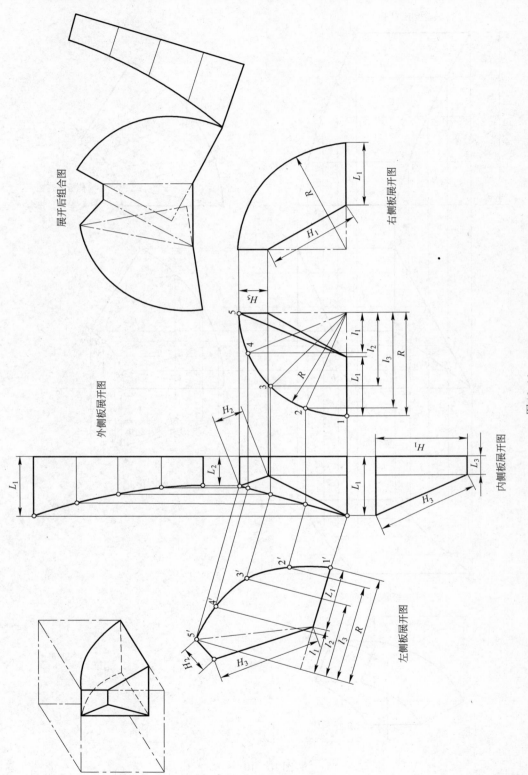

展开后组合图

右侧板展开图

外侧板展开图

内侧板展开图

左侧板展开图

图10-11

外侧板的展开，外侧是一段以 R 为半径的圆弧，也可以说是圆柱的一部分，当某一截平面倾斜于圆柱轴线截断时，其断面应是椭圆形，所以外侧板左侧的倾斜线，实际上就是椭圆部分轮廓的投影，这个概念很重要后面还会讲到，作展开图首先把左侧视图圆弧分 4 等份，等分点为 1、2、…、5，过等分点向下作水平轴线的垂线，垂线距垂直轴线距离为 l_1、l_2、l_3 和 R，再过各分点向左作水平平行线与正面视图中外侧板边线相交，过交点作倾斜的垂直线，在 1′点的垂线上截取 L_1、在其他分点垂线上依次截取 l_1、l_2、l_3 和 R，并过各截点作底边垂线与由正面视图中倾斜线所引垂线相应相交，得交点 1′、2′、…、5′，顺序光滑连接各点便得椭圆（部分）的断面实形，这里可以认为 R 是椭圆形的短轴半径，倾斜线是椭圆形的长轴半径，这样理解好像容易接受一些，最后以 5′点为圆心以上管口斜边 H_2 为半径作弧与以底边另一端为圆心以内侧板展开的梯形斜腰 H_3 为半径所作弧相交连接交点，顺连交点，即得一完整的外侧板展开图。

图 10 - 12 是正方形口渐变为矩形口且扭曲为 S 形短管，从三视图中具体分析短管结构，在正面视图上可以看出 S 形弯曲的半径和上下部分弯曲度完全一样，要注意图中的 $A - B$ 线，A、B 两点是弯曲圆弧的圆心，两圆心的连线便是上、下两部分弧管的交接线位置，如果不是这样上、下部分不可能光滑对接，这是几何作图问题，S 形内侧圆弧与外侧圆弧是同心圆弧，正面视图中 S 平面虽然上、下两部分投影图相同，但从上到下不是一个厚度，所以 S 平面是倾斜于投影面的，反映的不是实形，这在其他两个视图中也可以看出，但其宽度反映的是实宽（侧视图中），上、下口平面平行于投影面，在水平视图中反映的是实形，口的边长是实长，从侧视图中可以看出 S 形两侧面倾斜情况。

在作展开图时，先把各段圆弧等分（本例为 3 等份），分点一侧为 1、2、…、7，另一侧为 a、b、…、g，再过这些分点作水平平行线与侧视图梯形的腰相交，得 1 - 1′、2 - 2′、…、7 - 7′和 $a - a'$、$b - b'$、…、$g - g'$等连线，这些连线实际就是我们展开所需的 S 短管侧面各段的宽度实长尺寸，虽然侧面是弯曲和宽度是变化的，但就我们人为地确定了分点并引出了横向连线，这些横连线都平行于侧投影面，所以反映的都是实长，也可以说短管侧面是由无数条这样的横线所组成的，当然也可过各分点向下垂线与水平视图中梯形腰相交，如曲线上的 1′、a'、3′、c'、7′、g' 等，它们的交点连线也因为平行于水平投影面，反映的也是实长，如 $g - g'$、3 - 3′、$c - c'$、$a - a'$ 等（图中未全画出）。展开弯管两侧面时，在水平视图两侧取延长对称水平轴线，长度等于两侧面弧的长度并按等分弧长分段，过分点作垂线，然后按各段横连线的实长顺序搬到垂线上，再顺序光滑连接它们的端点，便得到了短管侧面的展开图，如果你选择了过弯管各分点并向下作垂线与水平视图梯形的腰相交，也可过这些交点作水平平行线与侧面展开图中的分点垂线相交得交点，如 3、c 点等，分别顺序光滑连接这些交点，便得侧面的展开图，其结果应该与前面所作展开图是完全相同的。

作弯管弯曲面的展开图就比较复杂，为更容易理解需要进一步来分析，同心圆弧我们可把它看做是一直管一段的一部分（厚度可视为管壁厚），如果在直管垂直轴切一小段并取其中一部分，也就是说弯曲的这一小段部分的宽度，不但垂直于轴线切截面的，而且宽度一致，我们只要按半径画出两个同心圆弧就可以了，圆弧段厚度一样且平行于投影面反映的是实形，但现在的问题是圆弧段的厚度不一致，同时是倾斜的，既然是倾斜的弯曲短

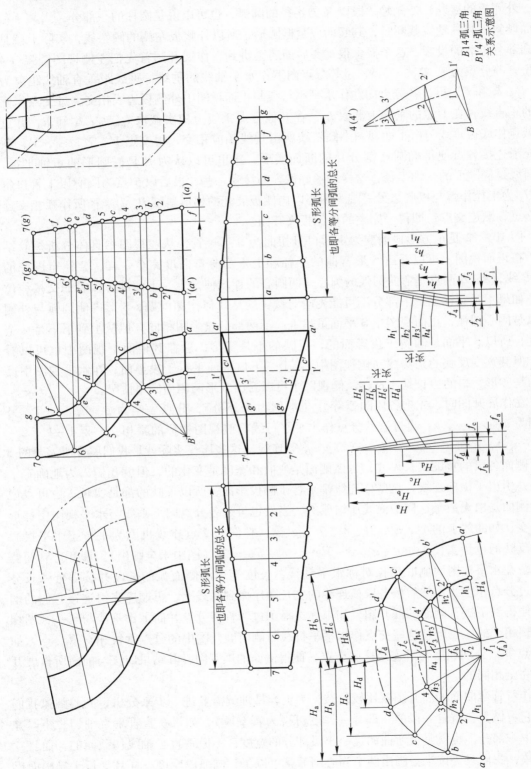

图 10-12

管轴线的，我们就认为相当于把圆管或圆管的一部分，被一截平面倾斜其轴线所截断，此时的截断面肯定不是圆而是椭圆，这一点在前面已有详细的分析和演示，理解应不是问题，如右下图所示的示意图，图中三角形 $B41$ 就是圆柱被垂直于投影面的截平面所截后的断面，这个断面是垂直于投影面的投影是段直线（实际是圆周圆弧的一部分，同时与轴线 $4-B$ 是相重合的），如果沿 $B-4$ 轴线倾斜用截平面切断，其形成的断面是 $B41$，它的外圆弧则是一段椭圆弧，如果我们把被截后的椭圆断面（实形）求出来，那不就解决了展开的需要吗。从示意图上可以看出两个断面之间形成了一个夹角，这个夹角就是侧视图中梯形腰和对称轴线间的夹角，夹角的对边是 f，如再分别过各等分点作水平线与垂直中心线相交，则在两断面之间形成了三个直角三角形，三角形中我们已知两个直角边 H 和 f，这样就可利用解直角三角形方法求出每个三角形的斜边长，这样就可以做出倾斜断面的实形。具体做法是照搬短管下半部（如左下图，搬上半部分也可以，并补全 1/4 圆弧，过顶点作斜线（实际就截平面沿 $B-4$ 线斜切），其与弯管垂直轴线的夹角为截平面的倾斜角，这个角度可在侧视图中找到，夹角之间延长线部分为 f，由于圆弧分点平行线到垂直轴线的距离不同，夹角的延长线部分有 f_a、f_b、f_c、f_d 等，过弯管圆弧各分点作平行线与斜线相交并过交点作倾斜线的垂直线，这些垂线就是弯管被斜切以后切断面上相应圆弧各分点到椭圆轴线间的距离，现在要做的就是求出它们的实长，从三视图和左下图求断面实形圆弧的作图步骤方法上分析看出，投影的圆弧半径与倾斜即截平面的夹角对角线 f 和预求的椭圆弧线的水平半径，三条线（H_a-f-H_1），实际构成了一个直角三角形，这个直角三角形的斜边便是椭圆形弧的一条与椭圆形弧分点间的实长 H（就椭圆形弧分点到椭圆形弧轴线间的距离），同样可以求出其他椭圆形弧各分点到椭圆形弧轴线间的距离的实长，见实长图 H'_a、H'_b、H_c、H'_d，如果把这些实长的端点（即分点）顺序光滑的连接，就得到了弯管外圆弧的实形实长。同样可由 $h-f-h$ 组成的一组直角三角形中斜边，求得内侧弧椭圆形弧的一条与椭圆形弧分点间距离的实长，当然也就求得了内侧圆弧的实形实长，因为这两弧同处于一个轴线所以两弧的间距是实宽，连接端面的端线，这样就求出弯曲短管下部分的弯曲表面的展开图，上部分可以用同样的方法步骤作出，如图左上角所示，细实线为上部展开图，点划线是下部展开图，下部展开图按 $A-B$ 连向下向左半行移动，就可连接成一个完整的 S 形表面的展开图，S 形的另一面与此相同，到此就全部完成了短管的展开图。

　　从图 10-13 的立面图中可以看出短管一侧紧贴投影面，另一侧由于大、小进出口是倾斜的，内、外侧均为圆弧。现从视图上来分析，视图只画了正面视图和左侧视图，从侧视图上看出内、外侧圆弧不是同心圆弧，但处于同一垂直轴线上，弯管的投影则是弯管两个侧面的投影图（左侧视图上左、右两个侧面重合在一起），对于右侧面来说它平行于投影面反映的是实形，对于左侧面来说它倾斜投影反映的是变了形的图形，从正面视图上看，上、下口相错 90°，上口为正方形，并渐增到下口正方形，一个侧面因为平行于左侧投影，因此在正投影面上重影成一条线，另一侧由于内、外侧圆弧半径不一样，圆心不一样，所以截后它成为倾斜面（也可以说是上、下口大小不一），形成了两条斜线，这两斜线便是圆弧被截平后形成的椭圆形断面的部分椭圆的投影，这些就是我们所知道的条件。

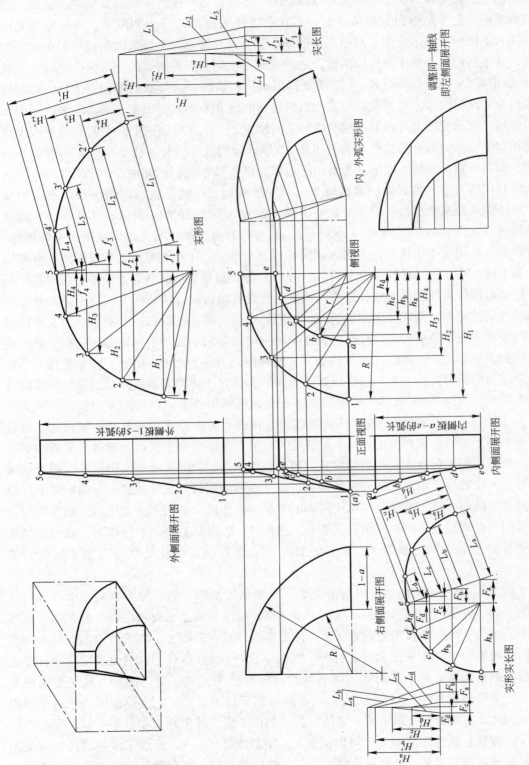

图 10-13

实长图

内、外弧实形图

调整同一轴线
即左侧面展开图

侧视图

正面视图

外侧面展开图

右侧面展开图

内侧面展开图

实形实长图

现在作展开分析，由短管的右侧面平行于左侧投影面，在左侧视图中反映的是实形，只要单独画出即可，如主视图左侧展开图，但要注意的是在左侧视图中还重叠着短管左侧面的投影，不要因为和正面视图图形差异较大而怀疑。其他面的展开，需要把圆弧等分，本例内、外侧均为 4 等份，外侧等分点为 1、2、…、5，内侧等分点为 a、b、…、e，过各等分点向左作水平平行线，与正面视图中圆弧的投影线分别对应相交得交点 1、2、…、5 和 a、b、…、e 各点，这里要注意引水平线与正面视图相交，在正视图中所画的细实线，不论它处在什么位置，就这几段水平线来讲它们都是实长，前例已有说明，也就是我们在选定圆弧各等分时也就选定了各等分点所代表的几条具有代表性的横截面线，现在作外侧面板展开图，从正面视图右面向上延长直线（垂线）取长度为外侧面板弧长并分 4 等份，等分点 1、2、…、5，过分点作直线的垂直线，然后由正面视图上外侧面板的圆弧（斜线）上各等分线向上引垂线与上面水平线相应相交，顺序光滑连接各交点，便可得到外侧面板的展开图。内侧面板展开与外侧面板相同，向下延长正面视图右侧线（垂线）取长度为内侧面板弧长并分 4 等份，等分点为 a、b、…、e，过分点作垂线的垂线（水平平行线），然后由正面视图上内侧面板的弧线等分点，向下引垂线与水平平行线相应相交，顺序光滑连接各点，便得到内侧面板的展开图。

左侧面板的展开和前例相同，把面板的外圆弧和内圆弧分别作出断面弧的实形即部分椭圆形的断面弧实形，先把外圆弧的投影图单独画出来，如右上图，标出等分点并过等分点作垂直轴线的垂线即图中的 H 线，再画出外弧倾斜角，也就是倾斜截平面与外圆弧的切面外弧，延长 H 线与倾斜线相交，得 f 线宽度，再过各交点作倾斜线（是椭圆形弧的轴线）的垂线，这些线的长度还需作出实长图，实长是利用 H、f 和所求 L 所组成的直角三角形的三个边的关系作出，如实长图直角三角形的斜边便是 L 的实长，把这些实长一一截取 L 得到各截点 1、2、3、4，顺序光滑连接各截点，便是外侧圆弧实形实长。内圆弧实形作法步骤与外圆弧作法相同，如左下图，即作小圆弧投影图、作倾角、过等分点延线交点作垂线、求实长并截取垂线、顺序光滑连接截点、最后得到内侧圆弧的实形实长。如果把两个圆弧按作图方法放在一起完成就得到如中右边所示图形，不是一个完整的左侧面板，而只是两条弧线，要作完整的左侧面板，还需要把两圆弧放在同一轴线内（左侧视图中两圆心在同一垂直轴线上），这一点也可以在两个视图中看出两圆弧的圆心不在一起，但在同一垂直轴线上，内侧弧的圆心和弧板底边在一条线，所以可以把内圆弧以小圆弧圆心为中心旋转到与大圆弧一致位置，如右下图，连接各自端线，便得到侧面板的展开图。到此就完成了短管的展开图。

图 10－14 是大、小正方形口相错 90° 短管，从视图中可以看出，此管是左、右对称的，所以展开图时作出一侧即可，正面视图中内、外侧板投影倾斜线，它的形成是截平面对圆管（部分）斜切的结果，实际上它是一段椭圆形的一段椭圆弧，侧面板不在一个圆心上，而在同一水平轴线内，本例与前两例在结构上基本相同，经过上两例的讲解，再作起来就比较简单。

展开时先将侧面板内、外弧等分，本例内圆弧分为 4 等份，等分点为 a、b、…、e，外圆弧分为 6 等份，等分点为 1、2、…、7，并过各等分点向左作水平平行线，与正面视图中侧面板线相交，得交点 1、2、…、7 和 a、b、…、e，延长正面视图中对称线，上面延

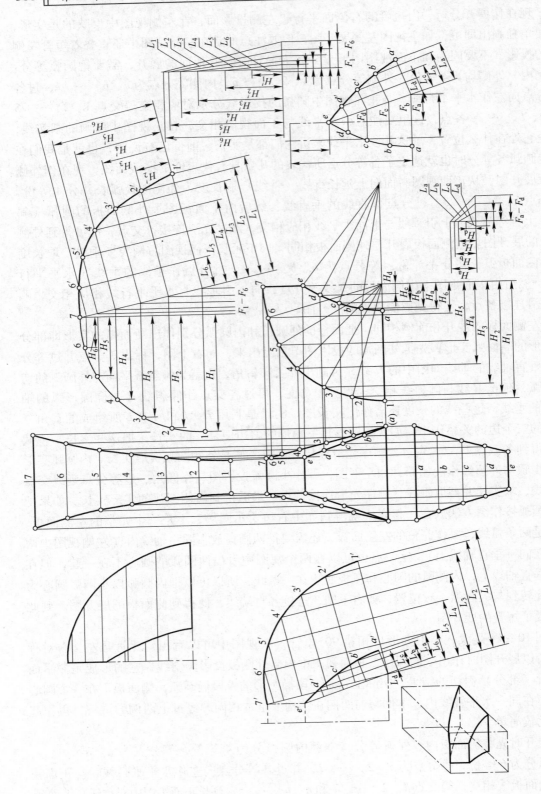

图 10-14

长部分截取外侧面板的弧的长度并分 6 等份，等分点为 1、2、…、7，过各等分点作水平平行线与由正面视图中各等分交点向上所引垂直线相应相交，顺序光滑分别连接对称线两边的各交点，便得到短管外侧面板的展开图，同样下面延长部分截取内侧面板的弧的长度并分 4 等份，等分点为 a、b、…、e，过各等分点作水平平行线与由正面视图中各等分交点向下所引垂直线相应相交，顺序光滑分别连接对称线两边的各交点，便得到短管内侧面板的展开图。

　　从视图中看出左、右侧板面对称且全等，所以作出一面即可，侧面板的做法和前几例相同，就是利用解直角三角形的方法，求出斜切后各条 L 的实长顺序光滑连接实长端点，便可得到侧面板外侧的椭圆弧线，可详见实长图的做法，用同样的方法可作出侧面板内侧的椭圆弧线，左侧的图形是把两椭圆弧形按正面视图中所处位置作出的，因为侧面板的外侧椭圆弧线和内侧椭圆弧线，虽不是同心圆弧，但它们的圆弧中心同处于同一水平轴线上，所以可以把两椭圆弧线旋转到同一水平轴线上，如左上图就是侧面板的展开图。

　　这种作图的方法要求比较高，虽然过程没有问题，但尺寸度量时稍有偏差，整个结果都不准确，但可以用共有线、共有点的关系，检验其准确情况，比如侧面板外侧椭圆形弧的长度应与外侧面板两侧弧线的长度是一致的，侧面板内侧椭圆形弧长应与内侧板两侧弧长一致，如发现有误差就要进行修正和调解，如果误差较大甚至有错误，就要重新检查错在什么地方，找出正确数据，重新绘制才行。

　　图 10－15 是大、小正方形口相错 90°短管，从视图上看出与上例所不同的是，整个管身是倾斜的，所以 4 个棱边都倾斜于各自的投影面，反映的不是实长，板面也不是实形，外侧面和内侧面可直接利用视图的关系作出，比如外侧板的长度是它的弧长（在侧视图上），这个长度分成了 4 个等份，同样内侧板的长度是它的弧长（在侧视图上），也分为 4 个等份，所以直接截取内、外侧板的长度，且分为 4 个等份，过管口边所引的垂直线上，过等分点作水平平行线，这些水平线实际上就是板面上同一分点的连线，从正面视图看虽然板面是倾斜的，但就其中的分点连线来说，这些线段它们都平行于正投影面的，反映的是实长，所以过各分点作垂直线与水平线相应相交，交点之间的距离就是板面在此分点处的宽度，如果顺序光滑分别连接这些交点，便得到内、外侧板的展开图。

　　侧面板展开比较麻烦，因为侧面板都均倾斜于投影面，在那个视图上均是变了形的四边形，且两侧面板形状不一样，四个棱边倾角不一样，这就意味着四个椭圆弧是不一样的，均需分别作出，具体作法和步骤同前几例，图右上角和右下角是右侧面板的外侧椭圆弧线和内侧椭圆弧线，紧靠的是实长图，左面中下方是左侧面板的外侧椭圆弧线和内侧椭圆弧线，紧靠的是实长图，可对照椭圆形弧的实形图和实长图的标注情况，逐一进行分析理解，不再进一步讲解，图 10－13 是右侧面板和左侧面板按视图上截平面所在位置所作的展开图，并用它们所处的同一轴线位置旋转后的图形，即是左右侧面板的展开图。

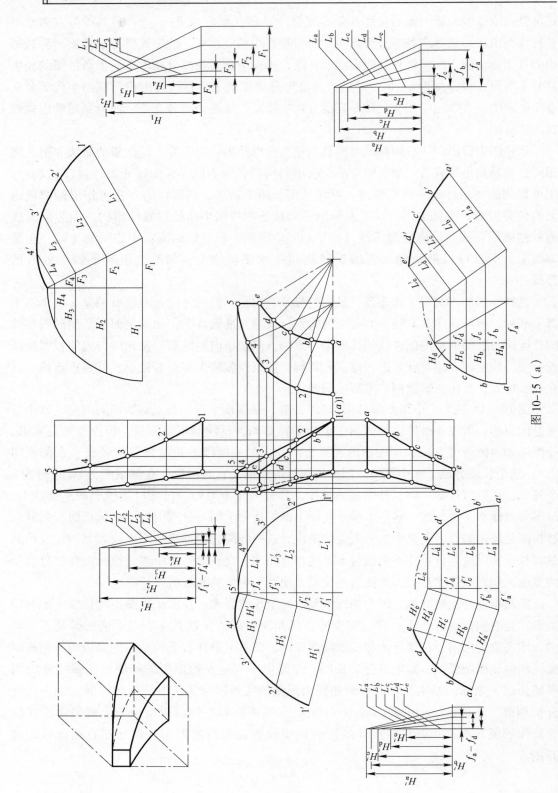

图10-15（a）

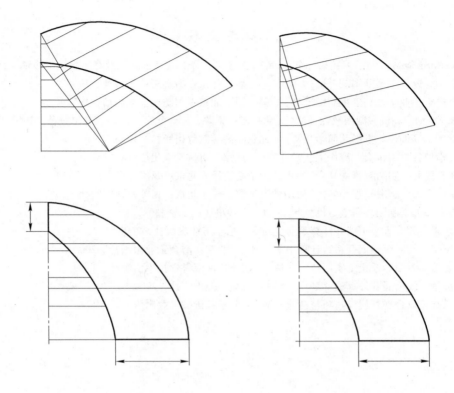

图 10 – 15 （b）

参 考 文 献

[1] C. K. Воголюъов. 制图习题集 [M]. 东北工学院，译. 北京：高等教育出版社，1954.

[2] 梁绍华. 钣金工展开图法 [M]. 增订第二版. 北京：冶金工业出版社，1958.

[3] 北京航空工业学校. 工程制图 [M]. 第二册. 北京：国防工业出版社，1957.

[4] B. N. Kameheb. 机械制图教程 [M]. 北京工业学院，译. 北京：高等教育出版社，1957.

[5] 张世钧，等编译. 投影几何学 [M]. 北京：高等教育出版社，1955.

[6] 技工学校教材编审会. 冷作工艺学 [M]. 北京：机械工业出版社，1982.

[7] C. B 罗佐夫. 制图教程 [M]. 唐山铁道学院，译. 北京：龙门联合书局，1954.

[8] C. B 罗佐夫. 制图教程 [M]. 唐山铁道学院，译. 北京：高等教育出版社，1957.

[9] 西安交通大学制图教研室. 机械制图 [G]. 1973（内部资料）.

[10] 汤永贵，等. 钣金工展开计算手册. 北京：冶金工业出版社，2002.

[11] 梁绍华. 简明钣金展开系数计算手册 [M]. 北京：冶金工业出版社，2000.

[12] 王爱珍，时阳. 钣金工实用技术 [M]. 郑州：河南科学技术出版社，1999.

[13] 翟洪绪. 钣金展开计算法 [M]. 北京：机械工业出版社，2000.

[14] 杨玉杰. 钣金展开放样技巧与精通 [M]. 北京：机械工业出版社，2012.

冶金工业出版社部分图书推荐

书　名	定价（元）
钣金工展开计算手册（第2版）	199.00
钣金展开图解与计算手册	138.00
钣金展开入门及提高（第2版）	18.00
简明钣金展开系数计算手册	35.00
机械设计（高等）	40.00
机械原理（高等）	29.00
UG NX7.0 三维建模基础教程（含盘）	42.00
高强钢筋生产技术指南	70.00
张量和连续介质力学	69.00
材料现代研究方法实验指导书（高等）	25.00
金属塑性加工学——轧制理论与工艺（第3版）	48.00
环境影响评价	49.00
金属压力加工车间设计（第2版）	42.00
钢材质量检验（第2版）	35.00
钢管生产	32.00